ARBEITSMETHODEN
DER MODERNEN
NATURWISSENSCHAFTEN

METHODEN DER LEBENSMITTEL-CHEMIE

Von

Dr. phil. habil. R. STROHECKER
Oberchemierat,
Direktor des städtischen Lebensmitteluntersuchungsamtes
und Instituts für Lebensmittelchemie in Gelsenkirchen

3., durchgesehene und ergänzte Auflage
Mit 45 Abbildungen und 16 Tafeln

BERLIN 1949
WALTER DE GRUYTER & CO.
vormals G. J. Göschen'sche Verlagshandlung / J. Guttentag, Verlagsbuchhandlung / Georg Reimer / Karl J. Trübner / Veit & Comp.

vormals G. J. Göschen'sche Verlagshandlung – J. Guttentag, Verlagsbuchhandlung — Georg Reimer — Karl J. Trübner — Veit & Comp.

Berlin W 35, Genthiner Straße 13

Archiv-Nr. 527649 Printed in Germany

Druck von Thormann & Goetsch, Berlin SW 61

Meiner treuen Lebensgefährtin

VORWORT

Es mag vielleicht zunächst auffällig erscheinen, daß nach Abschluß des „Handbuches der Lebensmittelchemie" ein kleines Werk erscheint, das sich die Methoden der Lebensmittelchemie zum Ziel gesetzt hat. Zweifellos wird man viele Methoden, die in dem großen Handbuch enthalten sind, hier wiederfinden. Das vorliegende Buch hat es sich aber zur Aufgabe gestellt, dem wissenschaftlichen und praktischen Lebensmittelchemiker in Behörde, freiem Beruf und Industrie und demjenigen, der sich erstmalig mit solchen Methoden zu befassen hat, ein Vademecum zu sein, das ihm nur kritisch gesichtete Methoden angibt. Hieraus ergibt es sich, daß vorwiegend nur solche Methoden hier Aufnahme gefunden haben, die der Verfasser genau kennt, zum Teil selbst ausgearbeitet oder als zweckmäßig befunden hat. Das Buch lehnt es ab, ein „Rezeptbuch" zu sein; es will vielmehr auch die Grundlagen der Methoden dem Leser näher bringen. Die Frage nach der Theorie der Methode, die so oft in Universitätslaboratorien von angehenden Lebensmittelchemikern gestellt wird und wurde, wird, wo es möglich ist, berührt. Aus dem gesteckten Ziel ergibt sich, daß das Werk keinesfalls lückenlos alle Methoden wiederbringen will; vielmehr trifft es eine Auswahl unter den vorliegenden Methoden nach Erfahrung und sorgfältiger Kritik des Verfassers. Bakteriologische Methoden (Keimzahl und Coli-Ermittelung), die gleichfalls in vielen Untersuchungsämtern in Anwendung sind, wurden hier nicht aufgenommen. Das Gleiche gilt von allgemein-chemischen Methoden, wie z. B. der Schmelzpunktbestimmung, die als bekannt vorausgesetzt werden dürfen. Der überwiegende Teil der Methoden sind Verfahren, mit denen der Verfasser im Universitätsinstitut und Städt. Nahrungsmitteluntersuchungsamt in Frankfurt a. M. und im Institut für Lebensmittelchemie und Lebensmitteluntersuchungsamt Gelsenkirchen gearbeitet hat oder unter seiner Aufsicht hat arbeiten lassen. Wenn auch in einzelnen Kapiteln auf die Auswertung der Untersuchungsergebnisse hingewiesen wird, so wird eine Beurteilung der Befunde nicht ausgeschlossen.

Das Buch stellt schließlich auch eine Ergänzung für das „Taschenbuch für die Lebensmittelchemie" dar, das als Tabellenwerk im selben Verlag erschienen ist. Auf die notwendige Tafel im „Taschenbuch für die Lebensmittelchemie" wird an den betreffenden Stellen hingewiesen. Der physikalisch-chemische Teil, für dessen Überarbeitung ich meinem früheren Lehrer, Herrn Professor Dr. Thiel, Marburg, besonders dankbar bin, befaßt sich mit akuten Fragen, u. a. der Dichtemessung. Er dürfte dazu beitragen, daß die Unklarheiten, die auf diesem Gebiete herrschen, allmählich geringer werden. Dank schulde ich in erster Linie Herrn Professor Dr. Thiel auch für seine wertvollen Ratschläge und schließlich Dank meinem Sohne, Rolf Strohecker, der mich beim Lesen der Korrektur unterstützt hat.

Mögen die „Methoden der Lebensmittelchemie" ein unentbehrliches Büchlein für die Untersuchungsämter und die Privatindustrie und alle sonstigen Laboratorien werden, die sich mit lebensmittelchemischen Untersuchungsmethoden befassen. Möge es auch den Studierenden der Lebensmittelchemie ein geeigneter Wegweiser werden.

Pfingsten 1941. R. Strohecker

VORWORT ZUR 2. AUFLAGE

Die 1. Auflage des vorliegenden Buches erschien im Mai 1942. Kaum dreiviertel Jahr später war das Buch vergriffen, ein Zeichen, daß es in der Fachwelt Anklang gefunden hat. Als der Verlag de Gruyter an mich herantrat mit der Bitte, eine Neuauflage bzw. einen neuen Druck vorzubereiten, legte ich mir die Frage vor, ob die 2. Auflage eine Neubearbeitung notwendig macht, besonders im Hinblick auf einzelne Kritiken, die eine Erweiterung der „Methoden der Lebensmittelchemie" wünschten. Mit dem leider zu früh verstorbenen Herausgeber der Sammlung, Herrn Professor Dr. Thiel und mit dem Verlag bin ich der Überzeugung, daß es gerade der Vorzug dieses Buches ist, eine kritische Auswahl von geeigneten Methoden zu bringen, die dem Verfasser bekannt und von ihm zum größten Teil nachgearbeitet worden sind. Das vorliegende Buch zeigt daher nur unwesentliche Änderungen. Im Kapitel „Obst und Obstdauerwaren" ist eine einfachere Bestimmung des Stärkesyrups angeführt. Weiter sind eine Reihe störender Druckfehler ausgemerzt. Abbildung 43 ist mit einer neuen Unterteilung versehen, wobei eine größere Genauigkeit der Ablesung ermöglicht wird.

Leider konnte bisher der Druck der 2. Auflage des Taschenbuches für die Lebensmittelchemie (T. S. P.), das in der gleichen Sammlung erschienen ist, nicht in Angriff genommen werden, da das Papier nicht zur Verfügung stand. Das ist insofern von Bedeutung, als das Manuskript für das Taschenbuch nunmehr Alkohol- und Extrakt-Tabellen für die Gewichtsverhältnisse von 20^0 bringen wird, wodurch das lästige Umrechnen auf $\frac{15^0}{4^0}$ bzw. $\frac{20^0}{4^0}$ sich erübrigt. Die Hinweise in den Methoden der Lebensmittelchemie beziehen sich zunächst auf die 1. Auflage des Taschenbuches.

Methoden, die in der organischen und anorganischen Chemie üblich sind, wie z. B. die Schmelzpunkt-Bestimmung, sind absichtlich nicht im vorliegenden Buch aufgenommen. Das Kapitel „Allgemeine physikalisch-chemische Untersuchungs-Methoden" ist deshalb so groß, weil das 1. Unterkapitel über die Dichte wegen der auf diesem Gebiet herrschenden Unklarheiten besonderen Umfang aufweisen mußte.

Dank schulde ich für diese 2. Auflage Frau Dr. Elbert, Frankfurt a./M. für freundliche Unterstützung bei Beseitigung von störenden Druckfehlern, sowie meiner Mitarbeiterin Fräulein Kirk und meinem Sohne Rolf Strohecker, die mich beim Lesen der Korrekturen eifrig unterstützt haben.

Möge die 2. Auflage der Methoden der Lebensmittelchemie zu den alten Freunden neue hinzugewinnen, möge sie vor allem der Ernährungswirtschaft im Kriege hilfreich zur Seite stehen.

Gelsenkirchen, im März 1943
Wildenbruchstr. 13

R. Strohecker

VORWORT ZUR 3. AUFLAGE

Die 2. Auflage des vorliegenden Buches, die Anfang 1944 erschienen war, war bald vergriffen, sodaß ein Neudruck notwendig wurde. Inzwischen sind jedoch neue Methoden in der Lebensmittelchemie bekannt geworden, die ich, soweit sie mir wichtig erschienen, aufgenommen habe. Hinzu kommt, daß die 2. Auflage des Taschenbuches für die Lebensmittelchemie (im vorliegenden Buch als T-S-P bezeichnet) in Angriff genommen wurde. Das Buch ist zwar gedruckt, das Binden macht noch einige Schwierigkeiten. Ich glaube aber, daß es gleichzeitig mit diesem Buch erscheinen wird. Aus diesem Grunde sind alle Hinweise auf die 1. Auflage des T-S-P umgestellt auf die 2. Auflage.

Dank schulde ich verschiedenen Fachgenossen, die mich bei dem Aufdecken hartnäckiger Druckfehler unterstützt haben. Vor allem schulde ich Dank meinen Mitarbeitern Herrn Loges, Herrn Bromby und Fräulein Baumgart, die mir beim Lesen der Korrekturen geholfen haben.

Schließlich sage ich dem Verlag Walter de Gruyter, Berlin, der die 3. Auflage trotz interzonaler Schwierigkeiten ermöglicht hat, meinen herzlichen Dank.

Möge die 3. Auflage der Methoden der Lebensmittelchemie den Chemikern in den Untersuchungslaboratorien und in der Industrie die gewünschte Hilfe leisten.

Gelsenkirchen-Buer, im Herbst 1949.
Westerholter Str. 82

R. Strohecker

INHALT

I. Teil

Allgemeine physikalisch-chemische Untersuchungsmethoden

I. Bestimmung der Dichte

a) Allgemeines

Die Dichtemessung ist eine der am häufigsten vorkommenden physikochemischen Methoden in der Lebensmittelchemie. Sie wird hier ganz vorwiegend an Flüssigkeiten ausgeführt, nur selten an festen Körpern, niemals an Gasen.

Die Dichtemessung an Flüssigkeiten liefert oft ein unmittelbar analytisch verwendbares Ergebnis, nämlich dann, wenn es sich um ein Zweistoffgemisch handelt, dessen Dichte eine bekannte Funktion der Zusammensetzung ist. Mit Hilfe der gemessenen Dichte kann man dann sofort aus Tabellen oder Schaubildern (Diagrammen) die Zusammmensetzung entnehmen. Auf diesem Wege findet man den Gehalt wässeriger Alkohollösungen, Zuckerlösungen usw. Aber auch bei komplizierter zusamengesetzten Flüssigkeiten ist die Dichtemessung häufig eine wichtige Grundoperation der Analyse, deren Ergebnis zusammen mit anderen analytischen Daten verwertet wird (Milchanalyse).

Mit Rücksicht auf ihre hervorstechende Wichtigkeit beschränken wir uns hier auf die Besprechung der Dichtemessung an Flüssigkeiten[1]).

Trotz der häufigen Verwendung des Begriffes der Dichte besteht, wie die Erfahrung lehrt, noch immer eine gewisse Un-

---

[1]) Über die Dichtemessung an festen Körpern findet man vorkommendenfalls Angaben im Handbuch der Lebensmittelchemie (Jul. Springer, Berlin 1933), II, 1, S. 4ff.

klarheit über seine Grundlagen und dementsprechend eine gewisse Unsicherheit in seiner Verwendung. Wir beginnen daher mit einer genauen Festlegung der Begriffe.

Die Dichte (oder auch spezifische Masse) eines Körpers ist das Verhältnis seiner Masse (m) zu dem von ihm eingenommenen Raum (Volum, V). Sie besitzt also die Dimension $\frac{\text{Masse}}{\text{Volum}}\left(\frac{m}{V}\right)$; ihr Symbol ist ϱ[1]).

Da die Einheit der Masse das Gramm (g), die (in der Laboratoriums-Messung übliche) Einheit des Volums das Milliliter (ml) ist[2]), so ergibt sich als Einheit der Dichte $\frac{\text{g}}{\text{ml}}$; bei Dichteangaben ist mithin nicht eine unbenannte Zahl hinzuschreiben, etwa 4,5, sondern dem Zahlenwerte die Einheit beizufügen. Eine Dichteangabe hat also z. B. zu lauten: $\varrho = 4{,}5$ g/ml.

Eine zweite gesetzliche Volumeinheit ist das Kubikzentimeter (ccm = cm³). Sie ist nach den gesetzlichen Bestimmungen[3]) dem Milliliter gleichzuachten. Für alle praktischen Zwecke ist der Unterschied beider Einheiten, der nur 0,027 Promille beträgt[4]), ohne Bedeutung. So macht er sich in der Dichte, wenn man sie einmal als g/ml, das andere Mal als g/cm³ definiert, erst dann bemerkbar, wenn man die Bestimmung bis in die 5. Dezimalstelle genau durchführt. Wasser von maximaler Dichte besitzt die Dichte $\varrho_{4^0} = 1{,}000\,000$ g/ml, jedoch $=$ 0,999973 g/cm³. Weil die Dichte der Normalsubstanz Wasser unter Normalbedingungen genau der Einheit gleich wird, wenn

---

1) Nach den Festsetzungen des AEF (Ausschuß für Einheiten und Formelgrößen).

2) Siehe auch Chemfa **13**, 55 (1940).

3) Maß- und Gewichtsgesetz vom 13. Dezember 1935 (Reichsgesetzblatt 1935, Teil I, Nr. 142, 1499).

4) Die Verschiedenheit beruht auf der etwas fehlerhaften Festlegung des Normalkilogramms, das eigentlich die Masse von 1 Kubikdezimeter (dm³) luftfreien Wassers im Zustande größter Dichte (bei 4° C) unter Normaldruck körperlich darstellen sollte, jedoch um 0,027 Promille zu groß ausgefallen ist. Daher ist der von 1 kg Wasser maximaler Dichte eingenommene Raum (das Liter) nicht genau gleich 1 Kubikdezimeter, sondern gleich 1,000027 dm³ = 1000,027 cm³, demnach 1 ml = 1,000027 cm³.

man als Dichteeinheit g/ml wählt, soll diese Einheit allgemein zugrunde gelegt und auch für diejenigen (seltenen) Fälle grundsätzlich beibehalten werden, in denen der vorhandene Unterschied zwischen ml und cm^3 bemerkbar wird[1]).

Die Bestimmung der Masse eines Körpers und daher auch die Ermittelung seiner Dichte geschieht in der Praxis ausschließlich durch Wägung, d. h. durch Feststellung seines Gewichtes. Gewicht ist die Kraft, mit der ein Körper von der Erde angezogen wird und demgemäß auf eine Unterlage drückt (oder an einer Aufhängestelle zieht). Sie ist der Masse des Körpers proportional. Der Begriff „spezifisches Gewicht", der vielfach als identisch mit „Dichte" angesehen und statt dieser benutzt wird, bezieht sich in Wirklichkeit auf eine Größe von ganz anderer Dimension als die Dichte, nämlich von der Dimension $\frac{\text{Gewicht}}{\text{Volum}}$. Seine Einheit ist $\frac{\text{Grammgewicht}}{\text{Milliliter}}\left(\frac{\text{p}}{\text{ml}}\right)$. Das Grammgewicht[2]) unterscheidet sich als Kraft von der Gramm-Masse durch einen Faktor, der die Dimension einer Beschleunigung hat und die Fallbeschleunigung darstellt. Dieser Faktor ist der Proportionalitätsfaktor in der oben erwähnten Beziehung zwischen Gewicht und Masse. Sein Wert ist nicht überall auf der Erde gleich. Unter Normalbedingungen, d. h. unter 45^0 geographischer Breite und am Meeresspiegel, beträgt er 980,665 cm/sec^2.

Mit Rücksicht auf die geographische Veränderlichkeit der Fallbeschleunigung würde eine „absolute" Gewichtsbestimmung (etwa mit Hilfe der geeichten Federwaage) vom Orte der Messung abhängig sein. In der Praxis wendet man daher ausschließlich ein relatives Verfahren an, bei dem diese Veränderlichkeit ausgeschaltet wird: die Wägung. Sie besteht in der Vergleichung des zu messenden Gewichtes mit einem bekannten Gewicht, und zwar in der Weise, daß aus einem Satze zweckmäßig abgestufter Gewichte diejenige Kombination

[1]) Beschluß der Internationalen Generalkonferenz für Maß und Gewicht vom 16. 1. 1901, vgl. Chemfa **13**, 55 (1940).

[2]) Hierfür ist die kurze Bezeichnung „Pond" eingeführt worden; daher das Einheitszeichen p.

ausgesucht wird, die in ihrer mechanischen Wirkung dem zu messenden Gewichte gleich ist. Ein solcher Satz von Gewichten wird körperlich dargestellt durch einen Satz von Gewichtsstücken, deren Massen bestimmte, ganzzahlige Bruchteile der Masse des Normalkilogramms, also der gesetzlichen Einheit der Masse, sind (Gewichtssatz).

Das Verfahren der Wägung selbst darf als bekannt vorausgesetzt werden.

Wegen der Identität des Proportionalitätsfaktors im Verhältnis von Masse und Gewicht bei einer Wägung ist eine solche Gewichtsbestimmung zugleich auch eine Massenbestimmung. Die Masse aber ist doch die Größe, die den Chemiker primär interessiert. Denn die Masse ist diejenige Eigenschaft der Materie, die einer jeden Mengenbestimmung zugrunde liegt. Für die physikalischen Wirkungen der Körper, wie sie im Gewicht in Erscheinung treten, interessiert sich der Chemiker nur indirekt. Hieraus ergibt sich wohl mit aller Klarheit, daß der Chemiker auch nur für die Bestimmung der Dichte Interesse haben kann, kaum aber für die Bestimmung der Wichte[1]).

Der Begriff „spezifisches Gewicht“ (= Wichte) kommt darum in diesem Buche weiterhin nicht vor.

Bei der Wägung und damit auch bei der Dichtebestimmung ist nun, falls große Genauigkeit verlangt wird, noch folgendes zu berücksichtigen. Zur Definition des Gewichtes als derjenigen Kraft, mit der ein Körper auf eine Unterlage drückt (usw.), gehört außer der Festlegung der geographischen Normalbedingungen — deren Vernachlässigung, wie schon erwähnt, durch die Verwendung geeichter Vergleichskörper (Gewichtsstücke) unwirksam gemacht wird — auch noch eine spezifische Normalbedingung, nämlich das Fehlen zusätzlicher Kräfte, durch welche die Anziehung der Erde auf den Meßkörper vergrößert oder verkleinert werden kann. Für die Praxis kommen hier lediglich (verkleinernde) Auftriebskräfte in Betracht, wie sie sich nach dem Archimedischen Prinzip aus dem Vorhandensein eines stofflichen Mediums ergeben, innerhalb dessen

[1]) Vom AEF empfohlene kurze Bezeichnung für „spezifisches Gewicht“.

die Wägung ausgeführt wird. Mit Rücksicht auf solche Kräfte ist als physikalische Normalbedingung bei der Definition des Gewichtes die Abwesenheit stofflicher Medien, also auch der Luft, d.h. die Messung im luftleeren Raume, vorgeschrieben.

Jede Wägung in Luft und daher auch jede Bestimmung der Masse und weiterhin der Dichte ist demnach mit einem Fehler behaftet, dessen Betrag sich nach dem Gewichte der einerseits vom Versuchskörper und anderseits vom Vergleichskörper (Gewichtsstück) verdrängten Luft richtet. Sind diese Beträge gleich groß, d. h. verdrängen beide Körper (bei gleicher Masse) gleiche Volume Luft, dann ist das Ergebnis der Wägung in Luft das gleiche wie bei der Wägung im Vakuum, und man findet unmittelbar richtige Massenwerte. In allen anderen Fällen aber entstehen Meßfehler, deren Größe — die Gewichtsdifferenz der verdrängten Luftmassen — sowohl von der Differenz der Raumerfüllung bei Versuchskörper und Vergleichskörper (auf der Differenz ihrer Dichten beruhend) als auch von der Luftdichte abhängt. Darf man, wie meistens, für letztere einen bestimmten Wert (Normalwert) annehmen, so läßt sich mit seiner Hilfe und mit Hilfe der Dichten von Versuchskörper und Vergleichskörper leicht der Betrag des bei der Wägung in Luft entstehenden Meßfehlers berechnen und durch seine Ausschaltung die Wägung „auf das Vakuum reduzieren." Über das Verfahren siehe weiter unten.

Da die Raumerfüllung jedes Körpers von der Temperatur abhängig ist, gehört zu jeder Angabe eines Dichtewertes auch die Temperatur, für die er gilt; diese wird als Index rechts neben das Symbol geschrieben, also z. B. in der Form ϱ_{20^0} = Dichte bei 20° (C). Eine Druckangabe (die rechts oben anzubringen wäre) erübrigt sich bei allen Körpern, die nicht gasförmig sind, für unerhebliche Abweichungen vom normalen Druck.

b) Meßmethoden

In der Praxis der Lebensmittelchemie werden im wesentlichen drei Methoden benutzt, von denen zwei „Auftriebsmethoden" sind, nämlich die Aräometrie (Senkspindelmethode) und die (vereinfachte) Senkwaagenmethode, während die dritte, die Pyknometermethode, eine feinere Wägemethode darstellt. Wir ordnen diese Methoden nach dem Grade ihrer Genauigkeit und beginnen mit der rohesten von ihnen.

a) Aräometrie (Senkspindelverfahren)

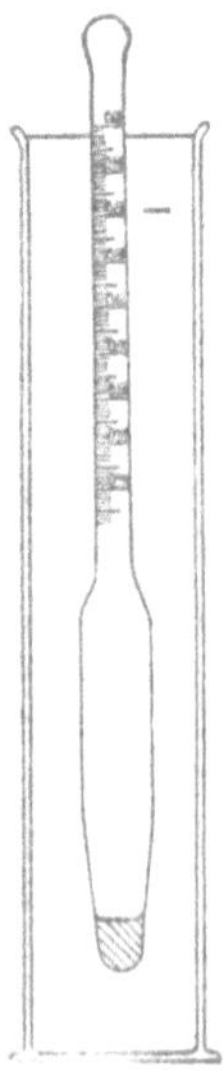

Abb. 1. Aräometer mit Tauchzylinder (DIN 12791 u. 12680).

Ein Aräometer (Abb. 1) ist ein Hohlkörper aus Glas und besteht aus einem dickeren unteren Teil (dem Körper) und einem dünneren oberen Teil (dem Stengel). Es ist durch eine metallische Einlage so beschwert, daß es beim Einbringen in die zu untersuchende Flüssigkeit nur zum Teil untertaucht, nämlich so weit, daß sein Stengel noch zu einem gewissen Teile aus der Flüssigkeit herausragt, wenn das Aräometer „schwimmt". Das Gesamtgewicht des Aräometers muß also kleiner sein als das Gewicht der von dem ganzen Aräometer verdrängten Flüssigkeit, d. h. letztere muß die höhere Dichte besitzen, wenn das Aräometer für sie verwendbar sein soll.

Der Stengel trägt eine Teilung, die auf empirischer Grundlage (Eichmessung) beruht und die Dichte der zu untersuchenden Flüssigkeit (innerhalb der Grenzwerte der Teilung) angibt. Je tiefer das Aräometer einsinkt, desto geringer ist die Flüssigkeitsdichte. Die Zahlenwerte der Teilung nehmen also von unten nach oben ab.

Je größer der Dichtebereich ist, für den ein Aräometer brauchbar sein soll, desto länger muß der Stengel, desto größer dann aber auch der ganze Apparat sein. Aräometer von handlicher Größe können daher große Dichteintervalle nur bei sehr bescheidener Genauigkeit bewältigen. Um die Meßgenauigkeit zu steigern, hilft man sich durch die Verwendung von Aräometer-Sätzen, in denen jedes Exemplar nur einen kleinen Dichtebereich umfaßt. Eine „Suchspindel" dient zur ersten, orientierenden Dichtemessung. Sie hat einen großen Skalenbereich, aber dementsprechend geringe Genauigkeit.

Das Tauchgefäß soll, damit eine genügende Beweglichkeit der Senkspindel gewährleistet ist, mindestens doppelt so weit sein, wie der Spindelkörper dick ist (Tauchzylinder). Man liest dicht über dem Flüssigkeitsspiegel (in horizontaler Richtung blikkend) ab und nimmt den Schnitt der oberen Wulstrandebene mit der Stengelwand als Ablesekante. Oberer Wulstrand ist die Grenze der durch Kapillarwirkung am Stengel emporkriechenden Flüssigkeit gegen die Luft. Diese Grenze bildet eine Ellispe[1]), deren Ebene den Stengel (rein geometrisch) schneidet. Wo dieser Schnitt die Stengelteilung trifft, liegt der abzulesende Skalenwert.

Die Meßgenauigkeit der Aräometer ist ziemlich eng begrenzt. Bei Geräten von handlicher Größe geht sie im allgemeinen nicht über die 3. Dezimale hinaus. Es kommt hinzu, daß die Kapillareigenschaften der Versuchsflüssigkeit einen Einfluß auf die Eintauchtiefe ausüben. Deswegen gilt die Instrumentskala streng genommen nur für Flüssigkeiten, deren Kapillarität derjenigen der Eichflüssigkeit gleich ist. Die hierin liegende Ungenauigkeit läßt sich beim Vorhandensein der nötigen Daten auswerten[2]).

An Stelle einer Teilung nach Dichteeinheiten kann die Skala eines Aräometers auch eine Teilung nach abgeleiteten Größen tragen, z. B. nach Prozentgehalten eines bestimmten Stoffes oder dergl., die mit den Dichtewerten gesetzmäßig verknüpft sind. Solche Spezial-Aräometer sind z. B. der „Spiritusprober“ (Abb. 2), der „Berliner Polizeiprober“ (für Milch, Abb. 3) und das „Laktodensimeter““ (Abb. 4). Nähere Erläuterungen über den Gebrauch dieser Geräte siehe Seite 73.

Mit Rücksicht auf die Bedeutung der Temperatur für die Auswertung von Dichtemessungen gehört zur Aräometrie stets auch eine Temperaturmessung. Manchmal trägt das Aräometer selbst schon ein Thermometer in sich, wie in den Fällen der Abb. 2—4. Man mißt nach Möglichkeit bei der gleichen Temperatur, für die das Aräometer geeicht ist. Andernfalls sind Korrekturen an den gemessenen Werten anzubringen. (Reduktion auf Normaltemperatur). Letzterem

[1]) Der Stengel hat die Form eines etwas flachgedrückten Zylinders.
[2]) Näheres im Normblatt DIN 12 791 (zu beziehen vom Beuth-Vertrieb, Berlin SW 68, Dresdener Straße 97).

Zwecke dienen z. B. die Tabellen 1 und 2 des T-S-P[1]). Die Unterlagen für solche Korrekturen müssen von Fall zu Fall besonders geschaffen werden. Sie hängen von dem Ausdehnungskoeffizienten einerseits des Aräometers und anderseits der Versuchsflüssigkeit ab. Allgemeines läßt sich darüber nicht sagen.

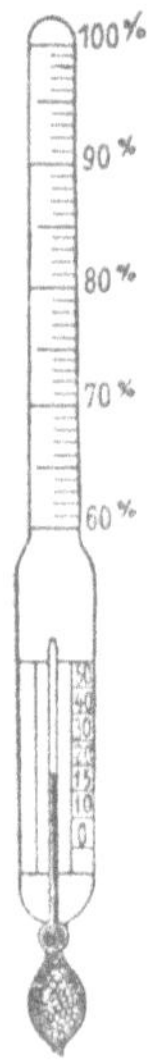

Abb. 2. Spiritusprober

Abb. 3. Berliner Polizeiprober n. Bischoff

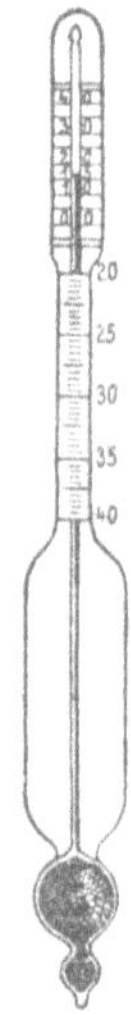

Abb. 4. Laktodensimeter n. Quevenne

Eine Berücksichtigung des Luftauftriebes (Korrektion auf das Vakuum) kommt bei der relativ geringen Genauigkeit der aräometrischen Bestimmungen nicht in Frage.

β) Senkwaage-Verfahren

Wägt man einen geeigneten Körper (Senkkörper, Tauchkörper) einmal in Luft und ein anderes Mal nach dem völligen Untertauchen unter die zu untersuchende Flüssigkeit, so findet

---

[1]) Thiel-Strohecker-Patzsch, Taschenbuch für die Lebensmittelchemie, Verlag W. de Gruyter u. Co. (Berlin 1938). Weiterhin kurz als T-S-P zitiert.

man den im letzteren Falle wirksamen Auftrieb des Senkkörpers durch W ä g u n g. Zu diesem Zwecke wird der Senkkörper an einem dünnen Draht unter der Schneide einer Waagschale aufgehängt, wobei für beste Benetzbarkeit des Aufhängedrahtes zu sorgen ist; am besten nimmt man einen f r i s c h (schwarz) platinierten Platindraht. Bei zweckmäßiger Anordnung (genügend großem Senkkörper) ist das Verfahren sehr genau und liefert die Flüssigkeitsdichte bis zur 6. oder

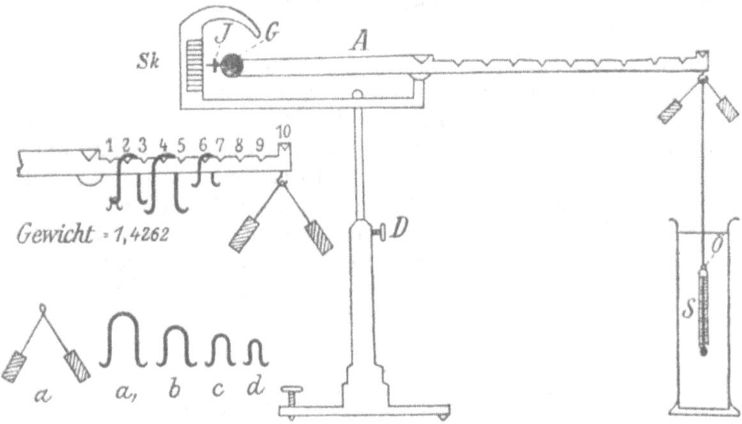

Abb. 5. Westphalsche Waage
S = Glassenkörper, *D* = Schraube zum Verstellen des Stativs,
Ö = Öse, *a*, a_1, *b*, *c*, *d* = abgestufte Gewichte

7. Dezimale. Für die Praxis der Lebensmittelchemie kommt nur eine v e r e i n f a c h t e, handliche Ausführung in Gestalt der hydrostatischen Waage (W e s t p h a l sche oder M o h r sche W a a g e) in Betracht. Die Genauigkeit der Bestimmung mit diesem Apparat ist allerdings beträchtlich geringer: bestenfalls bis auf einige (ca. 5) Einheiten der 4. Dezimalstelle der Dichte.

Die in Abb. 5 dargestellte W e s t p h a l sche Waage trägt auf einem in der Höhe variablen Stativ einen Waagebalken (A), unter dessen rechter Schneide der Senkkörper (S, aus Glas, als Thermometer ausgebildet) hängt. Sein Gewicht in Luft wird durch ein Gegengewicht (G) mit Justierschraube (J) auf der linken Seite kompensiert. Die Spitze stellt sich im Gleichgewicht auf den Teilstrich Null der kleinen Skala (*Sk*) ein.

Der Gewichtssatz besteht aus 5 Gewichtsstücken, *a*, a^1, *b*, *c*, und *d*. Von diesen entsprechen *a* und a^1 dem Auftrieb des Senkkörpers in Wasser bei der Eichtemperatur (4° oder 15°) an der Luft. Welches die Eichtemperatur ist, muß bei jedem Apparat angegeben sein oder durch einen Versuch ermittelt werden. Die Gewichte *b*, *c* und *d* sind jeweils immer $^1/_{10}$ des in der Reihe vorangegangenen Gewichtes; *d* stellt also $^1/_{1000}$ des Auftriebgewichtes dar.

Da der Waagebalken in seiner rechten Hälfte 10 Kerben trägt, kann man durch Aufsetzen von a_1 in die 1. usw. Kerbe $^1/_{10}$ usw. des Auftriebsgewichtes, durch Aufsetzen von *b* $^1/_{100}$ usw., durch Aufsetzen von *c* $^1/_{1000}$ usw., schließlich durch Verwendung von *d* $^1/_{10000}$ usw. des Auftriebs erhalten und somit jeden Dezimalbruch des Auftriebs zwischen 0,0001 und 1,0000 darstellen. Die in der Abb. 5 angenommene Zusammenstellung der Gewichte ergibt also den Auftriebswert 0,4262, wozu noch der Wert des unter den Schneiden hängenden Gewichtes *a* mit 1,0000 kommt, so daß im ganzen der Auftrieb 1,4262 resultiert, wenn man den Auftrieb bei der Eichmessung als Einheit rechnet.

Da sich nun die Auftriebsgewichte wie die Dichten der bei Versuchsmessung und Eichmessung benutzten Flüssigkeiten verhalten, so würde für unser Beispiel ein D i c h t e v e r h ä l t n i s von 1,4262 : 1,0000 herauskommen.

Hierbei ist aber noch nicht in Rechnung gestellt, daß unsere Messung ja nicht im Vakuum, sondern an freier Luft erfolgt ist. Wir haben also als Ergebnis nicht das gesuchte Dichteverhältnis, sondern einen R o h w e r t zu erwarten, aus dem sich der endgültige Wert erst durch Reduktion auf den luftleeren Raum ergibt. Zunächst aber möge die Auswertung der Ablesung ohne Rücksicht auf die Vakuumreduktion erfolgen.

Ist die Waage auf Wasser von 4° als Eichsubstanz justiert, so liefert unser Dichteverhältnis 1,4262/1,0000, multipliziert mit der Dichte der Eichsubstanz, 1,0000, die Dichte der Versuchsflüssigkeit bei der Versuchstemperatur (t^0)

$$(\varrho_{t^0}) = 1{,}4262 \text{ g/ml}.$$

Die Einklammerung soll andeuten, daß dieser Wert noch der Korrektion für das Vakuum bedarf.

Ist die Waage auf Wasser von einer anderen Temperatur als 4^0 als Eichsubstanz justiert, so ist als Multiplikator die Dichte des Wassers[1]) bei dieser Eichtemperatur zu benutzen, bei 15^0 also z. B. der Wert 0,999126, und unsere Dichte ergäbe sich zu

$$(\varrho_{t0}) = 1{,}4262 \cdot 0{,}999126 = 1{,}4250 \text{ g/ml.}$$

Ist die Versuchstemperatur um mehr als 4^0 C von der Eichtemperatur verschieden, so ist noch eine weitere Korrektion nötig, und zwar im Hinblick auf die Veränderlichkeit des Senkkörpervolums mit der Temperatur[2]). Da sich Glas für jedes Grad Temperaturerhöhung im Mittel um $^1/_{40000}$ seines Volums ausdehnt, ist beim Vorhandensein einer Temperaturdifferenz von Δt^0 gegen die Eichtemperatur mit einem um $\frac{\Delta t}{4}\, 0{,}0001$ größeren Volum des Senkkörpers bei der Versuchstemperatur zu rechnen. Um diesen Bruchteil ist also der Auftrieb zu verkleinern, wenn man auf das Senkkörpervolum bei der Eichtemperatur reduzieren will. Man sieht, daß für je 4^0 Temperaturdifferenz 1 Einheit der 4. Dezimale abzustreichen ist (falls eine Dichte von rund 1 vorliegt, andernfalls entsprechend mehr oder weniger, je nach der Abweichung der Dichte von der Einheit nach oben oder unten).

Wir gelangen mithin, wenn wir als Versuchstemperatur 25^0 C und als Eichtemperatur 15^0 annehmen, schließlich zu dem Ergebnis:

$$(\varrho_{25^0})\ 1{,}4250 - \frac{10}{4} \cdot 0{,}0001 = 1{,}4247 \text{ g/ml.}$$

Eine **R e d u k t i o n a u f d a s V a k u u m** ist immer dann erforderlich, wenn die Dichte der Versuchsflüssigkeit sich von derjenigen der Eichflüssigkeit merklich unterscheidet, d. h. deutlich von der Einheit abweicht. Man führt diese Reduktion am einfachsten in der Weise aus[3]), daß man bei (ϱ)-Werten

---

[1]) Siehe T-S-P, Tafel 53.

[2]) Diese Korrektion erübrigt sich, falls die Senkwaage für eine b e s t i m m t e Meßtemperatur, z. B. 20^0, justiert ist, weil dann die Gewichte bereits dem größeren Senkkörper-Volum angepaßt sind.

[3]) T-S-P, Seite 156.

über 1 für jede überschießende Einheit der 2. Dezimale 1,2 Einheiten der 5. Dezimale abzieht, bei $\varrho()$-Werten unter 1 eine Addition in entsprechender Weise vornimmt.

So wird also z. B.

$$(\varrho_{25}{}^{0}) = 1{,}4246 \text{ g/ml durch Reduktion zu:}$$
$$\varrho_{25}{}^{0} = 1{,}4246 - 42{,}5 \cdot 0{,}000012 = 1{,}4246 - 0{,}0005 = 1{,}4241 \text{ g/ml}$$

und entsprechend

$$(\varrho_{25}{}^{0}) = 0{,}4246 \text{ g/ml zu: } \varrho_{25}{}^{0} = 0{,}4246 + 57{,}5 \cdot 0{,}000012 = 0{,}4246 + 0{,}0007 = 0{,}4253 \text{ g/ml.}$$

Praktische Hinweise

Hat die Versuchsflüssigkeit eine Dichte unter 1 g/ml, so benutzt man lediglich die Gewichtsstücke (Reiter) a_1, b, c und d, nicht aber a. Besonders sorgfältig ist auf das Fehlen von Luftblasen zu achten, die sich am Senkkörper festsetzen können; man entfernt sie hier nötigenfalls mit einem Pinsel. Die Öse des Aufhängedrahtes ist ein bevorzugtes Versteck solcher Luftblasen.

γ) Pyknometermethode

Pyknometer (Wägekölbchen, Wägefläschchen) sind Glasgefäße von neuerdings genormter Gestalt[1]). Sie können eine Rauminhaltsangabe (für eine vorgeschriebene Temperatur und auf Einguß) tragen und darauf geeicht sein. Genormte Pyknometer (Abb. 6) haben einen eingeschliffenen Stopfen mit kapillarer Bohrung, deren oberes Ende den Füllraum des Gerätes begrenzt. Sie sind also so weit zu füllen, daß die Flüssigkeit gerade am Ausgang der Kapillare steht. Ältere Pyknometerformen können eine Füllmarke im Hals oder auch an einer Stelle im Inneren der Kapillare des Stopfens (wenn dieser kapillar durchbohrt ist) tragen oder auch eine fortlaufende Teilung besitzen, mittels deren dann bis zu einem bestimmten zweckmäßig gewählten Teilstrich aufgefüllt wird (siehe die Abb. 7 und 8).

Zur Einstellung der richtigen Füllhöhe benutzt man zweckmäßig feine Glaskapillaren oder Filtrierpapierstreifen.

---

[1]) Siehe die Normblätter DIN 12 795 bis 12 797.

Die Dichtebestimmung mit Hilfe von Pyknometern mit Inhaltsangabe ist besonders einfach. Es sei Vt^0 der Rauminhalt des Pyknometers bei t^0. Man braucht jetzt nur durch Wägung festzustellen, welche Gewichtsmenge der Versuchsflüssigkeit das Gerät bei der gleichen Tempera-

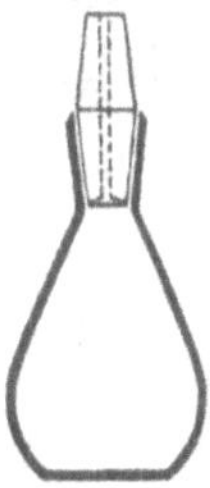

Abb. 6. Genormtes Pyknometer (Wiedergabe der Form von DIN 12796)

Abb. 7. Pyknometer mit fester Marke

Abb. 8. Pyknometer mit einstellbarer Skala

tur faßt. Die Wägung in Luft möge das Gewicht G (in Gramm) ergeben haben. Dann ist

$$(\varrho_{t0}) = \frac{G_{t0}}{V_{t0}}.$$

Die Reduktion auf das Vakuum erfolgt durch Berücksichtigung der Dichten von Versuchsflüssigkeit und Metall der Gewichtsstücke (im allgemeinen Messing, $\varrho' = 8{,}4$), sowie der Luftdichte δ (im Mittel mit 0,00121 g/ml anzusetzen).

Hierzu dient die Gleichung

$$\varrho_{t0} = \frac{G_{t0} \cdot \left(1 - \frac{\delta}{\varrho'}\right)}{V_{t0}} + \delta = \frac{0{,}99986\, G_{t0}}{V_{t0}} + 0{,}00121.$$

Erfolgt die Messung bei einer anderen Temperatur (t') als die Pyknometereichung, so tritt zum ersten Gliede der vorstehenden Gleichung noch ein Faktor, der die Wärmeausdehnung des Glases berücksichtigt. Er hat den Wert $F_{t'} = 1 - 0{,}000025$, $(t' - t)$. Ein Zahlenbeispiel:

$t = 20{,}0^0$; $t' = 26{,}0^0$; $V_{20^0} = 50{,}0500$ ml; $G_{20^0} = 55{,}3545$ g.

$\varrho_{20^0} = \frac{0{,}99936 \cdot 55{,}3545 \cdot 0{,}99985}{50{,}0500} + 0{,}00121 = 1{,}10687$. Wie man sieht, hat eine Berechnung mit solcher Genauigkeit (bis auf die 5. Dezimale) nur dann Sinn, wenn das Pyknometervolum mit entsprechender Genauigkeit bekannt ist, und wenn die Luftdichte genau mit dem Werte 0,00121 g/ml eingesetzt werden darf. Letzteres ist keineswegs selbstverständlich. Vielmehr ist zu beachten, daß der genannte Wert nur für eine Temperatur von 19° C (bei einem Druck von 760 Torr[1]) und völliger Trokkenheit) gilt. Je 2½° Temperaturerhöhung, je 6⅓ Torr Druckerniedrigung und je 19 Torr Wasserdampfpartialdruck (jedes für sich allein, bei Konstanz der übrigen Daten) erniedrigen die Luftdichte um eine Einheit der 5. Dezimalstelle. Hiernach ist leicht zu übersehen, ob eine Dichteangabe mit solcher Genauigkeit (bis auf eine Einheit der 5. Dezimalstelle) durch die Meßbedingungen gerechtfertigt wird.

Verwendet man Pyknometer ohne Inhaltsangabe so erfordert die Dichtebestimmung drei Wägungen, die Wägung des leeren, trockenen Pyknometers, eine Vorwägung mit Wasserfüllung und eine Hauptwägung mit der Versuchsflüssigkeit. Alle drei Wägungen werden zweckmäßig bei der gleichen Temperatur (t^0) vorgenommen. Dieses Verfahren wird am häufigsten benutzt.

Man erhält zwei Werte, *Gw* aus der Wägung mit Wasser und *Gv* aus der Wägung mit der Versuchsflüssigkeit; beide Werte erhält man aus den oben angeführten Wägungen durch Abzug des Leergewichtes. Die Quotient *Gv*/*Gw* ist das für die Versuchstemperatur t^0 gültige Gewichtsverhältnis (der Pyknometerinhalte). Da die Gewichte nicht im Vakuum, sondern in der Luft bestimmt sind, haben sie den Charakter von „Tauchgewichten“, deren Wert sich von den für das Vakuum gültigen Gewichten um den Betrag des Auftriebs in der Luft (die hier also das Tauchmedium darstellt) unterscheidet. Für den Quotienten *Gv*/*Gw*, eine unbenannte (dimensionslose) Zahl

[1]) 1 Torr = Druck von 1 mm Quecksilbersäule (bei 0° Quecksilbertemperatur).

benutzt man zweckmäßig das Zeichen τ, um anzudeuten, daß es sich um ein Tauchgewichtsverhältnis (für Wägung in Luft) handelt, und fügt als Index eine Angabe der Temperatur hinzu, bei der einerseits der Wasserinhalt und andererseits der Inhalt an Versuchsflüssigkeit ausgewogen worden ist, und zwar in der Form: $\tau_L \frac{t^0}{t^0}$.

Dieses „Gewichtsverhältnis" (wie man zur Abkürzung sagen darf) kann man nun auf Wasser maximaler Dichte umrechnen, indem man die Annahme einführt, die Wasserwägung sei bei t^0 mit Wasser von 4^0 durchgeführt worden (was natürlich nicht realisierbar ist!). Rechnerisch erhält man das dieser Annahme entsprechende Ergebnis durch Multiplikation des Wertes von $\tau_L \frac{t^0}{t^0}$ mit dem Zahlenwerte der Dichte des Wassers bei t^0. Das Ergebnis wird dann in der Form geschrieben: $\tau_L \frac{t^0}{4^0}$ (z. B. $\tau_L \frac{15^0}{4^0}$ oder $\tau_L \frac{20^0}{4^0}$ usw)

Gewichtsverhältnisse dieser beiden Arten werden häufig selbst als Grundlagen für die Analyse von Flüssigkeiten verwendet, also an Stelle der aus ihnen durch Reduktion auf das Vakuum entstehenden Dichtewerte[1]).

Zur Gewinnung der Dichte aus dem Gewichtsverhältnis $\tau_L \frac{t^0}{4_0}$ bedient man sich der oben (auf S. 11/12) angegebenen Verfahren, d. h. man zieht für jede Einheit der 2. Dezimale, um die sich τ_L über 1 erhebt, 1,2 Einheiten der 5. Dezimalstelle ab und fügt ebensoviel hinzu für jede Einheit der 2. Dezimalstelle, um die τ_L unterhalb von 1 bleibt. Man erhält also beispielsweise:

aus $\tau_L \frac{t^0}{4^0}$ = 1,25384 den Wert ϱ_{t^0} = 1,25384 — (25,4 : 0,000012)
= 1,25384 — 0,00030
= 1,25354 g/ml

---

[1]) Siehe T-S-P, Tabellen 19 und 28 bis 33. Dort ist statt des Buchstabens r noch der Buchstabe y benutzt worden.

und aus

$$\tau_L \frac{t^0}{4^0} = 0{,}87352 \text{ den Wert } \varrho_{t^0} = 0{,}87352 + (12{,}65 \cdot 0{,}000012)$$
$$= 0{,}87352 + 0{,}00015$$
$$= 0{,}87367 \text{ g/ml.}$$

Ob man für die analytischen Zwecke der Lebensmittelchemie Dichtewerte oder Gewichtsverhältnisse zugrunde legt, ist an sich gleichgültig. Nur muß man sich natürlich vor dem Eingehen in die zu benutzenden Tabellen davon überzeugen, für welche dieser beiden Arten von Daten sie berechnet sind, um nicht u. U. gröbere Fehler zu begehen. Denn wie die vorstehenden Beispiele zeigen, hat man es mit Unterschieden von solcher Größenordnung zu tun, daß die Mühe eines sorgfältig ausgeführten Wägeverfahrens umsonst aufgewandt sein würde, wenn man in eine Tabelle der falschen Art gerät.

Praktische Hinweise

Bei der Verwendung von Pyknometern ist deren völlige Sauberkeit und Trockenheit eine selbstverständliche Voraussetzung für die Erzielung genauer Ergebnisse. Man reinigt Pyknometer durch Behandeln mit Chromsäure-Schwefelsäure-Mischung, sorgfältiges Nachspülen mit reinem Wasser, dann mit reinstem Alkohol und endlich durch Trocknen im Luftstrome bei Zimmertemperatur. Erwärmung ist wegen der oft langdauernden thermischen Nachwirkung zu vermeiden. Hat man Pyknometer durch Einstellen in ein Gefäß mit reinem Wasser temperiert (ohne Benetzung des Halsschliffes!), so ist die Außenwand sorgsam abzutrocknen, ehe die Wägung erfolgt. Diese soll erst nach mindestens 20 Minuten langem Stehen im Waagenkasten stattfinden. Selbstverständlich darf die Temperatur im Wägezimmer nicht höher sein als die Fülltemperatur des Pyknometers, wenn man die neuere, genormte Pyknometerform benutzt (weil die Flüssigkeit sonst überlaufen würde).

Ein für die Berechnung besonders bequemes Verfahren wird durch die Benutzung von Pyknometern mit Skaleneinteilung (nach Abb. 8), und zwar mit einem Inhalt von 50 ml, ermöglicht. Man wägt in das trockene Pyknometer genau 50,0000 g

Wasser ein und notiert, nachdem die Temperatur des Raumes erreicht ist (Messung!), den Teilstrich, bei dem die Flüssigkeitskuppe (der Meniskus) steht. Nach sorgfältiger Entleerung und Trocknung füllt man später Versuchsflüssigkeit ein, wartet den Temperaturausgleich ab und füllt bis genau zu dem gleichen Teilstrich. Die Wägung möge jetzt nach Abzug des Leergewichtes 55,3875 g Füllgewicht ergeben. Das Gewichtsverhältnis beträgt dann

$$\tau_L \frac{t^0}{t^0} = \frac{2 \cdot 55{,}3875}{100} = 1{,}10775.$$

Es fragt sich allerdings, ob das genaue Einwägen von Wasser nicht mühsamer ist als die (selbstverständlich logarithmische) Berechnung von τ_L für einen Wasserwert beliebiger Größe (bei dem also im Nenner statt der 100 eine „krumme“ Zahl steht).

2. Viskosimetrie

Die Viskositäts- oder Zähigkeitsmessung wird verschiedentlich in der Lebensmittelchemie, unter anderem bei der Untersuchung der Milch und bei der Untersuchung der Öle, herangezogen. Zur Messung der Viskosität dienen die Viskosimeter. Eines der einfachsten Viskosimeter ist dasjenige von W. Ostwald (s. Abb. 9). Die Messung beruht darauf, daß man eine bestimmte Menge der zu untersuchenden Flüssigkeit durch eine Kapillare ausfließen läßt und die Durchflußzeit bestimmt. Man führt gewöhnlich eine relative Messung aus, indem man sowohl von einer bestimmten Menge der zu untersuchenden Flüssigkeit wie auch von der gleichen Menge dest. Wassers die Durchflußzeit bestimmt. Als Durchflußzeit gilt die Zeit, welche der Flüssigkeitsspiegel vom Passieren der Marke m_1 bis zum Passieren der Marke m_2 benötigt. Man füllt dabei das Viskosimeter so, daß die Flüssigkeit im rechten Schenkel etwa bei m_3, im linken etwas oberhalb von m_1 steht, bevor der Versuch (mit dem Lüften eines Verschlusses des linken Schenkels) beginnt.

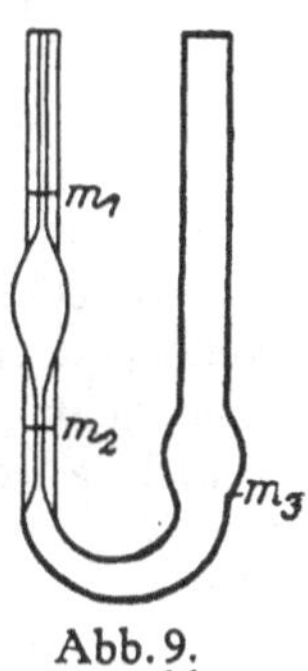

Abb. 9. Ostwalds Viskosimeter

Auf die Versuchstemperatur ist genau zu achten, da die Zähigkeit stark temperaturempfindlich ist.

Der „Viskositätsgrad" ist dann gleich der Auslaufzeit der zu untersuchenden Flüssigkeit, dividiert durch die Auslaufzeit der gleichen Menge Wasser, multipliziert mit der Dichte der angewandten Flüssigkeit. In ähnlicher Weise arbeitet das Engler-Viskosimeter, das vorwiegend für die Messung der Viskosität von Ölen verwendet wird.

Während es sich bei den vorgenannten Bestimmungen um die Ermittlung einer Verhältniszahl handelt, kann man mit Hilfe der Kugelfall-Viskosimeter, z. B. mit dem sogenannten Höppler-Viskosimeter, den Koeffizienten der inneren Reibung absolut messen. Als Einheit für diese Größe dient das „Poise". Man versteht darunter den im absoluten Maß ausgedrückten Tangentialdruck, der überwunden werden muß, wenn eine Flüssigkeitsschicht an einer reibenden Schicht der gleichen Flüssigkeit im Abstande von 1 cm mit der Geschwindigkeit von 1 cm/sek vorbeibewegt wird.

3. Refraktometrie

(Bestimmung des Brechungsvermögens)

Die Lichtbrechung einer Substanz, beruhend auf der Geschwindigkeit, mit der sich das Licht in dieser Substanz als Medium fortpflanzt, hängt (für eine gegebene Wellenlänge) von der Dichte des Mediums und seiner chemischen Beschaffenheit ab. Sie ist ein Ausdruck für die Reaktion der Elektronen in der Hülle der die Substanz aufbauenden Atome auf die elektromagnetischen Feldstörungen, die beim Durchgang der Lichtwelle eintreten. Die Refraktometrie beruht auf der Messung eines geometrischen Effekts, nämlich der Brechung (Richtungsänderung), die ein Lichtstrahl an der Grenze zweier verschiedener Medien, in denen sich das Licht verschieden schnell fortpflanzt, erleidet, falls er die Mediengrenze nicht senkrecht trifft. Das unmittelbare Ergebnis der Messung ist der Brechungsindex (n), d. h. die Zahl, die angibt, wievielmal rascher sich das Licht im Vakuum fortpflanzt als in dem untersuchten Medium[1]).

Für die Lebensmittelchemie kommt lediglich die Refraktometrie von Flüssigkeiten in Betracht. Die hierzu verwendeten Refraktometer sind nämlich nach dem gleichen Prinzip gebaut: man beobachtet den Grenzwinkel der „totalen Reflexion“, d. h. den maximalen Winkel (gegen das Lot auf der Grenzebene), unter dem ein Lichtstrahl die Grenzebene gerade noch treffen darf, wenn er aus einem optisch dichteren Medium (mit größerem *n*-Wert) in ein optisch dünneres Medium austreten soll. Bei diesem Grenzwinkel liegt also die Grenze der Austrittsmöglichkeit und somit im Gesichtsfelde eines in der Richtung nach dem optisch dünneren Medium blikkenden Beobachters eine Grenze zwischen Hell und Dunkel, falls nun umgekehrt ein Lichtstrom aus dem optisch dünneren Medium nach dem Auge des Beobachters zu fließt. Statt aber diese Helligkeitsgrenze durch eine Winkelmessung festzulegen, läßt man sie bei den üblichen Refraktometern auf eine Teilung fallen, die so eingerichtet ist, daß der von der Grenze getroffene Teilstrich gerade den Brechungsindex der Flüssigkeit angibt, mit der das Refraktometer beschickt ist.

Wegen der Abhängigkeit des Brechungsindex von der Wellenlänge des benutzten Lichtes (der „Dispersion“) erhält man unmittelbar nur bei monochromatischem Lichte eine scharfe Grenze, bei weißem Lichte dagegen einen farbigen Saum (in den Regenbogenfarben). Durch Anbringung eines „Kompensators“, eines Prismas, das vermöge seiner Anordnung im Strahlengange die spektrale Zerlegung des Lichtbündels wieder aufhebt, läßt sich der farbige Saum an der Helligkeitsgrenze beseitigen. Die Teilung wird dabei so eingerichtet, daß die Helligkeitsgrenze auf den für den Brechungsindex des monochromatischen Lichtes der Natriumflamme gültigen Teilstrich fällt. Diese Lichtart (λ = 568,3 mμ und λ = 568,8 mμ) wählt man in der Regel, wenn man mit monochromatischem Lichte arbei-

[1]) Aus dem Brechungsindex lassen sich weitere Funktionen, wie das „spezifische Brechungsvermögen“ und die „Molrefraktion“ berechnen, Größen, die jedoch für das Gebiet der Lebensmittelchemie ohne besondere Bedeutung sind.

ten will. Die Weißlichtrefraktometer mit Kompensation bieten jedoch eine Anzahl so großer Vorteile, daß die Messung mit Natriumlicht immer mehr außer Gebrauch kommt.

Da das Brechungsvermögen von der Temperatur abhängig ist, gehört zu einer exakten Refraktionsmessung auch die genaue Festlegung der Versuchstemperatur. Zu diesem Zwecke haben die modernen Refraktometer Temperiereinrichtungen erhalten.

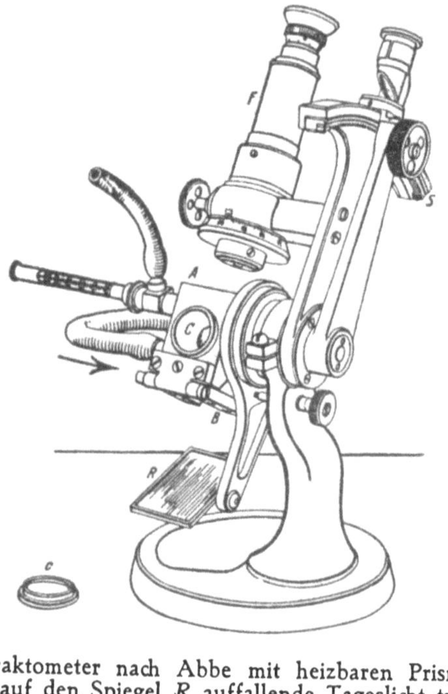

Abb. 10. Refraktometer nach Abbe mit heizbaren Prismen (⅓ nat. Größe). Das auf den Spiegel *R* auffallende Tageslicht tritt durch das für die Messung geschlossene Doppelprisma *AB* hindurch und in das Fernrohr *F*; der Pfeil gibt die Richtung des um die Prismen fließenden Heizwassers an, das Thermometer ist der Raumersparnis wegen verkürzt gezeichnet. Die Teilung befindet sich auf dem Sektor *S*. Das Fenster *C* läßt das Licht für die Beobachtung „im reflektierten Lichte" eintreten. (Entnommen dem Handbuch der Lebensmittel-Chemie.)

Einige der gebräuchlichsten Refraktometertypen sind in den Abbildungen 10—12 dargestellt.

Das Refraktometer nach Abbe (Abb. 10) liefert als Meßwerte die Brechungsindizes, während das Milchfettrefraktometer von Zeiß (Abb. 11 u. 12) sowie das Butterrefraktometer nach Wollny empirische Skalen besitzen, deren Werte gegebenenfalls in Brechungsindizes umgerechnet werden können (siehe z. B. die Umrechnungstafel für die Ermittelung von Brechungsindizes aus Skalenwerten eines Butterrefraktometers in *T-S-P*, Tafel 41).

Über die Verwendung von Brechungswerten für die Analyse in der Lebensmittelchemie vgl. die Tafeln 8, 9, 20, 42, 48 und 49 des *T-S-P*.

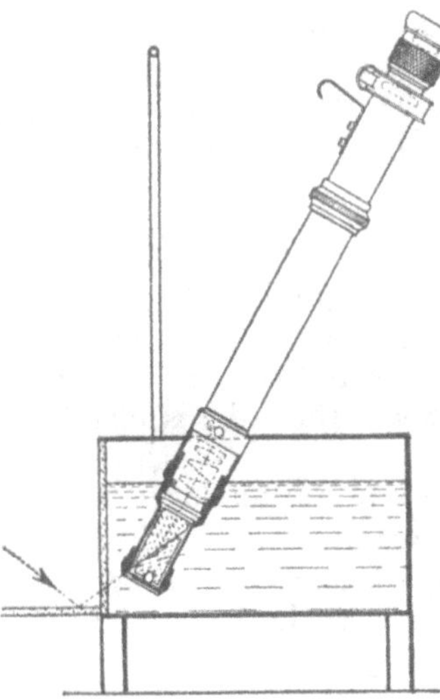

Abb. 11.
Eintauchrefraktometer im Temperiertroge mit aufgestecktem Becher. (Entnommen dem Handbuch der Lebensmittel-Chemie.)

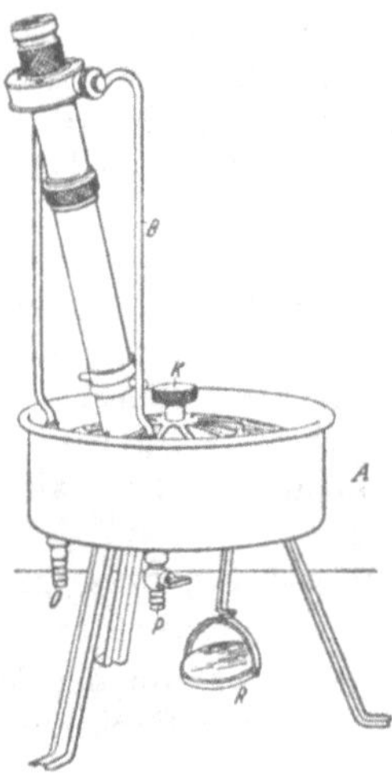

Abb. 12. Eintauchrefraktometer. Runder Temperiertrog *A* mit Bügel *B* und Spiegel *R*; *K* ist der Griff des schirmförmigen Halters für die 10 im im Wasser hängenden Bechergläser. Das Temperierwasser tritt bei *P* ein und bei *D* aus. (Entnommen dem Handbuch der Lebensmittel-Chemie.)

Die technische Handhabung der verschiedenen Refraktometer ergibt sich aus der Gebrauchsanweisung, die jedes Instrument mitbekommt.

4. Polarimetrie

(Messung des optischen Drehungsvermögens)

Viele Stoffe haben (dank einer bestimmten Anordnung der Atome im Aufbau ihrer Molekeln) die Fähigkeit, die Polarisationsebene des linear polarisierten Lichtes bei seinem Durchgange durch eine Schicht des betreffenden Stoffes zu drehen, und zwar entweder nach rechts oder nach links (optische Aktivität). Rechtsdrehend ist ein Stoff, der die Polarisationsebene, vom Beobachter, der gegen den Lichtstrahl schaut, gesehen, im Uhrzeigersinne dreht; im entgegengesetzten Falle ist er linksdrehend. Optisch aktive Stoffe werden durch Vorsetzen der Buchstaben *d* = (rechtsdrehend) oder l = (linksdrehend) gekennzeichnet.

Bei homogenen Stoffen, insbesondere Flüssigkeiten, hängt der Betrag der Drehung außer von der Art des Stoffes noch von der Länge der durchstrahlten Schicht ab (Proportionalität mit der Schichtlänge), ferner von der Wellenlänge des benutzten Lichtes (Dispersion der Rotation) und von der Temperatur. Bei Lösungen tritt als bedingende Größe die Konzentration hinzu.

Um das Ergebnis von Mengen- und Schichtlängenverhältnissen unabhängig zu machen, wird aus dem Drehwinkel $\alpha^{\lambda}_{t^0}$, d. h. der bei Licht von der Wellenlänge λ und bei der Temperatur t^0 gemessenen Drehung in Kreisgeraden, die Funktion gebildet:

$$[\alpha]^{\lambda}_{t^0} = \alpha^{\lambda}_{t^0} \cdot \frac{1}{\varrho \cdot l},$$

worin ϱ die Dichte[1]) der (homogenen) Substanz, d. h. die Anzahl von Grammen, die in 1 ml enthalten sind, und l die Schichtdicke in Dezimetern bedeutet. Die genannte Funktion heißt spezifische Drehung.

---

[1]) Statt ϱ ist bisher hier immer der Buchstabe *d* benutzt worden.

Bei Lösungen optisch aktiver Stoffe in optisch inaktiven Lösungsmitteln, deren Konzentration c (Gramm in 100 ccm Lösung) beträgt, benutzt man die analoge Funktion

$$[\alpha]_{t^0}^{\lambda} = \alpha_{t^0}^{\lambda} \frac{100}{c \cdot l} = \alpha_{t^0}^{\lambda} \cdot \frac{100}{p \cdot \varrho \cdot l},$$

wobei p den Gehalt in Gewichtsprozenten und ϱ die Dichte der Lösung bedeutet.

Die letztgenannte Gleichung liefert die Grundlage für die polarimetrische Analyse, d. h. für die Gehaltsbestimmung optisch aktiver Stoffe auf Grund der polarimetrischen Messung. Man mißt gewöhnlich mit dem monochromatischen Licht der Natriumflamme (D-Linie)[1]).

Kennt man $[\alpha]_{t^0}^{\lambda}$, so ergibt sich aus der gemessenen Drehung $\alpha_{t^0}^{\lambda}$ der Dichte der untersuchten Lösung (ϱ) und der Länge der durchstrahlten Schicht (l) der Prozentgehalt der Lösung (p) zu

$$p = \frac{\alpha_{t^0}^{\lambda}}{[\alpha]_{t^0}^{\lambda}} \cdot \frac{100}{\varrho \cdot l}.$$

Für den am häufigsten vorkommenden Fall, die polarimetrische Analyse von Rohrzuckerlösungen, kann man die vorstehende Beziehung, in der also die spezifische Drehung als Konstante vorkommt, als sehr annähernd gültig betrachten. Dagegen gibt es viele andere Stoffe, bei denen dieser einfache Zusammenhang nicht besteht, vielmehr $[\alpha]_{t^0}^{\lambda}$ bei veränderter Konzentration einen „Gang" zeigt. In solchen Fällen muß der empirisch zu ermittelnde Zusammenhang zwischen $[\alpha]_t^{\lambda}$ und c der Rechnung zugrunde gelegt werden.

Für eine Anzahl häufiger vorkommender Stoffe, insbesondere Zuckerarten, gibt die nachfolgende Tabelle die Werte der spezifischen Drehung (gültig für Natriumlicht und 20° C), also die Werte von $[\alpha_{20^0}^{D}]$.

---

1) Wegen der bei manchen Stoffen bedeutenden Rotationsdispersion reinigt man Natriumlicht noch besonders durch Vorschaltung eines Lichtfilters, das aus einer 10 cm dicken Schicht einer 9%igen Kaliumdichromatlösung besteht.

Tafel Nr. 1

Saccharose . . .	+ 66,54°	Lactose	+ 55,30°
Invertzucker . . .	− 20,59°	„ (wasserhaltig) . . .	+ 52,5°
Glucose	+ 52,74°	Maltose	+ 137,5°
Fructose	− 93,70°	Raffinose	+ 104,5°
Galaktose	+ 80,47°	Dextrin	+ 194,8°

Zu beachten ist, daß verschiedene Zucker Mutarotation zeigen, d. h. daß die sofort nach Auflösung der Zucker erhaltene Drehung viel höher ist als die Drehung, die nach Eintritt des Gleichgewichts beobachtet wird.

Man kann die Mutarotation da, wo es angängig ist, durch einige Tropfen[1]) Ammoniak oder durch 24 Stunden langes Stehenlassen der Lösung beseitigen.

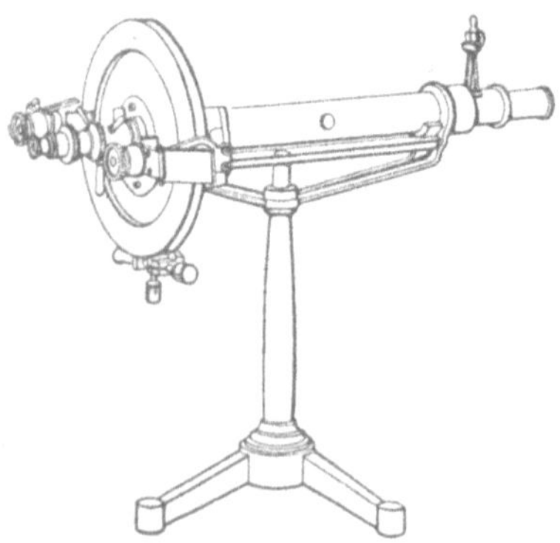

Abb. 13. Polarisationsapparat nach Lippich. (Entnommen dem Handbuch der Lebensmittel-Chemie.)

Weitere Literatur: Handbuch d. Lebensmittel-Chemie Bömer, Juckenack, Tillmans, II. Bd., 1. Teil, Berlin, Julius Springer 1933.

Die Handhabung der Polarimeter (s. Abb. 13) ergibt sich aus der jedem Instrument beigegebenen Gebrauchsanweisung.

Über die Verwertung polarimetrischer Daten siehe die Tafeln 23, 24, 25 und 26 des *T-S-P*.

5. Kolorimetrie

Kolorimetrie ist die optische Analyse von Lösungen farbiger Stoffe (in farblosen Lösungsmitteln) auf Grund der „Farbstärke". Farbige Stoffe sind solche, die Licht bestimmter Wellenlänge bevorzugt (selektiv) absorbieren und so die

[1]) Siehe auch die Bestimmung von Kohlehydraten S. 52.

normale Zusamensetzung des weißen Lichtes (der kontinuierlichen Strahlung) verändern. Wenn das im Bereiche des sichtbaren Lichtes (Wellenlängen zwischen etwa 400 und 800 m μ) geschieht, so empfindet das Auge das Ergebnis als „Farbigkeit". Als „Farbstärke" wird dabei der Betrag der Veränderung empfunden. Wird z. B. vorwiegend grünes Licht (Wellenlänge um 550 m μ) absorbiert, so sieht das Auge eine Rotfärbung (die Komplementärfarbe), die um so intensiver ist, je vollkommener das grüne Licht aus dem ursprünglichen „Weiß" weggenommen wird. Auch bei vollkommener Absorption des grünen Anteiles aber erreicht das komplementäre Rot niemals jene Intensität, wie sie etwa ein monochromatisches Rot von gleichem Farbton darstellt. Man kann vielmehr durch Absorption nur ein gewisses Höchstmaß von „F a r b s ä t t i g u n g" erzielen, das etwa einem bestimmten Mischungsverhältnis von spektralem (monochromatischem) Rot mit Weiß entspricht.

Nun absorbieren farbige Stoffe niemals n u r monochromatisches Licht, sondern stets ein mehr oder weniger breites Band des kontinuierlichen Spektrums (Absorptionsbanden). In diesem Bereiche liegt allerdings dann (mindestens) e i n e Stelle besonders hoher Absorption (Absorptionsmaximum).

Der Bruchteil einer monochromatischen Strahlung, der von einer Farbstofflösung absorbiert wird, hängt von der Schichtdicke und von der Konzentration ab, ist diesen Größen jedoch nicht etwa einfach proportional. Vielmehr gelten hierfür die Absorptionsgesetze von L a m b e r t und von B e e r (siehe weiter unten). Es wird hierbei vorausgesetzt (was aber keineswegs immer zutrifft), daß die „Farbigkeit" eines Stoffes durch den Verdünnungszustand qualitativ nicht geändert wird, d. h. daß die Lage der Absorptionsbande unveränderlich ist und ihre Form nur von der Anzahl der von dem Lichtstrahl getroffenen Farbstoffmolekeln abhängt. Wenn das der Fall ist, dann ist die Farbsättigung ebenfalls nur von der Zahl der vom Licht getroffenen Farbstoffmolekeln abhängig. Ist diese Zahl gleich, so ist, einerlei ob die räumliche Anhäufung der Teilchen (Konzentration) groß und der Lichtweg kurz oder umgekehrt erstere klein und der Lichtweg lang ist, die Farbsättigung die gleiche, und man erhält demnach den gleichen Farbeindruck. D i e s e s ist die physikalische Grundlage der kolorimetrischen Meßmethode. Ihre Ausführung besteht darin, daß man eine Versuchslösung und eine Vergleichslösung auf gleiche Farbsättigung (Farbstärke) bringt. Das geschieht im Kolorimeter, einem Apparat, in dem von zwei gleich hellen Lichtbündeln das eine durch die Versuchslösung, das andere durch die Vergleichslösung geschickt wird, worauf beide dicht nebeneinander (ohne Zwischenraum aneinander grenzend) dem Auge zugeführt werden. Ist das Aussehen beider Gesichtsfelder identisch, dann gilt die Bezeichnung

$$c_1 \cdot d_1 = c_2 \cdot d_2 \text{ oder } c_2 = c_1 \cdot \frac{d_1}{d_2},$$

wenn c_1 und c_2 die Konzentrationen des farbigen Stoffes in Vergleichslösung und Versuchslösung, d_1 und d_2 die zugehörigen Schichtdicken bedeuten.

Die Einstellung im Kolorimeter besteht also im Aufsuchen derjenigen Schichtdicke der Versuchslösung (d_2), die einer bestimmten Schichtdicke (d_1) der Vergleichslösung optisch äquivalent ist (oder umgekehrt). Damit ist dann c_2 als Funktion von c_1 gegeben. Wie man sieht, ist für eine kolorimetrische Bestimmung stets eine Vergleichslösung erforderlich. Diese muß den zu bestimmenden farbigen Stoff in bekannter Konzentration enthalten.

Zwei Abarten der gewöhnlichen (Weißlicht-) Kolorimetrie sind die Mischfarbenkolorimetrie und die Spektralkolorimetrie. Sie stellen dem Auge andere, leichter zu lösende Aufgaben. Erstere benutzt farbiges Licht als Beleuchtungsquelle und liefert statt der eigentlichen Farbe der Versuchssubstanz eine Mischfarbe, deren Qualität sich (neben der Quantität) ändert, wenn die durchstrahlte Versuchsstoffmenge sich ändert. Die Einstellung erfolgt auf identischen Farbeindruck, auch hinsichtlich des Farbtons. Die Genauigkeit der Messung ist wesentlich gesteigert. Die Spektralkolorimetrie arbeitet mit monochromatischem Licht. Hier tritt an die Stelle einer Einstellung auf gleiche Farbsättigung oder auf gleichen Farbton die Einstellung auf gleiche Helligkeit des monochromatischen Lichtes. Hierbei läßt sich eine Meßgenauigkeit von 1 % (oder sogar weniger) erreichen, und damit rückt die Kolorimetrie gleichberechtigt in die Reihe der besten Analysenmethoden.

Zur Herstellung monochromatischer Beleuchtung benutzt man vielfach die Filtermethode, d. h. man schickt weißes Licht durch eine geeignete Farbstoffschicht, die nur ein schmales Band von dem gesamten Spektrum hindurchläßt. Die Monochromasie des so gefilterten Lichtes ist nur unvollkommen; auch ist die Schwächung des Lichtes bei der Filterung gewöhnlich sehr groß. Besser ist die Monochromasie, wenn man nicht von weißem Licht, sondern von einer Mischung einzelner monochromatischer Strahlungen ausgeht, wie sie sogenannte Spektrallampen liefern. Am häufigsten wird das Licht des Quecksilberbogens benutzt. Aus dem Lichte solcher Lichtquellen läßt sich mit Filtern unter gutem Nutzeffekt irgendeine geeignete Spektrallinie isolieren und damit streng monochromatisches Licht erzeugen.

Die beste Methode der Monochromasierung besteht in der spektralen Zerlegung des primären Lichtes und der Ausblendung eines engen Spektralbereiches durch eine geeignete Öffnungsweite. Diese im Spektralphotometer benutzte Methode ist für das Kolorimeter noch nicht in genügend handlicher Form ausgearbeitet.

Benutzt man monochromatisches Licht, dann eröffnet sich die Möglichkeit, von der bloßen Farbvergleichung, wie sie im Kolorimeter geschieht, zur eigentlichen Messung der Farbstärke überzugehen und damit von der Benutzung einer Vergleichslösung unabhängig zu werden. Als Maß der Farbstärke bietet sich der Umfang dar, in dem monochromatisches Licht von einem Medium absorbiert wird. Je stärker die Lichtschwächung durch Absorption, desto höher die Farbsättigung in bezug auf die komplementäre Spektralfarbe.

Zwischen Absorption und Konzentration des farbigen Stoffes besteht ein einfacher gesetzmäßiger Zusammenhang.

Wenn ein Lichtbündel, das einen Lichtstrom von der Stärke Φ_i darstellt, in ein absorbierendes Medium eintritt und es durchdringt, dann verläßt es dieses Medium infolge der Schwächung durch Absorption mit der kleineren Lichtstärke φ_e.

Der Bruchteil $\frac{\Phi_i - \Phi_e}{\Phi} = 1 - \frac{\Phi_e}{\Phi_i}$ ist durch Absorption verloren gegangen. Man nennt diesen Bruchteil (Rein-)Absorptionsgrad und bezeichnet ihn mit α_i. Der echte Bruch $\frac{\Phi_e}{\Phi_i}$ wird Durchsichtigkeitsgrad (δ) genannt; es ist also $\alpha_i + \vartheta = 1$. α_i und ϑ_r sind abhängig von der Wellenlänge des Lichtes, was man durch Beischreibung eines Index (λ) andeutet: ϑ_λ usw. Zwischen der noch verbleibenden Stärke des Lichtstromes (Φ_e) und der durchstrahlten Schichtdicke (d) eines absorbierenden Mediums besteht eine logarithmische Beziehung. Es gilt:

$$E_\lambda = \lg \frac{1}{\vartheta_\lambda} = \lg \left(\frac{\Phi_i}{\Phi_e}\right)_\lambda = m_\lambda \cdot d,$$

wobei d die Schichtdicke und m_λ eine Stoffeigenschaft des Mediums, seinen Extinktionsmodul[1]), bedeutet. E_λ heißt Extinktion. Die vorstehende Gleichung ist der Ausdruck des Gesetzes von Lambert. Man kann dieses Gesetz auch in der Form schreiben:

$$\left(\frac{\Phi_i}{\Phi_e}\right) = 10^{m_\lambda \; d} \text{ und } \Phi_{e\lambda} = \Phi_{i\lambda} \cdot 10^{-m_\lambda \; d}.$$

Bei Medien, die hinsichtlich des absorbierenden Stoffes variabel sind (wie Farbstofflösungen usw.), besteht eine Beziehung zwischen m_λ und der Konzentration c, und zwar ist der Extinktionsmodul der Konzentration proportional:

$$m_\lambda = \varepsilon_\lambda \cdot c.$$

Diese Beziehung ist der Inhalt des Gesetzes von Beer.

Der Proportionalitätsfaktor ε_λ ist nunmehr eine reine Stoffkonstante; sie trägt den Namen Extinktionskoeffi-

[1]) Auf dem Gebiete der Lichtabsorption herrscht noch eine bedauerliche Uneinheitlichkeit der Bezeichnungen, die zu einer Verwirrung der Begriffe führen kann. Der AEF hat daher unter Mitwirkung der maßgebenden Organisationen ein Normblatt ausgearbeitet, das zur Herbeiführung einheitlicher Bezeichnungen dienen soll. Die hier benutzten Bezeichnungen entstammen bereits diesem Normblatt, das in Kürze im Druck erscheinen wird.

zient und wird als „molarer Extinktionskoeffizient" bezeichnet, wenn die Konzentration c (wie gewöhnlich) in Mol/Liter ausgedrückt wird.

Die Absorptionsverhältnisse farbiger Lösungen lassen sich durch die Gleichung des kombinierten Gesetzes von Lambert-Beer ausdrücken:

$$\Phi_{e\lambda} = \Phi_{i\lambda} \cdot 10^{-\varepsilon\lambda \cdot c \cdot d}$$

oder
$$\alpha_{i\lambda} = \frac{\Phi_{i\lambda} - \Phi_{e\lambda}}{\Phi_{i\lambda}} = 1 - 10^{-\varepsilon\lambda \cdot c \cdot d}$$

Kennt man die Stoffkonstante ε_λ, so läßt sich aus m_λ auch c berechnen. Hierauf beruht das photometrische Verfahren der optischen Analyse. Man mißt, in welchem Grade ein monochromatisches Lichtbündel durch eine Schicht der Versuchslösung von der Dicke d geschwächt wird. Die Messung erfolgt durch okulare (oder photoelektrische) Vergleichung mit einem ursprünglich gleichstarken Lichtbündel, dessen Stärke durch eine meßbare Schwächung auf den gleichen Betrag reduziert wird, wie er bei dem durch die Versuchslösung geschickten Lichtbündel vorliegt.

Besonders zu betonen ist, daß dieses Verfahren nur bei solchen Stoffen anwendbar ist, die dem Gesetze von Beer gehorchen, bei denen also ε_λ eine reine Stoffkonstante, d. h. von der Verdünnung unabhängig ist (optische Konstanz im Lösungszustande). Man muß sich daher in jedem einzelnen Falle von der Gültigkeit des Beerschen Gesetzes überzeugen.

Als Lichtschwächungsmittel kann man Polarisationsprismen (Spektralphotometer, Polaphot von Zeiß, Leifo von Leitz) oder Meßblenden (Pulfrich-Photometer oder Stufenphotometer — Stupho — von Zeiß) benutzen. Bezüglich der Handhabung dieser Apparate muß auf die zugehörigen Gebrauchsanweisungen verwiesen werden.

Zum gleichen Ziele gelangt man aber auch mit Hilfe eines mit monochromatischer Beleuchtung ausgerüsteten Kolorimeters, bei dem man als Lichtschwächungsmittel eine neutralgraue Lösung von bestimmtem Extinktionsmodul (der für alle benutzten Spektralbereiche gleich ist) oder eine Graukeileinrichtung benutzt: Absolutkolorimetrie (Leitz) nach A. Thiel[1]). Dieses Verfahren besitzt vor den vorgenannten den Vorzug, daß die Lichtschwächung mit Hilfe stetig veränderlicher Schichtdicken des Lichtschwächungsmittels bewirkt wird. Infolge der Geltung des Lambertschen Gesetzes findet man dabei ohne Benutzung von Tabellen oder Kurven unmittlbar Extinktionswerte und kann es darum auch so einrichten, daß man das gesuchte analytische Ergebnis (die Konzentration) unmittelbar an der Instrumentskala ablesen kann (Verfahren der abgestimmten Schichthöhe).

6. Kyroskopie

Die Kyroskopie befaßt sich mit der Ermittlung des Gefrierpunktes von Lösungen. Der Gefrierpunkt einer Lösung ist die Temperatur, bei welcher der Dampfdruck der Flüssigkeit gleich dem Dampfdrucke des ausfrierenden Lösungsmittels ist. Da der Dampfdruck der Lösung jedoch stets kleiner als der des Lösungsmittels ist, so liegt der Gefrierpunkt einer Lösung unterhalb desjenigen des Lösungsmittels. Den Gefrierpunktsmessungen liegt folgende auf den Sätzen von Raoult beruhende Gesetzmäßigkeit zugrunde:

Die Gefrierpunktserniedrigung ist

$$= K \times \frac{\text{Gramm gel. Substanz}}{\text{Mol.-Gew. d. gel. Subst.}} \times \frac{1000}{\text{Gewicht d. Lösungsmittels}}$$

Wie die Gleichung zeigt, ist die Gefrierpunktserniedrigung direkt proportional dem Gewicht der in einer bestimmten Menge Lösungsmittel gelösten Substanz bzw. der Anzahl der in Lösung vorhandenen Mole, wobei zu berücksichtigen ist, daß dissoziierte, d. h. in Ionen gespaltene Molekeln entsprechend dem Dissoziationsgrad stärker wirksam sind. Eine fast restlos gespaltene Kochsalzmenge erniedrigt die Temperatur deshalb nahezu doppelt so stark, wie es den vorhandenen Molen entsprechend angenommen werden muß.

---

[1]) Ausführliches und viele Meßmethoden in einem besonderen Bande dieser Sammlung: A. Thiel, Absolutkolorimetrie (1939).

Es ergibt sich daraus für die Lebensmittelchemie, daß nur da, wo gelöste bzw. dissoziierte Molekeln vorhanden sind, der Gefrierpunkt von Bedeutung ist. Die Gefrierpunktserniedrigung kann also zur Charakterisierung von wäßrigen Lösungen oder Lösungen in anderen Lösungsmitteln herangezogen werden.

Zur praktischen Durchführung der Messung geht man so vor, daß man die zu prüfende Lösung mit oder ohne Verwendung eines Luftmantels in ein Kühlbad (s. Abb. 14) bringt, dessen Temperatur 2–5° unter dem Schmelzpunkt des Lösungsmittels liegt. Unter Rühren kühlt man die Lösung ab, wobei der Quecksilberfaden des Thermometers stetig sinkt und zwar zunächst unter den zu erwartenden Gefrierpunkt. Ist dieser um ca. 1° unterschritten, so versucht man durch schnelleres Rühren den Erstarrungsprozeß einzuleiten, nötigenfalls „impft" man durch Zugabe von etwas festem Lösungsmittel (Eis). Alsdann steigt der Quecksilberfaden von neuem und erreicht schließlich ein Maximum, das als Gefrierpunkt der zu prüfenden Lösung angesehen wird. Als Thermometer verwendet man entweder das Beckmann-Thermometer oder ein sonstiges in $^1/_{100}{}^0$ eingeteiltes Thermometer mit oder ohne festen Nullpunkt. Zweckmäßig ist es, während des Steigens des Quecksilberfadens durch wiederholtes regelmäßiges Klopfen zu verhindern, daß der Quecksilberfaden unterwegs irgendwo hängen bleibt.

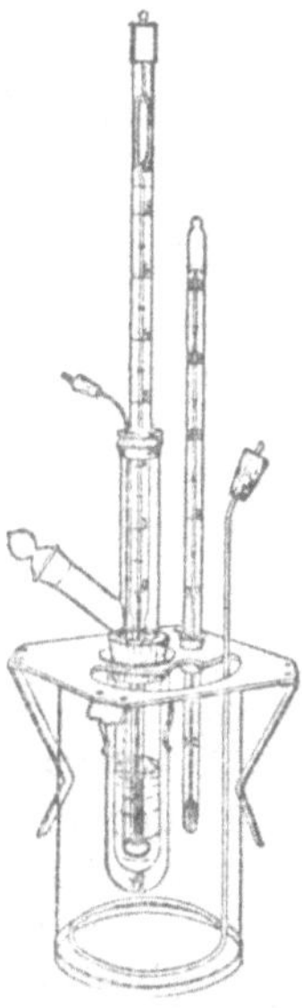

Abb. 14. Gefrierpunktsapparat nach Beckmann. (Entnommen dem Handbuch d. Lebensmittel-Chemie.)

Als Kühlmischung verwendet man Eis-Kochsalzmischungen, deren Mischungsverhältnis entsprechend der gewünschten Temperatur geändert wird. Bei Milch soll die Temperatur des Bades zwischen —3° und —6° liegen. Bei Milch mit einem Säuregrad von mehr als 7,0° ist für jeden Grad über 7° der Betrag von 0,008° C von dem gefundenen Zahlenwert abzuziehen.

7. Leitfähigkeitsmessung

(Konduktometrie)

Wenn an einen elektrischen Leiter eine Spannung (elektromotorische Kraft) E angelegt wird, so fließt durch ihn ein Strom, dessen Stärke J nach dem Ohmschen Gesetze durch die Beziehung $J = \frac{E}{R}$ gegeben ist. R ist eine Eigenschaft des Leiters, die sein Widerstand heißt. Der Kehrwert des Widerstandes ist der Leitwert $G = \frac{1}{R}$. Das Gesetz gilt für metallische Leiter (mit Elektronenleitung) wie auch für elektrolytische Leiter (mit Ionenleitung). Im letzteren Falle ist allerdings Voraussetzung, daß die angelegte EMK voll zur Wirkung kommt, nicht etwa durch eine elektrische Gegenkraft (Polarisation) z. T. kompensiert wird. Diese Voraussetzung ist bei der Verwendung von Wechselstrom (im Gegensatze zu den bei Gleichstrom auftretenden besonderen Erscheinungen) erfüllt.

Die Leitfähigkeit eines Leiters (ausgedrückt durch seinen Leitwert G) hängt von den Dimensionen des Leiters in der Weise ab, daß sie seinem Querschnitt (q) proportional und seiner Länge (l) umgekehrt proportional ist. Es gilt also:

$$G = \varkappa \cdot \frac{q}{l}.$$

In dem Proportionalitätsfaktor $\varkappa$ drücken sich die stofflichen Eigenschaften des Leiters aus.

Für den die Lebensmittelchemie ausschließlich interessierenden Fall flüssiger Leiter, insbesondere wässeriger Lösungen, hängt $\varkappa$ von der Art des Lösungsmittels und von der Art der im eigentlichen Sinne leitenden Substanz, die aus ionisierten (elektrolytisch dissoziierten) Elektrolyten besteht, ferner von der Temperatur und von der Gegenwart fremder Stoffe von Nichtelektrolyt-Charakter ab.

Um von den zufälligen räumlichen Eigenschaften des Leiters unabhängig zu werden, wählt man für Querschnitt und Länge die Einheit, setzt also $q = 1\ \text{cm}^2$ und $l = 1$ cm, d. h. man denkt sich den Leiter in Gestalt eines Würfels von 1 cm Kantenlänge, bei dem zwei gegenüberliegende Flächen die Eintrittsstellen des Stromes, die Elektroden, darstellen. In diesem Falle wird $G = \varkappa$ und trägt nun die Bezeichnung „spezifisches Leitvermögen". Dieses ist also die Bedeutung der Größe $\varkappa$, die wir ursprünglich nur als Proportionalitätsfaktor angesehen hatten.

In $\varkappa$ prägt sich eindeutig der Gehalt einer Lösung an Ionen aus, falls man ein praktisch nichtleitendes Lösungsmittel, wie Wasser, vor sich hat und die Temperatur auf bestimmtem Werte hält. Hieraus erhellt die Bedeutung von $\varkappa$ für die Lebensmittelchemie als Kriterium für den Ionengehalt einer Lösung. Allerdings ist auch ein Gehalt an Nichtelektrolyten, wie Rohrzucker u. dgl., von Einfluß auf das spezifische Leitvermögen, weil hierdurch die Beweglichkeit der Ionen beeinträchtigt wird. Auch dieser Effekt ist für die Lebensmittelchemie von Interesse.

Zur Messung von $\varkappa$ muß man entweder einen 1 cm-Würfel als leitenden Körper verwenden oder, da das praktische Schwierigkeiten macht, einen Leiter beliebiger Form auf den Einheitskörper reduzieren. Das geschieht durch eine Eichmessung. Man mißt in einem Versuchsgefäß beliebiger Größe und Form den Leitwert (G_0) einer Flüssigkeit von bekanntem spezifischem Leitvermögen ($\varkappa_0$). Dann hat man die Beziehungen:

$$G = \varkappa \cdot \frac{q}{l};\ G_0 = \varkappa_0 \cdot \frac{q}{l};\ \varkappa = G \cdot \frac{\varkappa_0}{G_0}.$$

Der Quotient $\varkappa_0/G_0$, der sich aus dem Ergebnis (G_0) der Eichmessung und dem spezifischen Leitvermögen ($\varkappa_0$) der dazu benutzten Eichflüssigkeit ergibt, heißt auch die „Widerstandskapazität" des leitenden Systems und wird mit dem Buchstaben C bezeichnet. Führt man die Beziehung $G = \frac{1}{R}$ ein, so erhält man $\varkappa = \frac{C}{R}$. Hat man eine Eichlösung mit $\varkappa_0$ benutzt und einen Widerstand von R_0 gemessen, so ist $C = \varkappa_0 \cdot R_0$.

Als Eichflüssigkeiten benutzt man in der Regel Lösungen von Kaliumchlorid. Für eine Reihe von KCl-Lösungen häufig verwendeter Konzentrationen und verschiedener Versuchstemperaturen bringt die folgende Tabelle die zugehörigen spezifischen Leitvermögen ($\varkappa_{0}$-Werte). Die Einheit ist Ohm^{-1} cm^{-1}. Die Widerstandskapazität *C* hat die Dimension cm^{-1}.

Tafel 1

Spezifisches Leitvermögen von Kaliumchlorid-Lösungen

Temperatur Grad	Molekularnormalität bei 18° 1	$^1/_{10}$	$^1/_{50}$	$^1/_{100}$
0	0,06541	0,00715	0,001521	0,000776
10	0,08319	0,00933	0,001994	0,001020
18	0,09822	0,01119	0,002397	0,001225
25	0,11180	0,01288	0,002765	0,001413

Die Widerstandsmessung (zur Ermittelung von *R* wie von R_0) wird in der Regel nach der Wechselstrommethode in der Anordnung der Wheatstoneschen Brücke (Abb. 15) ausgeführt. Als Stromquelle dient ein Induktorium (*J*), als Prüfmittel auf elektrische Symmetrie ein Telephon (*T*). Sein Schweigen (richtiger ein Tonminimum) bei einer bestimmten Stellung des Schleifkontakts (*D*) zeigt an, daß sich der Widerstand (R_F) in dem Rheostatenkasten R_R verhält wie der Widerstand des Stückes *AD* des Meßdrahtes zu dem des Stückes *BD*. Ist der Meßdraht von überall gleichem Kaliber und besitzt er eine Teilung in 1000 gleiche Teile, so kann man die Drahtwiderstände den Tausendsteln der Drahtlänge ($AD = {}^a/_{1000}$, $BD = [1000 - a]/1000$) proportional setzen.

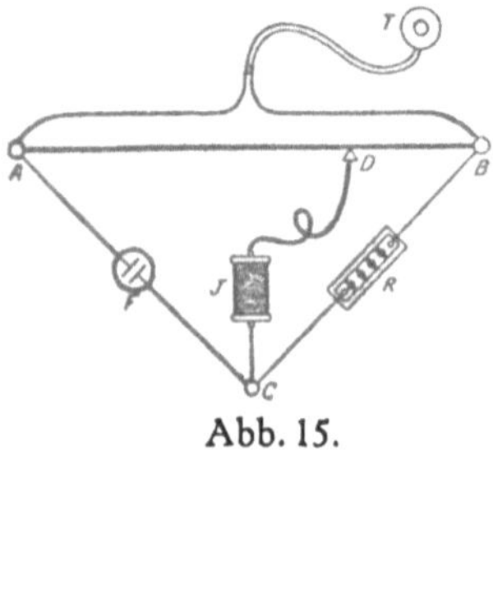

Abb. 15.

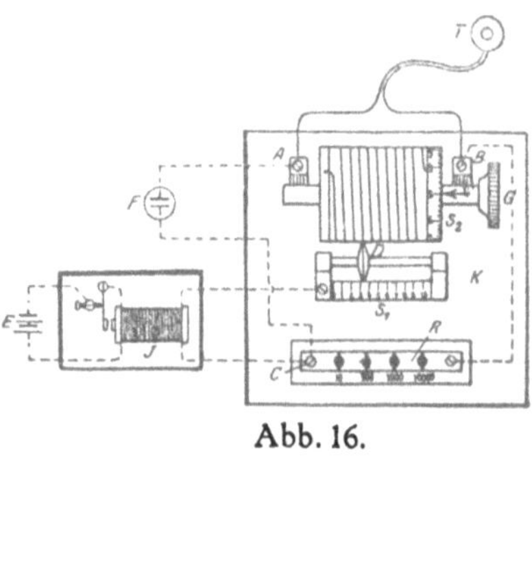

Abb. 16.

Man erhält so $R_F = R_R \cdot \frac{a}{1000 - a}$ und weiterhin

$$\varkappa = \frac{C}{R_F} = \frac{C \cdot (1000 - a)}{R_R \cdot a} \,.$$

Die Abb. 16 zeigt eine Versuchsanordnung, die nach dem Schema der Abb. 15 aufgebaut ist. Der Meßdraht ist hier auf eine drehbare Walze (Walzenbrücke nach Kohlrausch) aufgewickelt; in dieser Weise lassen sich auch große Drahtlängen bequem unterbringen.

Da aus technischen Gründen (Güte des Tonminimums) weder zu kleine noch zu große Werte von R_F gemessen werden können, sucht man die Widerstandskapazität dem zu erwartenden spezifischen Leitvermögen anzupassen, indem man bei kleinen Werten von $\varkappa$ kleine und bei großen Werten von $\varkappa$ große C-Werte wählt. Danach richtet sich natürlich die Form der Leitfähigkeitsgefäße. Kleine Elektrodenflächen in großem Abstande geben große, große Elektrodenflächen in kleinem Abstande kleine C-Werte. Auch durch Einschalten enger Stellen in an sich weitere Gefäßquerschnitte kann man die Widerstandsfähigkeit erhöhen.

Sehr bequem sind „Tauchelektroden", von denen die Abb. 17 ein Beispiel bringt.

Allgemein erfordern die Elektroden eine pflegliche Behandlung, wenn scharfe Tonminima erzielt werden sollen. Man benutzt praktisch nur Platinelektroden, die noch besonders platiniert werden. Man behandelt die Elektrode zunächst mit Dichromatschwefelsäure, spült mit fettfreiem dest. Wasser nach und platiniert dann mit einer 3%igen Platinchloridlösung, der man eine Spur Bleiacetat zugefügt hat, indem man beide Klemmen der Tauchelektrode mit dem negativen Pol eines Akkumulators verbindet und als positive Elektrode einen Platindraht verwendet. Nach gründlichem Ausspülen ist die Elektrode gebrauchsfähig. An Stelle der Kohlrausch'schen Brücke kann man auch die Meßbrücke von Musch-

Abb. 17. Tauchelektrode

linski[1]) verwenden, welche die Ablesungen des Widerstandes der Elektrode in einfachster Weise unter Anwendung von Kopfhörern gestattet. Auch Apparate mit visueller Ablesung sind in Gebrauch.

8. Bathmometrie

(Bestimmung der Wasserstoffionenkonzentration; Stufenmessung; $p_H{}^+$-Messung)

Diese außerordentlich wichtige und häufig ausgeführte Bestimmung kann auf elektrischem und auf optischem Wege vorgenommen werden.

a) Elektrische Methoden

Das Potential einer Wasserstoffelektrode (und auch einer als „verdünnte" Wasserstoffelektrode wirkenden Chinhydronelektrode) hängt ab von der H^+-Konzentration[2]) in der die H_2-Elektrode umspülenden Lösung. Schaltet man eine mit einer Versuchslösung beschickte Elektrode gegen eine Elektrode gleicher Art, die sich in einer Vergleichslösung von bekannter H^+-Konzentration befindet, so läßt sich mit Hilfe der beobachteten Potentialdifferenz (Elektromotorischen Kraft) E der unbekannte Wert ($[H^+]_x$) der Versuchslösung aus dem bekannten Werte ($[H^+]_0$) der Vergleichslösung berechnen. Hierzu dient die Gleichung

$$E = 0{,}000198\ T \cdot \lg \frac{[H^+]_x}{[H^+]_0}.$$

Sie liefert den Wert

$$[H^+]_x = \mathrm{Num}\left(\frac{0{,}000198\ T\ (\mathrm{Volt})}{E\ (\mathrm{Volt})} + \lg\,[H^+]_0\right).^{3)}$$

---

[1]) Vgl. A.B.C. des Molkerei-Laboratoriums, Verlag P. Funke u. Co., Berlin S. 24.

[2]) Richtiger: von der H^+-Aktivität, die zur H^+-Konzentration in gesetzmäßiger Beziehung steht. In genügend elektrolytarmer Lösung, also im allgemeinen in allen genügend verdünnten Lösungen, kann man ohne merklichen Fehler Aktivität und Konzentration einander gleichsetzen.

[3]) Näheres bringt die Tafel 22 von Küster-Thiel-Fischbeck, Logarithmische Rechentafeln, 56. bis 60. Auflage. 1947.

E ist als positiv zu rechnen, wenn die Versuchselektrode gegenüber der Vergleichselektrode den positiven Pol der Kette bildet. Für Zimmertemperatur (T = 293° C) nimmt der Nenner des vorstehenden Bruches den Wert 0,0581 Volt an, so daß also, wenn $E = + 0{,}0581$ Volt ist, der Bruch den Wert 1 hat und Num $(1 + \lg [H^+]^0) = 10\,[H^+]_0$ wird. Das bedeutet also, daß Verzehnfachung der H^+-Konzentration jedesmal eine EMK von 0,0581 Volt liefert.

Besonders einfache Zahlenbeziehungen ergeben sich aus der Einführung des Begriffes der Säurestufe (p_{H+}). Man versteht darunter den negativen Logarithmus von $[H^+]$, also

$$p_{H+} = - \lg [H^+].$$

Die erste der vorstehenden Gleichungen nimmt dann die Gestalt an:

$$E = 0{,}000198\,T \cdot (\lg[H^+]_x + - \lg[H^+]_0)$$
$$= 0{,}0581 \cdot (p_{H+0} - p_{H+x})$$

und

$$p_{H+x} = p_{H+0} - \frac{E}{0{,}0581}.$$

Das bedeutet, daß p_{H+x} jedesmal um eine Einheit kleiner ist als p_{H+0}, wenn $E = + 0{,}0581$ Volt gemessen wird. Wurde also eine EMK von $+ 1{,}35 \cdot 0{,}0581$ Volt gemessen, und war $p_{H+0} = 4{,}58$, so ist $p_{H+x} = 4{,}58 - 1{,}35 = 3{,}23$.

Den zahlenmäßigen Zusammenhang zwischen $[H^+]$ und p_{H+} kann man in bequemer Weise aus Tabellen entnehmen[1]). Es ist üblich geworden, statt $[H^+]$ immer p_{H+} anzugeben. Besonders praktisch ist diese Ausdrucksweise für graphische Darstellungen, weil p_{H+} nur in den Grenzen von etwa 0 (bei n-Säuren, wie HCl usw.) und etwa 14 (bei n-Laugen wie KOH usw.) schwankt.

Als Vergleichselektrode kann man statt einer Wasserstoffelektrode auch eine Kalomelelektrode benutzen. Der Zusammenhang zwischen E und p_{H+} ist dann etwas weniger einfach, jedoch ebenfalls durchaus eindeutig[2]).

[1]) Siehe Küster-Thiel-Fischbeck, Logarithmische Rechentafeln, 56./60. Aufl., Seite 155.

[2]) Siehe Küster-Thiel-Fischbeck, Logarithmische Rechentafeln 56./60. Aufl., Tafel 22.

Als Lösungen von bekannter Säurestufe (p_{H+}) verwendet man „Pufferlösungen" (Soerensen). Geeignete Mischungen sind aus Tabellen zu entnehmen[1]).

Mit großem Nutzen bedient man sich neuerdings vielfach der Glaselektrode, eines dünnwandigen Glasgefäßes mit einer inneren und einer äußeren Stromableitung. An der dünnen Glaswand bildet sich eine Spannungsdifferenz aus, die von den Säurestufen der innen und außen befindlichen Lösungen abhängt. Die Methode erfordert sehr empfindliche Meßinstrumente (am besten wird elektrostatisch gemessen), ist auch nicht ganz so sicher wie die Messung mit Wasserstoff- usw. Elektroden. Über die jeweiligen Meßbereiche (nicht alle Elektroden sind für alle Stufengebiete brauchbar) gibt eine Potentialübersicht[2]) Auskunft.

Zur elektrolytischen Verbindung von Lösungen verschiedener Säurestufe benutzt man zweckmäßig gesättigte KCl-Lösung, die in Form von Heberrohrfüllungen oder getränkter poröser Tonstifte angewandt wird. Sie dient zur Unterdrückung von Flüssigkeitspotentialen, die sich sonst an der Grenze zweier verschiedener Elektrolytlösungen ausbilden.

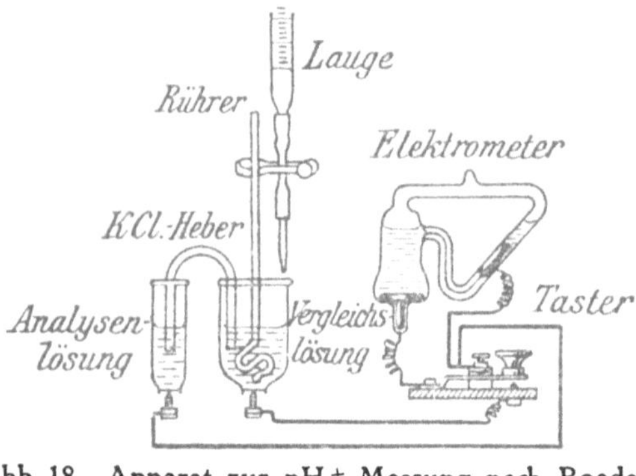

Abb. 18. Apparat zur pH+-Messung nach Roeder.

---

[1]) Siehe Küster-Thiel-Fischbeck, Logarithmische Rechentafeln 56./60. Aufl., Seite 156.

[2]) Siehe Küster-Thiel-Fischbeck, Logarithmische Rechentafeln 56./60. Aufl., Seite 147.

Eine durch besondere Einfachheit ausgezeichnete Methode, die bei nicht zu hohen Ansprüchen an Genauigkeit (ca. 0,05 Säurestufen Fehlergrenze) gelegentlich gute Dienste leistet, ist das Titrationsverfahren nach G. Roeder. Die Anordnung ergibt sich aus der Abb. 18.

Die Analysenlösung (Versuchslösung) steht durch einen KCl-Agar-Heber in Verbindung mit einer Vergleichslösung. Beide enthalten am Boden festes Chinhydron und besitzen am Boden Platin-Ableitungen. Sie bilden also eine Wasserstoffionen-Konzentrationskette mit Chinhydron. Die Vergleichslösung wird so gewählt, daß ihre Stufe ($\rho_{H}{}^{+}{}_{0}$) etwas niedriger liegt als die der Analysenlösung (die Vergleichslösung ist also „saurer" als die Analysenlösung). Die Menge der Vergleichslösung beträgt 20 ccm. Aus einer Bürette mit 0,5 n-Natronlauge läßt man nun unter kräftigem Rühren solange Lauge zur Vergleichslösung tropfen, bis das zwischen die beiden Elektroden geschaltete Kapillarelektrometer durch Stromlosigkeit (keine Bewegung des Quecksilberfadens) Potentialgleichheit anzeigt. Die Art und Pufferung der Vergleichslösung (es werden vier verschiedene Lösungen mit bekannter Säurestufe dem Apparate beigegeben)[1]) ist so eingerichtet, daß die verbrauchten ccm Lauge gerade der Differenz zwischen den Säurestufen von Vergleichslösung und Analysenlösung entsprechen:

$$\rho_{H}{}^{+}{}_{x} = \rho_{H}{}^{+}{}_{0} + \text{ccm Lauge.}$$

b) Optische Methoden

Die optischen Methoden der Bathmometrie beruhen auf der Auswertung von Indikator-Färbungen. Indikatoren sind Farbstoffe, deren Farbzustand, bedingt durch den Grad des Umschlages aus der einen „Grenzfarbe" in die andere „Grenzfarbe", gesetzmäßig mit der Säurestufe ($\rho_{H}{}^{+}$) zusammenhängt. Die Elektrolytnatur der (azidimetrischen) Indikatoren, die sämtlich entweder Säuren oder Basen sind, bringt es mit sich, daß die Ionenform dieser Stoffe und ihr undissoziierter Anteil mit der H^{+}-Konzentration (eigentlich H^{+}-Aktivität, s. S. 36) durch die Gleichung verknüpft sind:

---

[1]) Hersteller: Dr. N. Gerber, Leipzig, Carolinenstr. 13.

$J^- + H^+ \rightleftarrows HJ$ (für eine einwertige Indikatorsäure)
bzw. $J^+ + OH^- \rightleftarrows JOH$ (für eine einwertige Indikatorbase). Im Falle einer Indikatorsäure (bei Indikatorbasen liegen die Verhältnisse analog) gilt daher die weitere Beziehung:

$$\frac{[J^-] \cdot [H^+]}{[HJ]} = K_J \text{ und } \frac{[J^-]}{[HJ]} = \frac{K_J}{[H^+]}$$

Der Quotient $\frac{[J^-]}{[HJ]}$ gibt, wenn man das Ion von der einen und die ungespaltene Substanz von der anderen Farbform herleitet, dann zugleich das Verhältnis der Grenzfarben in der Mischung an oder den Bruch $\frac{\alpha}{1-\alpha}$, wenn α der Umschlagsgrad, d. h. der die Ionenfarbe zeigende Anteil, ist.

Man erhält dann also

$$\frac{\alpha}{1-\alpha} = \frac{K_J}{[H^+]} \text{ und } \lg \frac{\alpha}{1-\alpha} = \lg K_J - \lg [H^+].$$

Für 50%igen Umschlag, also $\alpha = 1 - \alpha$, ergibt sich aber $K_J = [H^+]$, d. h. die „Indikatorkonstante" ist gleich der $[H^+]$-Konzentration bei „Umschlagsmitte". Nennt man die zugehörige Säurestufe $p_{H+1/2}$ (Halbwertsstufe), so findet man demnach

$$\lg \frac{\alpha}{1-\alpha} = \lg K_J - \lg [H_+] = -p_{H+1/2} + p_{H+}$$

$$= p_{H+}\ p_{H+1/2} = \Delta p_{H+}.$$

d. h. der *lg* des „Umschlagsverhältnisses" liefert unmittelbar die Differenz zwischen der Säurestufe der Versuchslösung, in der ein Indikator den Umschlagsgrad α zeigt, und der Halbwertsstufe des benutzten Indikators.

Diese einfache Beziehung ist die Grundlage der optischen Bathmometrie mit Indikatoren. Den Wert von $\lg \frac{\alpha}{1-\alpha}$ kann man bei bekanntem α aus Tabellen entnehmen[1]). Die optische Messung liefert dazu den Wert von α. Am exaktesten findet man ihn durch Benutzung eines als „optisches Bathmometer"

[1]) Siehe Küster-Thiel-Fischbeck, Logarithmische Rechentafeln 56./60. Aufl., Seite 172/173.

eingerichteten Kolorimeters besonderer Bauart (Mischfarbenkolorimeter von Leitz).

Etwas primitivere, für viele Zwecke aber ausreichende Verfahren gründen sich auf die Verwendung von Indikatorpapieren (Mercks Universal-Indikator-Papier; Lyphan-Papier[1]); Duplex-Papier[2]) oder Indikatorfolien (Folien-Kolorimeter von Wulff), deren Farbe nach dem Befeuchten mit der Versuchslösung in eine Farbskala eingereiht wird, deren einzelne Töne bestimmten Stufenwerten in angemessenen Abständen entsprechen. Die genannten Hilfsmittel sind mit Mischungen verschiedener Indikatorsubstanzen angefärbt und liefern daher eine über ein weiteres p_{H^+}-Intervall fortlaufende Farbton-Skala.

Auf der Vergleichung der in einer Versuchslösung entstehenden Färbung eines Indikatoren-Gemisches mit der in Standardstufen entstehenden beruht auch der Apparat von Czensny[3]). Die Meßgenauigkeit beträgt allerdings nur etwa 0,2 Stufen.

9. Elektrolyse

Mit Hilfe des elektrischen Stromes[4]) lassen sich eine Reihe von Metallen aus Lebensmitteln nach geeignetem Aufschluß zur Abscheidung bringen. Als Elektrodenmaterial dient durchweg Platin oder eine Platiniridiumlegierung. Man verwendet zur Elektrolyse ein Elektrolysengestell, eine in einem schweren Fuß befestigte isolierende Glasstange mit zwei metallenen Klemmen; eine von diesen trägt einen mit drei Platinspitzen versehenen Ring, auf dem die Platinschale (Kathode[5]) zu stehen kommt; die zweite Klemme läuft in einen Arm aus, an dem die Anode festgeklemmt wird. Als Stromquelle verwendet man Akku-

---

[1]) Bezugsquelle: Dr. G. Kloz, Leipzig N 21, Delitzscher Str. 80 a.

[2]) Bezugsquelle: Dr. G. Kloz, Leipzig N 21. Mit Hilfe dieses Papieres wird nur der „Säuregrad" der Milch festgestellt.

[3]) Bezugsquelle: Bergmann und Altmann, K.-G., Berlin NW7.

[4]) Lunge-Berl, Chem.-technische Untersuchungsmethoden, Julius Springer, Berlin 1931.

[5]) An Stelle von Platinschalen werden häufig Netzelektroden verwendet; man benutzt in diesen Fällen als Gefäß ein Becherglas und arbeitet mit einem Elektrolysenstativ, das statt der Klemme mit Ring noch eine zweite Klemme mit Arm trägt. Im allgemeinen dient eine Spirale aus Platindraht als Anode.

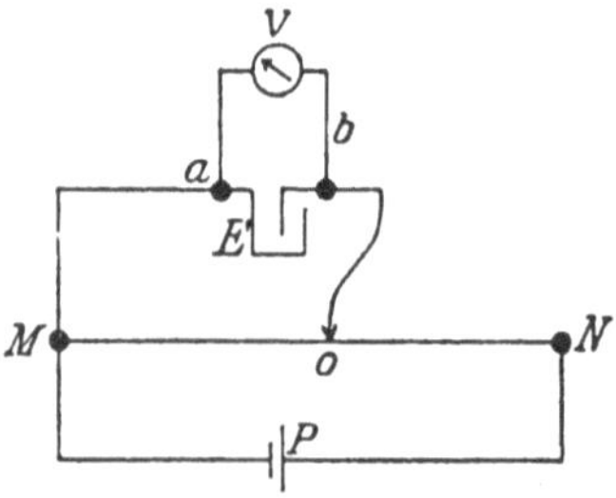

Abb. 19. Elektrolyseschaltschema (Gefälldraht)
P = Stromquelle, MN = Gefälldraht, E = Elektrolysierzelle, O = Gleitkontakt, V = Voltmeter

mulatoren mit zwei bis zehn Volt Spannung (1—5 Bleizellen). Für Kupferbestimmungen eignet sich eine einfache 2-Volt-Bleiakkumulatorzelle, die man direkt mit den Elektroden verbinden kann. Werden andere Spannungen gewünscht, so verwendet man einen Gefälldraht (s. Abb. 19), an dem man jede gewünschte Spannung abgreifen kann. Die Elektrolyse wird in der Kälte und mitunter auch in der Wärme ausgeführt. In der Wärme geht sie schneller vonstatten, jedoch ist mechanisches Rühren zu weiterer Beschleunigung in jedem Falle nützlich. Um zu verhindern, daß bei Stromunterbrechungen das ausgeschiedene Metall wieder in Lösung geht, wäscht man ohne Stromunterbrechung in der Weise aus, daß man mit einem kleinen Heber die Lösung aus der Platinschale in ein sauberes Becherglas abläßt und in demselben Maße, wie die Lösung abläuft, dest. Wasser nachgießt, bis die Konzentration so weit gesunken ist, daß eine Auflösung nicht mehr zu befürchten ist. Bei der Kupferausscheidung arbeitet man in schwefel- oder salpetersaurer Lösung. Nach der Elektrolyse werden die Elektroden mit Wasser gewaschen, mit Alkohol und Äther getrocknet und dann gewogen.

Im Gegensatz zu den meisten anderen Metallen scheidet sich Blei aus sauren Nitratlösungen quantitativ an der Anode als Bleiperoxyd ab. Will man das Bleiperoxyd zur Wägung bringen, so wählt man als Anode nicht einen Draht, sondern eine Platinscheibe mit Ableitungsdraht oder eine Netzelektrode.

10. Bestimmung der Radioaktivität

Diese Untersuchungsmethode kommt vorwiegend bei der Untersuchung von Mineralwässern[1]) in Frage. Hervorgerufen wird die Radioaktivität in der Hauptsache durch den Gehalt

[1]) H. Klut, Untersuchung des Wassers an Ort und Stelle. Julius Springer, Berlin 1945, S. 119.

an gasförmigen Emanationen, in erster Linie des Radiums, in zweiter Linie des Thoriums und schließlich seltener des Aktiniums. Durch Schütteln oder Kochen können die Emanationen beseitigt werden. Radioaktive Stoffe wie Uran und Thorium liefern bei freiwilligem Zerfall ihrer Atomkerne gasförmige Stoffe, Emanationen genannt, die schnell in feste Körper übergehen, wobei α-Strahlen ausgesandt werden. Von der Eigenschaft der α-Strahlen, Gase zu ionisieren, macht man bei der Bestimmung der Radioaktivität Gebrauch. Man bedient sich hierzu eines sogenannten Fontaktoskops (s. Abb. 20). In einem kannenähnlichen Gefäß frei eingehängt ist ein Metallzylinder (Zerstreuungszylinder), der mit einem Elektroskop in Verbindung steht. In das Gefäß bringt man eine bestimmte Menge der zu untersuchenden Flüssigkeit. Durch Schütteln mit einer gegebenen Menge Luft wird die Emanation aus der Flüssigkeit entfernt. Das Elektroskop wird nun von außen durch Reibungselektrizität geladen, wobei die Blättchen des Elektroskops auseinandertreten. Je stärker die vorhandene Emanation ist, desto schneller fallen die Blättchen zusammen. Verfolgt man zunächst in einem Blindversuch das Absinken der Blättchen, das stets langsam auch in gewöhnlicher Luft eintritt, kurvenmäßig, so kann man durch Vergleich dieser Kurve mit dem bei dem eigentlichen Versuch erhaltenen Kurvenbild Anhaltspunkte für die Stärke der Radioaktivität erhalten. Gemessen wird die Radioaktivität gewöhnlich in Mache-Einheiten (M. E.) oder durch „Eman". Ein Eman ist gleich 0,275 M. E. gleich 10^{-10} Curie[1]) im Liter. Bei Mineralwässern

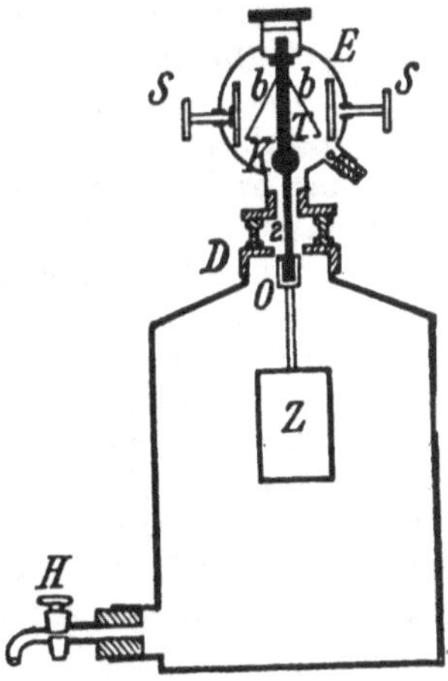

Abb. 20. Fontaktoskop
bb = Aluminiumblättchen, *D* = oberer Stopfen, E = Elektroskop, *H* = Hahn, *SS* = Schutzbalken, *T* = Metallstiel, Z = Zerstreuungszylinder

[1]) 1 Curie ist die Emanationsmenge, die sich mit 1 g Radium im Gleichgewicht befindet.

wird als Radioaktivität die Stärke der Quelle bei der Wasserentnahme angesehen, die man aus dem nach dem Austreiben der Emanation erhaltenen Wert rückwärts berechnen kann. Man bezieht im allgemeinen die gefundenen Werte auf ein Liter Flüssigkeit.

Literatur: J. König, Chemie d. menschlichen Nahrungs- u. Genußmittel III. 4. Aufl. Springer 1921. Über neuere Apparaturen s. Balneologe 6, 308 (1939); dort auch weitere Literatur.

11. Chromatographische Adsorptionsanalyse

Diese verhältnismäßig junge Methode ist von M. Tswett[1]) in die Analyse eingeführt worden. Man kann mit ihrer Hilfe Stoffe auf Einheitlichkeit prüfen, man kann ferner mit ihr Substanzen anreichern, zerlegen und reinigen. Das Verfahren beruht darauf, daß gewisse Adsorptionsmittel bestimmte Stoffe mehr und andere weniger adsorbieren, so daß z. B. durch eine Calciumcarbonatschicht die verschiedenen Komponenten eines Farbstoffgemisches auseinandergezogen werden können. Praktisch geht man zur Ausführung der Methode so vor, daß man durch eine in eine Glasröhre gefüllte Säule von Adsorptionsmitteln (wie kohlensaurer Kalk, Aluminiumoxyd, Gips, Bleicherde, Kieselsäure und andere) die zu prüfende Lösung langsam durchsaugt. Die Säule enthält nach dem Durchlaufen der Flüssigkeit die verschiedenen adsorbierten Stoffe in Schichten getrennt, so daß man die einzelnen Schichten getrennt abnehmen und für sich untersuchen kann, was bei gefärbten Substanzen sehr einfach ist. Aus den Schichten, die den Stoff adsorbiert enthalten, kann dieser unter Umständen wieder herausgelöst, eluiert, werden.

---

1) L. Zechmeister und L. v. Cholnoky: Die chromatographische Adsorptionsmethode. J. Springer, Wien 1937.

II. Teil
Allgemeine chemische Untersuchungsmethoden

1. Bestimmung des Wassers

Die Bestimmung des Wassers kann durch einfaches Trocknen der zerkleinerten, in ein Wägeglas eingewogenen Substanz mittels Feststellung des Gewichtsverlustes ausgeführt werden. Bei syrupösen, flüssigen, pastenartigen, fetthaltigen oder schwer zu zerkleinernden Substanzen bedient man sich einer mit Sand und Glaspistill beschickten Nickelschale. Das Trocknen der Substanz wird gewöhnlich in einem Trockenschrank bei 100 bis 102° vorgenommen. Die Trocknung wird bis zum konstanten Gewicht bzw. bis zu einer nur unerheblichen Gewichtsabnahme von wenigen mg durchgeführt. Zu beachten ist, daß bei dieser Art der Bestimmung flüchtige Stoffe, wie ätherische Öle und dergl., gleichfalls als Trockenverlust gebucht werden.

Eine direkte Wasserbestimmung kann durch Überdestillieren mittels eines höher als Wasser siedenden, in Wasser nicht löslichen Lösungsmittels, das den Wasserdampf mitreißt, durchgeführt werden. Als derartige Lösungsmittel kommen in Frage Petroleum (S. P. 180°), Xylol (S. P. 137°), Toluol (S. P. 111°), Tetrachloräthan (S. P. 146°) und andere. Je nachdem Lösungsmittel verwendet werden, die schwerer oder leichter sind als Wasser, verwendet man verschiedene Apparaturen (s. Abb. 21 und 22)[1]. Gewöhnlich beschickt man einen Erlenmeyer, in dem man 10 g Substanz abgewogen hat, mit 75 ccm des Lösungsmittels, schließt an die Apparatur an und erhitzt unter Verwendung einer Sandschale zum Sieden. Das übergehende Lösungsmittel reißt das Wasser mit und wird mit diesem in dem Kühler kondensiert. Flüssiges Wasser und Lösungsmittel tropfen in die Meßröhre, wo beide Lösungsmittel sich trennen. Die Destillation ist beendet, wenn keine Wassertröpfchen mehr

[1]) Der Apparat in Abb. 21 ist für beide Arten von Lösungsmitteln verwendbar. Bei Lösungsmitteln, die schwerer als Wasser sind, stellt man den Hahn so, daß zwischen *c* und *a* Verbindung besteht, im anderen Falle wird der Hahn geschlossen. Der Apparat in Abb. 22 eignet sich nur für Lösungsmittel, die leichter als Wasser sind.

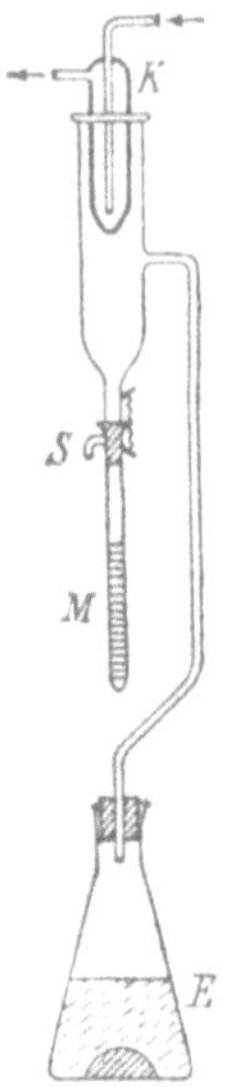

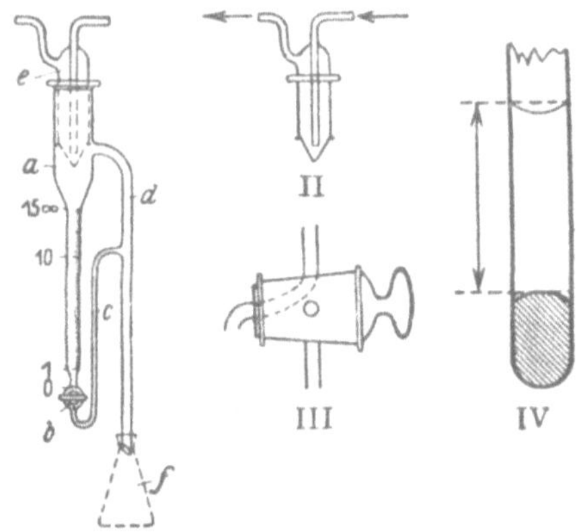

Abb. 21. Apparat zur Wasserbestimmung in Kochsalz nach Pritzker und Jungkunz

← Abb. 22.
Apparat zur Wasserbestimmung mittels Xylol. *E* = Erlenmeyer, *K* = Kühler, *M* = Meßrohr, S = Schliff mit verschließbarem Ablaß

übergehen, was meist nach ½ Stunde der Fall ist. Bei Anwendung von 10 g Substanz gibt die Ablesung des Wasserstandes in dem Meßrohr um 0,1 ccm als Korrektur vermehrt und multipliziert mit 10, direkt den Wassergehalt in % an. Das Meßrohr in Abb. 22 ist abnehmbar, mit Normalschliff versehen und kann zur besseren Trennung der Flüssigkeit zentrifugiert werden. Wassertröpfchen im Kühlerrohr können durch Glasstab oder Federfahne nach unten befördert werden. Die Methode hat den Vorteil, daß flüchtige Stoffe, wie ätherische Öle, nicht miterfaßt werden. Weitere Literatur bei J a k o w e n k o, Ztschr. f. Unters. d. Nahrungs- u. Genußmittel 49, 360 (1925) (Wasserbestimmung durch Einwirkung der Substanz auf Kalziumkarbid und Messung des dadurch gebildeten Azetylens.)

In Marmelade, Honigen und Fruchtsäften bestimmt man das Wasser mit Hilfe der Refraktion. 10 g Substanz werden in einem Wägeglas mit 20 g dest. Wasser gut vermischt. Säfte verwendet man unverdünnt. Von den Lösungen bzw. von den Säften bestimmt man, bei Marmeladen nach Filtrieren, die Brechung im Abbeschen Refraktometer bei Zimmertemperatur. Mit Hilfe der Tafel 34, K. 101 des T.S.P. II. Aufl., ermittelt man den Wassergehalt der Verdünnung unter Berücksichtigung der Temperatur. Zieht man von diesem Wert das zugesetzte Wasser in Höhe von 66,67 g ab, und multipliziert mit 3, so erhält man den Wassergehalt von 100 g Substanz (s. auch unter Honig und Kunsthonig).

2. Bestimmung der Stickstoffsubstanz

Man bestimmt den Stickstoff im allgemeinen nach der alten Methode von Kjeldahl, indem man 1—2 g der zu untersuchenden Substanz mit 20 ccm konz. Schwefelsäure solange erhitzt, bis die Lösung farblos geworden ist. Der Stickstoffgehalt geht bei dieser „Verbrennung" in Ammoniak über, das als Sulfat gelöst bleibt. Nach Verdünnung der schwefelsauren Lösung mit etwa 100—200 ccm Wasser wird mit 80 ccm Natronlauge (33%) unterschichtet. Man schließt dann an einen Destillationsapparat an, schüttelt erst jetzt um und destilliert das Ammoniak in eine Vorlage von 0,1 *n*- oder 0,50 *n*-Schwefelsäure. Durch Rücktitration mit 0,1 *n*- oder stärkerer Natronlauge kann der Verbrauch und damit der Stickstoffgehalt ermittelt werden. 1 ccm verbrauchter 0,1 *n*-Schwefelsäure entspricht 0,0014 g Stickstoff. Zur Beschleunigung der Verbrennung, die mit Schwefelsäure allein sehr lange dauern würde, setzt man einen Tropfen metallisches Quecksilber oder eine Messerspitze (0,1 g) Selen oder 0,05 g Kupferoxyd und danach 5—10 g festes Kaliumsulfat den anfänglich verwendeten 20 ccm Schwefelsäure zu. M. C. Messmann verwendet als Beschleuniger 8 g eines Gemisches von 90% Na_2SO_4, 7% Hg_2SO_4, 1,5% $CuSO_4$ und 1,5% Selen. Bei Verwendung von Quecksilber unterschichtet man nach der Verbrennung mit 80 ccm 33%iger NaOH, der man vorher noch 25 ccm 4%iger Kaliumsulfidlösung zur Abscheidung des Quecksilbers zugesetzt hat. Bei den andern Beschleunigern, die kein Quecksilber enthalten, ist dieser Zusatz entbehrlich.

In Gegenwart von Salpeter, Nitrosoverbindungen und ähnlichen Stoffen wird der Nitratgehalt zunächst durch Zinkreduktion in saurer Lösung in Ammoniak übergeführt und die Lösung erst dann der Destillation unterworfen. Will man aus dem Stickstoffwerte den Gehalt an Rohprotein oder Eiweiß berechnen, so multipliziert man den prozentualen Stickstoffgehalt mit dem Faktor 6,25. Bei Kasein ist der Faktor 6,37, bei Eigelbeiweiß beträgt er 6,67; bei Gelatine ist der Faktor 5,55 anzuwenden (was durch den unterschiedlichen Stickstoffgehalt dieser Verbindungen [Kasein 15,7 bis 15,8%, Gelatine 18%, Reinprotein 15,8%, Eigelbprotein 15%] bedingt ist). Zur Reinproteinbestimmung geht man so vor, daß man die Stickstoffsubstanz mit Kupfersulfat (25 ccm einer 6%igen Lösung auf 2 g Substanz) und Natronlauge (25 ccm 1,25%iger Natronlauge auf 2 g Substanz) ausfällt, auswäscht und den Rückstand in der oben beschriebenen Weise samt einem zu verwendenden stickstofffreien Filter nach Kjeldahl mineralisiert.

Eine wesentliche Vereinfachung der Kjeldahl-Bestimmung bedeutet die Methode von K. Marcali und W. Riemann[1]), nach der die Bestimmung ohne Destillation vorgenommen wird. Die Zerstörung der Substanz wird in normaler Weise mit Quecksilber und Schwefelsäure vorgenommen. Der Überschuß an Schwefelsäure wird mit etwa 10 *n*-Alkalilösung gegen Methylrot neutralisiert. Ein Zusatz von Natriumbromid hält das Quecksilber in komplexer Lösung. Nunmehr titr ert man das vorhandene Ammoniak mit n/10 Natronlauge gegen Phenolphthalein in Gegenwart eines Formaldehyd-Überschusses. Hierbei bildet sich Urotropin und zwar so schnell, daß die Titration direkt ohne Überschuß von Natronlauge durchgeführt werden kann. Das Verfahren kann für alle organischen Verbindungen jeden Stickstoffgehaltes und auch für Nitratstickstoff Anwendung finden. Die Genauigkeit beträgt ± 0,1 %. Der Endpunkt der Titration kann im Erkennen erschwert werden durch Gegenwart von Barium, Calcium, Kupfer und Eisen.

G. Pfützer und H. Roth[2]) führen die Reinproteinbestimmungen in der Weise durch, daß sie eine bestimmte Menge der Substanz, die 0,4 g Trockensubstanz entspricht, in einem Zentrifugenrohr mit 50 ccm Wasser versetzen. Nach

---

[1]) Ind. Enging, Chem., anal. Edit. **18**, 709 (1946), vgl. auch Angew. Chem. Nr. 3, 94 (1947).

[2]) Vorratspflege und Lebensmittelforschung **2**, 682 (1939).

Zusatz von 2 ccm 10%iger Natriummetaphosphatlösung und 0,2 ccm 2 *n*-Salzsäure sowie 10 ccm Citratpuffer (pH = 2,5, 21 g Zitronensäure + 100 ccm 2 *n*-Natronlauge + 89 ccm 2 *n*-Salzsäure, aufgefüllt auf 1000 ccm) wird kräftig geschüttelt, mit dem Glasstab umgerührt und kurze Zeit scharf zentrifugiert. Die überstehende Flüssigkeit wird abgegossen; die Eiweißniederschläge saugt man mit Hilfe feiner Filtergaze ab, wäscht den Eiweißniederschlag mit einem Gemisch von 50 ccm Wasser, 2 ccm 10%iger Natriummetaphosphatlösung, 0,2 ccm 2 *n*-Salzsäure und 10 ccm Citratpuffer in obiger Weise im Zentrifugenglas. Zur Stickstoffbestimmung spült man den Eiweißniederschlag dann in einen Kolben und verbrennt nach Kjeldahl mit Schwefelsäure-Selen-Kaliumsulfatgemisch.

Eine verbesserte Biuretreaktion für Proteine empfiehlt A. Sols[1]). Das Reagenz wird folgendermaßen hergestellt: 2 ccm Glyzerin, 80 ccm einer 5 %igen Kupfersulfatlösung ($CuSO_4$ $5H_2O$) und 400 ccm einer 5 %igen Natronlaugelösung werden mit Wasser zum Liter aufgefüllt. Zur eigentlichen Bestimmung gibt man gleiche Volumina dieses Reagenzes zu der zu untersuchenden Eiweißlösung und zu der Vergleichslösung und kolorimetriert.

3. Bestimmung von Fett

Die Bestimmung des Fettes in Lebensmitteln wird entweder nach der alten Soxhlet- oder ähnlichen Methoden oder nach der Trichloräthylenmethode von J. Grossfeld vorgenommen. Nach der Soxhletmethode muß die Substanz (5—10 g), sofern sie wasserhaltig ist, zunächst getrocknet werden, bei pastenartigen Stoffen oder Wurst vermischt man in einer Nikkelschale mit Sand und trocknet im Trockenschrank. Alsdann gibt man das getrocknete Sand-Substanzgemisch in eine Papierpatrone und extrahiert im Soxhletapparat (s. Abb. 23) 6 Std. mit Äther, indem man an den Soxhletapparat ein gewogenes Erlenmeyerkölbchen anschließt. Nach beendeter Extraktion entfernt man die Patrone, destilliert die Hauptmenge des Äthers in den Soxhletaufsatz zurück, verdunstet die

[1]) Nature (London) **160**, 88, (1947) bzw. Chem. Zentralbl., **118**, II, 360 (1947).

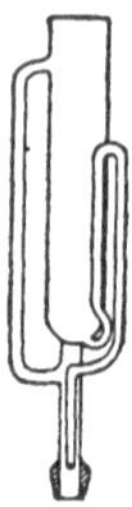

Abb. 23 Extraktionsapparat nach Soxhlet

letzten Reste Äther auf dem Wasserbad, trocknet eine Stunde im Trockenschrank und stellt nach dem Erkalten im Exsikkator die Gewichtszunahme des Kölbchens fest. Bei lufttrockenem Material trocknet man die abgewogene, in eine Patrone gebrachte Substanz eine Stunde bei 100° und extrahiert dann. Man erhält auf diesem Weg nicht das Reinfett, sondern das Rohfett, das noch Stoffe wie Lecithin, Chlorophyll oder sonstige ätherlösliche Stoffe beigemengt enthält.

Nach G r o s s f e l d wird die eigentliche Entfettung mit Trichloräthylen vorgenommen. Ein Aufschluß der zu untersuchenden Substanz ist in den meisten Fällen notwendig. Bei Fleisch und Wurst geht man so vor, daß man 10 g der Durchschnittsprobe mit 20 ccm rauchender (38 %) Salzsäure und einigen Stückchen Bimsstein in einem 300 ccm-Kolben über kleiner Flamme erhitzt, bis die Eiweißstoffe in Lösung gegangen sind. Nach kurzem Erkalten gibt man mittels Pipette 100 ccm Trichloräthylen zu und erhitzt am Rückflußkühler 5—10 Min. zum Sieden. Hierauf läßt man auf 20° abkühlen, gibt in einen Scheidetrichter und läßt die unten befindliche Trichloräthylenschicht unter sorgfältiger Vermeidung von Verdunstungsverlusten ab. 25 ccm der Lösung werden in einem gewogenen Becherglas im Wasserbad eingedunstet, der zurückbleibende Fettrückstand wird im Trockenschrank 1 Stunde getrocknet und dann wiederum nach dem Erkalten gewogen. Aus dem Gewicht des Abdampfrückstandes und der für das betreffende Fett geltenden Dichte (meist 0,92—0,93) liest man aus Tafel 56, Seite 149 des T.S.P. 2. Aufl., die gesuchte Fettmenge in Prozenten ab.

Bei pulverförmigen lufttrockenen Stoffen extrahiert man zur Fettbestimmung 10 g Substanz direkt mit 100 ccm Trichloräthylen in einem Erlenmeyer am Rückflußkühler. — Bei Backwaren ist gleichfalls ein Aufschluß notwendig. 10 g getrocknete, gepulverte Substanz werden hier zunächst mit 100 ccm 1%iger Salzsäure 5—10 Min. im 300 ccm-Rundkolben gekocht, wobei die Stärke in Zucker oder Dextrin übergeführt wird. Man neutralisiert die Lösung annähernd gegen Kongopapier und filtriert die noch heiße Lösung durch ein Faltenfilter.

Nach dem Auswaschen mit heißem Wasser trocknet man das Filter auf einem Uhrglas, gibt es dann in das trockene, vorher verwendete Rundkölbchen zurück und pipettiert 100 ccm Trichloräthylen zu, worauf man 10 Min. am Rückflußkühler erhitzt. Nach dem Erkalten am Rückflußkühler dampft man 25 ccm des Filtrates in einem gewogenen Becherglas ein, trocknet schließlich noch im Trockenschrank und wägt. Den prozentualen Fettgehalt erhält man wiederum aus der Tafel 56, S. 149 des T.S.P. II. Aufl.

Eine einfache neue Fettbestimmung, die sich besonders für die Untersuchung von Fett in Maisprodukten eignet, wird von G. Hampel[1]) angegeben:

Ein 30 cm langes Glasrohr mit 1 cm Durchmesser, das an einem Ende soweit ausgezogen ist, daß die Öffnung nur noch 2 mm beträgt, wird unten mit einem Wattebausch verschlossen. Dann wird die Substanz eingewogen, bei Mehl und Grieß 4 g, bei Substanzen mit einem höheren Fettgehalt als 5% 2 g. Die Teilchengröße soll zwischen 300 und 600 μ liegen (Stahldrahtsieb Nr. 45). Durch Klopfen läßt man die Mehlsäule zusammenfallen. Oben wird sie noch mit einem kleinen Wattebausch zugedeckt.

Nunmehr gibt man bei Mehlen und Grießen 5mal je 10 ccm nacheinander Petroläther zur Extraktion hinzu, bei Produkten mit höherem Fettgehalt als 5% verwendet man 8mal 10 ccm. Nach jedem Aufguß wird das Glasrohr oben mit einem Gummistopfen verschlossen, wodurch die 5- bzw. 8malige Extraktion insgesamt 6 Stunden in Anspruch nimmt. Der abtropfende Petroläther wird in einem gewogenen 150 ccm-Erlenmeyer-Kolben aufgefangen, der Petroläther abdestilliert und der Kolben mit dem Fett nach 3stündigem Trocknen bei 95° C zurückgewogen. Das Verfahren eignet sich besonders für Betriebsanalysen.

4. Bestimmung von Asche, Sand und Alkalität

Zur Bestimmung der Asche, d. h. des nach völliger Verbrennung der organischen Stoffe verbleibenden Rückstandes, wer-

[1]) Getreide, Mehl und Brot **1**, 30 (1947).

den 5 g Substanz in einer Platin-, Porzellan- oder Quarzschale[1]) bei schwacher Rotglut über dem Pilzbrenner erhitzt, bis alle Kohleteilchen beseitigt sind. Bei Mehlen verwendet man 2—3 g Substanz, verkohlt zunächst auf dem Pilzbrenner und erhitzt dann 1 Std. auf 750° in dem ½ Stunde vorher in Betrieb gesetzten elektrischen Ofen. Will die Asche nicht weiß werden oder enthält sie leicht flüchtige Substanzen, wie Kalisalze, so verkohlt man nur, gibt dann auf die erkaltete Asche Wasser, erwärmt kurze Zeit, filtriert durch ein quant. Filter ab und verascht nun das Filter samt Rückstand bei stärkerer Flamme, bis nur ganz weiße Teilchen hinterbleiben. Dann gibt man das Filtrat zu dem weißen Rückstand in die Platinschale, dampft auf dem Wasserbad ein, glüht ganz vorsichtig, läßt erkalten und bringt die Asche zur Wägung. Um Verluste an Mineralstoffen, wie Schwefel- und Phosphorsäureverbindungen, zu vermeiden, verascht man mit alkalischen Zusätzen. Empfehlenswert ist auch der von J. Grossfeld[2]) vorgeschlagene Zusatz von Magnesiumacetat. Danach werden 5 g trockene Substanz in einer Platinschale mit 20 ccm Magnesiumacetatlösung (10 g Magnesiumacetat gelöst in Essigsäure, mit Wasser zum Liter verdünnt) versetzt, getrocknet und verascht. Im Gegensatz zur Veraschung mit Sodalösung erhält man hierbei eine rein weiße Asche. Die gebildete Magnesiumoxydmenge ist zu berücksichtigen.

Unter Sand versteht man im allgemeinen den in 10%iger Salzsäure unlöslichen Anteil der Asche (Salzsäureunlösliches). Zu seiner Bestimmung übergießt man die Asche mit 50 ccm 10%iger Salzsäure, erwärmt auf dem Wasserbad, filtriert durch ein quantitatives Filter, wäscht mit heißem Wasser aus und verascht das Filter in der schon gewogenen Platinschale. Der gewogene Rückstand wird auf 100 g Substanz bezogen. Um den Sand frei von der Kieselsäure der pflanzlichen Zellgerüste zu erhalten, versetzt man den Rückstand nochmals mit einer 10%igen Sodalösung, der man einige Tropfen 33%ige Natronlauge zugesetzt hat, filtriert in der oben angegebenen Weise ab,

[1]) Bei phosphathaltigen Aschen dürfen Pt-Schalen nicht verwendet werden. Neuerdings werden auch gegen Phosphate unempfindliche Pt-Schalen hergestellt.

[2]) Chemiker-Ztg. **44**, 285 (1920).

wäscht aus und verbrennt wiederum bis zur weißen Asche. Will man die Alkalität der Asche, d. h. die Gesamtmenge der alkalischen Aschebestandteile (Karbonate und Oxyde), ausgedrückt in ccm n-Lauge, für 100 g Substanz bestimmen, so muß man entweder über dem Barthel-Brenner (Spiritusbrenner) oder im elektrischen Ofen veraschen, um den Zutritt sauer reagierender Verbrennungsprodukte des Leuchtgases, die den Wert beeinflussen können, auszuschalten. Als Alkalitätszahl bezeichnet man die Anzahl ccm *n-Säure*, die zur Neutralisation von 1 g Asche benötigt werden (= Verhältnis von Alkalität zur Asche).

Zur Bestimmung der Alkalität wird die Asche von 10 g Substanz in der Platinschale mit 30 ccm 0,1 *n*-Schwefelsäure versetzt und 5—10 Min. erhitzt. Danach wird die nicht verbrauchte Säure mit 0,1 *n*-Natronlauge zurücktitriert. Der Verbrauch von 0,1 *n*-Säure für 10 g angewandte Substanz gibt direkt die Alkalität an.

Ein geeignetes Verfahren, das unter Umgehung des Erwärmens die Hydrolyse von Pyro- und Metaphosphaten vermeidet, die bei der gewöhnlichen Alkalitätsbestimmung miterfaßt werden, beschreiben J. Tillmanns und A. Bohrmann[1]): Die fein gepulverte Asche von 10 g Substanz wird mit 50 ccm 0,1 *n*-Salzsäure quantitativ in ein Becherglas gespült und in der Kälte ¼ Stunde stehen gelassen. Weiterhin gibt man fein gepulvertes, chemisch reines Natriumchlorid (einige Löffel) zu und mischt den Inhalt tüchtig, um die freie Kohlensäure zu vertreiben. Man setzt solange unter Umschütteln Natriumchlorid zu, bis die Lösung damit gesättigt ist. Alsdann fügt man 30 ccm einer 40%igen Calciumchloridlösung und 0,2 ccm 1%ige Phenolphthaleinlösung hinzu. Man kühlt auf 14° ab und titriert dann weiter mit 0,1 *n*-Natronlauge. Nach 2stündigem Stehen bei 14° wird beobachtet, ob noch Entfärbung eintritt. Ist Entfärbung eingetreten, so wird weiter titriert bis zur Rotfärbung. Aus der Differenz zwischen Säure- und Laugeverbrauch ergibt sich ohne weiteres die Karbonat- und Oxydalkalität.

---

[1]) Zeitschrift f. Unters. f. Nahrungs- u. Genußmittel **41**, 1 (1921).

5. Bestimmung von Kohlehydraten

(Zucker, Dextrine, Stärke, Rohfaser).

a) Zuckerbestimmung durch Polarisation

Da viele Zucker optisch aktiv sind, können Zuckerbestimmungen auch polarimetrisch durchgeführt werden. Zur polarimetrischen Bestimmung der Saccharose löst man z. B. 10 g der Substanz in einem 100 ccm-Kölbchen, klärt, wenn nötig, durch Zusatz von 5 ccm Bleiessig und füllt auf 100 ccm auf. Das Filtrat wird entweder direkt oder (bei vorhergehendem Bleiessigzusatz) nach Zugabe von 7 ccm gesättigter Natriumphosphatlösung auf 70 ccm der mit Bleiessig versetzten, filtrierten Lösung polarisiert. Zur Klärung von Zuckerlösungen bedient man sich vielfach mit Erfolg des sogenannten Carrez-Serums. Hierzu werden 10 ccm der zu klärenden Zuckerlösung (z. B. Milch) mit 50 ccm Wasser verdünnt, sodann mit 2 ccm Ferrocyankaliumlösung (150 g im Liter) vermischt und danach mit 2 ccm Zinksulfatlösung (300 g im Liter) versetzt. Man macht dann mit Natronlauge gerade Phenolphthalein-alkalisch, füllt auf die Marke auf und filtriert. Das Filtrat ist völlig klar und frei von Eiweiß, es kann für die verschiedensten Zuckerbestimmungen verwendet werden. Hat man 10 g Substanz angewendet und wurde die Polarisation der auf 100 ccm aufgefüllten Lösung im 200 mm Rohr vorgenommen (Ergebnis = α), so ergibt sich der Saccharosegehalt (Z) in % zu $Z = \alpha \times 7{,}5$ bei Apparaten mit Kreisteilung. Wurde mit Bleiessig gearbeitet und die Lösung noch (durch Auffüllen von 70 ccm auf 77 ccm) um $^1/_{10}$ verdünnt, so ist $Z = 1{,}1 \times \alpha \times 7{,}5$. Die Berechnung beruht darauf, daß das Normalgewicht der Saccharose für Apparate mit Kreisteilung 75,0 g beträgt. Über die Beziehungen zwischen spezifischer Drehung und Drehungswinkel vgl. S. 114 des T.S.P. I. Aufl. Die spezifische Drehund verschiedener Zucker ergibt sich aus dem früher mitgeteilten Schema auf S. 23.

Mehrere dieser Zucker, wie z. B. Glukose, Lactose, Galaktose, Maltose, zeigen Mutarotation, d. h. Lösungen dieser Zucker zeigen anfänglich das doppelte oder mehrfache der endgültigen Drehung. Man kann die Mutarotation der Lösung durch Aufkochen oder durch Zugabe von höchstens 0,1% Ammoniak beseitigen. Im übrigen sei bemerkt, daß die spez. Drehung der Zucker vielfach von der Konzentration der Lösung abhängig ist. Die Drehung der Raffinose wird durch Bleiessig erniedrigt. Was die spez. Drehung der Stärke angeht, so schwankt sie bei den einzelnen Stärkesorten zwischen etwa 181,3° und 195,4°.

Die polarimetrische Bestimmung der Stärke kann mit Hilfe des Verfahrens von Ewers durchgeführt werden (vgl. S. 60).

Will man die Polysaccharide in Monosen spalten, so erhitzt man entweder mit verdünnten Säuren oder spaltet mit Enzymen. Im ersterem Fall geht man nach der Zollvorschrift vor: 75 ccm der zu untersuchenden Lösung, die unter Umständen vorher durch Bleiessig- und Phosphatfällung von störenden Stoffen befreit wurde, werden mit 5 ccm rauchender Salzsäure (Dichte 1,19) innerhalb 5 Minuten auf 67—70° erhitzt und nach Erreichen der Temperatur 5 Minuten lang auf dieser Temperatur gehalten. Dann kühlt man schnell und stumpft die Säure nach dem Abkühlen auf 20° ab. Alkalische Reaktion ist unter allen Umständen wegen der hierbei einsetzenden Oxydation zu vermeiden. Dann füllt man auf 100 ccm auf und polarisiert die klare Lösung im 200 mm-Rohr. Arbeitet man mit 10%igen Lösungen, so braucht man nur den erhaltenen Polarisationswert um ¼ zu kürzen und mit 10 zu multiplizieren, um den prozentualen Saccharosegehalt zu erhalten, falls sonst keine störenden Stoffe im Zucker enthalten sind.

Von Enzymen spaltet das Invertin die Saccharose in Fruktose und Glukose. Emulsin spaltet die Raffinose in Galaktose, während die Saccharose unverändert bleibt. Lactose bleibt bei der Invertinspaltung unverändert.

b) Zucker-Bestimmung mit alkalischer Kupferlösung

Maßanalytisch kann man die reduzierenden Zucker nach N. Schoorl[1]) bestimmen, indem man in einen 300 ccm-Erlenmeyerkolben 25 ccm einer Luffschen Lösung (s. unten) gibt,

[1]) Zur Herstellung der Luffschen Lösung werden 50 g Zitronensäure in 50 ccm Wasser und andererseits 388 g kristall. Natriumkarbonat in 350 ccm lauwarmem Wasser gelöst; die Lösungen werden vereinigt und mit 25 g Kupfersulfat (eisenfrei), die man in 100 ccm Wasser aufgelöst hat, versetzt und auf 1 *l* aufgefüllt.

Tafel 2

0,1 N-Thiosulfatlösung	Glucose, Fructose oder Invertzucker $(C_6H_{12}O_6)$		Lactose $(C_{12}H_{22}O_{11})$		Maltose $(C_{12}H_{22}O_{11})$	
ccm	mg	Diff.	mg	Diff.	mg	Diff.
1	2,4	2,4	3,6	3,7	3,9	3,9
2	4,8	2,4	7,3	3,7	7,8	3,9
3	7,2	2,5	11,0	3,7	11,7	3,9
4	9,7	2,5	14,7	3,7	15,6	4,0
5	12,2	2.5	18,4	3,7	19,6	3,9
6	14,7	2,5	22,1	3,7	23,5	4,0
7	17,2	2,6	25,8	3,7	27,5	4,0
8	19,8	2,6	29,5	3,7	31,5	4,0
9	22,4	2,6	33,2	3,8	35,5	4,0
10	25,0	2,6	37,0	3,8	39,5	4,0
11	27,6	2,7	40,8	3,8	43,5	4,0
12	30,3	2,7	44,6	3,8	47,5	4,1
13	33,0	2,7	48,4	3,8	51,6	4,1
14	35,7	2,8	52,2	3,8	55,7	4,1
15	38,5	2,8	56,0	3,9	59,8	4,1
16	41,3	2,9	59,9	3,9	63,9	4,1
17	44,2	2,9	63,8	3,9	68,0	4,2
18	47,1	2;9	67.7	4,0	72,2	4,3
19	50,0	3,0	71,7	4,0	75,5	4,4
20	53,0	3,0	75,7	4,1	80,9	4,5
21	56,0	3,1	79,8	4,1	85,4	4,6
22	59,1	3,1	83,9	4,1	90,0	4,6
23	62,2		88,0		94,6	

10—25 ccm Zuckerlösung mit höchstens 62 mg Glukose, Fruktose, Invertzucker, 80 mg Lactose, 44 mg Maltose hinzufügt; man bringt dann auf 50 ccm Volumen und erhitzt nach Zusatz eines Bimssteinstückchens 2 Minuten zum Sieden. Man benutzt dazu eine mit Ausschnitt versehene 2—3 mm dicke Asbestplatte, indem man im ganzen 10 Minuten am Rückflußkühler erhitzt. Man kühlt dann sofort ab, filtriert nach 2 Minuten und setzt 3 ccm Kaliumjodidlösung (166 g *KJ* im Liter) 20 ccm Salzsäure (25%ig), sowie 10 ccm Rhodankaliumlösung (20%ig) zu. Hierbei wird das ausgeschiedene Jod mit *n*/10,Thiosulfatlösung erfaßt und der Zuckerwert aus nebenstehender Tafel ermittelt.

Gewichtsanalytisch bestimmt man die Glukose nach Meissl und Allihn. Die Zusammensetzung der Versuchslösung, auch Fehlingsche Lösung genannt, ist folgende: 30 ccm Kupfersulfatlösung (69,2 g krist. Kupfersulfat im Liter) + 30 ccm Seignettesalzlösung (346 g Seignettesalz + 250 g KOH auf 1 Liter) + 60 ccm Wasser werden zum Sieden erhitzt und mit 25 ccm der zu untersuchenden Lösung vermischt. Man hält genau 2 Minuten im Sieden. Hierauf filtriert man durch einen gewogenen Goochtiegel, trocknet entweder das ausgeschiedene Kupferoxydul bei 105° und bringt es zur Wägung oder glüht 20 Minuten und wiegt nach dem Erkalten im Exsikkator das entstandene Kupferoxyd. Die Glukosemenge ergibt sich auf Grund der Kupferoxydmenge aus Tafel Nr. 36 des T.S.P. Man kann auch das ausgeschiedene Kupferoxydul direkt durch einen gewogenen Glasfiltertiegel filtrieren, mit heißem Wasser und dann mit Alkohol auswaschen, anschließend im Trockenschrank bei 100 bis 105° trocknen und nach dem Abkühlen zur Wägung bringen. (Tafel Nr. 29 des T.S.P. II. Aufl.)

In ähnlicher Weise verfährt man bei der Bestimmung des Invertzuckers. Nur wendet man hier 25 ccm Kupferlösung, 25 ccm Seignettesalzlösung (an Stelle des oben verwendeten KOH werden hier 100 g NaOH zugesetzt) und 50 ccm der Zuckerlösung mit höchstens 0,245 g Invertzucker an. In jedem Falle beträgt das Gesamtvolumen 100 ccm, die Kochdauer gleichfalls 2 Minuten.

Bei der Maltosebestimmung beträgt das Gesamtvolumen 75 ccm, bestehend aus 25 ccm Kupferlösung, 25 ccm Seignettesalzlösung (s. o.) und 25 ccm Zuckerlösung. Die Kochdauer beträgt 4 Minuten.

Bei der Milchzuckerbestimmung werden 25 ccm Kupferlösung, 25 ccm Seignettesalzlösung und 100 ccm Zuckerlösung 6 Minuten gekocht.

c) Zuckerbestimmung mittels alkalischer Jodlösung

Zucker können weiterhin auch volumetrisch mittels alkalischer Jodlösung bestimmt werden. Durch diese Methode werden nur Zucker mit freier Aldehydgruppe, wie Glukose, Lactose und

Maltose, nicht jedoch die Ketosen, wie z. B. die Fruktose, oder die nichtreduzierenden Bisaccharide, wie Saccharose, erfaßt. Nach Auerbach und Bodländer gibt man zu 25 ccm Zuckerlösung mit höchstens 0,1 g Glukose 20 ccm 0,1 *n*-Jod-Jodkaliumlösung und 100 ccm einer Mischung von gleichen Teilen einer 0,2 *n*-Sodalösung und einer 0,2 *n*-Natriumbikarbonatlösung. Nach 1½—2stündiger Aufbewahrung im Dunkeln säuert man mit 12 ccm 25%iger Schwefelsäure an und titriert das freie Jod zurück. In einem Blindversuch bestimmt man die gesamte freie Jodmenge der Jodjodkaliumlösung. Die Differenz zwischen Blindversuch und Jodverbrauch der Versuchslösung gibt den Jodverbrauch an. 1 ccm verbrauchte Thiosulfatlösung entspricht 9,00 mg Glukose und 18,0 mg Lactose ($C_{12}H_{22}O_{11} + H_2O$). Zur Bestimmung von Glukose neben Fruktose ist bei dieser Jodtitration von dem Rohwert ein Betrag von je 0,1 ccm Jodlösung für je 100 mg Fruktose in Abzug zu bringen.

Die Saccharose ermittelt man durch Bestimmung des reduzierenden Zuckers oder der Polarisation vor und nach der Inversion (s. oben). Aus der Differenz der erhaltenen Reduktionswerte läßt sich dann die Saccharoose berechnen (vgl. S. 150). In ersterem Falle rechnet man die erhaltenen Reduktionswerte auf Invertzucker aus und multipliziert die Differenz der erhaltenen Invertzuckergehalte mit dem Faktor 0,95, um den Saccharosegehalt zu erhalten. Hat man polarimetrisch gearbeitet, so bezieht man die Drehung (200 mm-Rohr) vor und nach der Inversion (d_v bzw. d_n) auf die 10%ige Lösung. Der Gehalt an Saccharose ergibt sich dann zu $S = 5{,}725 \cdot (d_v - d_n)$ %.

d) Bestimmung der Zucker nebeneinander

Die Bestimmung der Zucker nebeneinander ist schwierig und führt mitunter nur annähernd zum gewünschten Ziel. Glukose bestimmt man neben Fruktose durch Behandlung mit alkalischer Jodlösung. Glukose wird dabei oxydiert, so daß der Jodverbrauch den Glukosegehalt liefert. Die Summe von Glukose und Fruktose kann man mit Hilfe der Reduktion von alkalischer Kupferlösung ermitteln, so daß sich der Fruktosegehalt als Differenz ergibt. Saccharose kann polarimetrisch und gewichtsanalytisch neben Fruktose und Glukose bestimmt werden und zwar aus der Polarisationsdifferenz vor und nach der Inversion oder aus der entsprechenden Differenz der erhaltenen Kupferoxyd- bzw. Kupferoxydulwerte. In vielen Fällen gelingt eine Abtrennung der Saccharose nach dem Kalkverfahren, nach dem alle Zuckerarten außer Saccharose zerstört werden. Man geht so vor, daß man 2—10 g der zu untersuchenden Substanz in einem 100 ccm-Kölbchen in 50 ccm Wasser löst, 1,2 g frisch geglühtes Calciumoxyd zusetzt, auf 70 ccm auffüllt und nunmehr unter Umschütteln 1 Std. auf 80° erhitzt. Nach dem Erkalten neutralisiert man mit 7 ccm Schwefelsäure (1+ 4), klärt mit 5 ccm Bleiessig und versetzt nach dem Umschütteln mit 1 ccm Natriumphosphatlösung (gesättigt). Nach Auffüllen und Filtration wird bei 20° polarisiert.

Maltose neben Saccharose kann durch die Reduktionsmethode erfaßt werden. Maltose neben Glukose und Dextrin ist nach dieser Methode jedoch nicht zu ermitteln. Man bedient sich deshalb hierbei nicht der oben genannten Kupfersulfatlösung, sondern des Barfoedschen Reagenzes (54,5 g Kupferacetat + 7,2 g Eisessig, aufgefüllt zum Liter), mit dessen Hilfe man Glukose annähernd oxydieren kann, ohne daß Maltose angegriffen wird.

Bei Gegenwart von Glukose und Fruktose kann Saccharose auch nach dem oben erwähnten Kalkverfahren ermittelt werden, da Glukose und Fruktose durch Kalk zerstörbar sind.

Bei Gegenwart von Invertzucker kann man diesen aus dem Fruktosegehalt ermitteln.

Lactose kann neben Saccharose durch Kupferreduktion ermittelt werden. Liegt daneben auch Invertzucker oder Fruktose vor, so ist dieses Verfahren nicht anwendbar.

Liegen zahlreiche reduzierende Zucker nebeneinander vor, so zieht man neben den schon genannten Methoden auch die Vergärung von Zucker heran. Die verschiedenen Hefearten verhalten sich gegen die einzelnen Zucker verschieden. So kann man Lactose in Mischung mit vielen andern Zuckern dadurch bestimmen, daß man die zu untersuchenden Lösungen mit Saccharomyces cerevisiae (Bäckerhefe) vergärt, und zwar 30 Stunden bei 30°. Mit der zurückgebliebenen Lactose kann man eine Kupferreduktion durchführen.

e) Dextrin-Bestimmung

Der Nachweis und die Bestimmung bzw die Abtrennung der Dextrine in Lebensmitteln beruht im allgemeinen entweder darauf, daß Dextrine wasserlöslich und alkohol-unlöslich sind, oder darauf, daß gleichzeitig anwesende Zucker vergären, während Dextrin nicht vergärt. Die isolierten Dextrine werden entweder polarimetrisch bestimmt oder durch Hydrolyse in Glukose übergeführt und als solche bestimmt. Die Hydrolyse der Dextrine erreicht man dadurch, daß man sie mit 75 ccm *n*-Salzsäure im 100 ccm-Kölbchen löst, eine Stunde im siedenden Wasserbad erhitzt, nach dem Erkalten neutralisiert und die gebildete Glukose jodometrisch bestimmt. Die Glukosemenge, multipliziert mit dem Faktor 0,9 ergibt die vorhandene Menge der Dextrine. Die Methode liefert nur annähernde Werte. (Vgl. auch F. W. Edwards, H. R. Nanji und W. R. Chanmugam, Analyst 63, 697 [1938] [Bestimmung von Dextrin in Gegenwart von Stärke und Zucker].)

f) Stärkebestimmung

Von Stärkebestimmungen seien hier nur die polarimetrische und die gewichtsanalytische Stärkebestimmung hervorgehoben. Die polarimetrische Stärkebestimmung nach E. Ewers wird in folgender Weise durchgeführt: 5 g der zu untersuchenden Substanz (Mehl oder getrocknetes Brot mit bekanntem Wassergehalt oder frische Kartoffeln, hierbei jedoch 10 g) werden mit 25 ccm einer 1,124%igen Salzsäure[1]) bei Getreidestärke und mit einer 0,4215%igen Salzsäure bei Kartoffelstärke und Marantastärke in einem 100 ccm Kölbchen gut verteilt, so daß möglichst wenig Substanz an den Wänden hängen bleibt. Man spült dann mit 25 ccm derselben Salzsäure nach, erhitzt genau 15 Minuten im siedenden Wasserbad, indem man die ersten 3 Minuten etwas umschwenkt; dann wird abgekühlt. Man setzt 20 ccm 25%iger Salzsäure zu, sowie 6 ccm einer Lösung von phosphorwolframsaurem Natrium

[1]) Zur Herstellung der 1,124%igen Salzsäure verdünnt man in einem 100 ccm-Kölbchen 4 ccm 25%ige Salzsäure auf 100 ccm, bei der 0.4215%igen Salzsäure 8,4 ccm der 5%igen Säure auf 100 ccm.

(120 g Dinatriumphosphat + 200 g Natriumwolframat, aufgefüllt zum Liter). Nach dem Umschütteln füllt man auf die Marke auf, filtriert und polarisiert. Die spez. Drehung der Kartoffelstärke beträgt 195,4°, der Marantastärke 193,8°, der Getreidestärken 181,3°—185,9°, im Mittel 183,7°. Der gesuchte Stärkegehalt berechnet sich aus folgender Gleichung:

$$\% \text{ Stärke} = \frac{100 \cdot a}{b \cdot [\alpha]_D} \cdot 20, \text{ in der}$$

a = Polarisationswert im 100 oder 200 mm-Rohr,
b = Schichtdicke in dcm (= 1 oder 2),
$[\alpha]_D$ = Spezifische Drehung der vorliegenden Stärke bedeutet.

Die gewichtsanalytische Bestimmung der Stärke kann nach der Methode von Mayrhofer und nach der Vorschrift von v. Fellenberg durchgeführt werden. Die erstere Methode beruht darauf, daß aus der vorliegenden Substanz Eiweißstoffe mittels alkoholischer Kalilauge gelöst und Fette durch die Lauge verseift werden. Die so abgetrennte Stärke wird dann in wässeriger Lauge gelöst, durch Alkohol umgefällt, abfiltriert und zur Wägung gebracht. Nach v. Fellenberg wird die Substanz mit konzentrierter Chlorcalciumlösung behandelt, wodurch die Stärke in Lösung geht, aus der sie mittels Jod als Jodstärke gefällt wird. Nach Filtration und Beseitigung des Jods wird die Stärke zur Wägung gebracht. Hier sei die vielfach angewandte Mayrhofer-Methode geschildert, die meist bei Wurst Anwendung findet:

10 g feingeschnittene Substanz werden in einem 400 ccm-Becherglas mit 50 ccm 8%iger alkoholischer Kalilauge mittels Glasstabes zerdrückt und auf dem Wasserbad bis zur Lösung aller anderen nicht stärkehaltigen Stoffe erhitzt. Bei glykogenhaltigen Lebensmitteln, wie Leberwurst, versetzt man dann mit dem doppelten Volumen 50%igen Alkohols[1]), bei allen anderen Substanzen läßt man ohne diesen Zusatz absetzen, saugt durch einen Asbest-Goochtiegel, wäscht mit heißer 8%iger alkoholischer Kalilauge 2—3 mal, dann mit heißem, 96%igem (bei Leberwurst 50%igem) Alkohol solange aus, bis das Filtrat auf Salzsäurezusatz klar bleibt. Der Tiegelinhalt, Asbest samt unreiner

1) Glykogen ist in 96%igem Alkohol unlöslich, in 50%igem Alkohol löslich.

Stärke, wird in das vorher benutzte Becherglas zurückgegeben und mit 60 ccm 8%iger, wäßriger Kalilauge ½ Stunde auf dem Wasserbad behandelt. Darauf führt man die Flüssigkeit in einen 200 ccm-Standzylinder über, kühlt ab und füllt auf 200 ccm auf. Nach gründlichem Mischen läßt man absitzen. Von der überstehenden klaren Lösung werden 50 ccm in einem 200 ccm-Becherglas schwach mit Essigsäure angesäuert, mit dem gleichen Volumen 96%igen Alkohols unter Umrühren versetzt und über Nacht stehen gelassen. Hierauf gibt man ohne zu saugen durch einen mit Asbest beschickten Goochtiegel, wäscht mit Alkohol nach und saugt erst dann. Nach dem Waschen mit Äther trocknet man eine Stunde im Trockenschrank, wägt und glüht dann 20—30 Minuten, wobei die Stärke verascht. Dann wird wieder gewogen. Die Differenz beider Wägungen mit 40 multipliziert ergibt % aschefreie Stärke. Will man auf Kartoffelmehl oder Getreidemehl umrechnen, so dividiert man bei Kartoffelmehl durch 0,8, bei Getreidemehl durch 0,67.

g) Rohfaserbestimmung

Zur Rohfaserbestimmung in Lebensmitteln wird trotz vieler Verbesserungsvorschläge meist das alte Weender verfahren herangezogen. Danach werden 0,5—3 g Substanz, die nötigenfalls entfettet wird, in eine etwa 500 ccm fassende Porzellanschale, die bei 200 ccm eine Marke trägt, gebracht und mit 50 ccm verdünnter Schwefelsäure (50 ccm konzentrierte Säure auf 1 l) sowie 150 ccm Wasser ½ Stunde unter Umrühren und unter Ersatz des verdunsteten Wassers im Sieden gehalten. Man filtriert unter Saugen danach sofort durch ein dünnes auf eine Siebplatte in einen Trichter gebrachtes Asbestfilter. Man wäscht gut mit heißem Wasser nach, gibt die Asbestplatte samt Rückstand in die Schale zurück, gibt 50 ccm Kalilauge (50 g Kaliumhydroxyd i. l) sowie 150 ccm Wasser zu und hält wiederum ½ Stunde unter Ersatz des verdampfenden Wassers im Sieden. Dann wird durch ein neues Asbestfilter, mit heißem Wasser gewaschen, die heiße Flüssigkeit aus der Saugflasche entfernt und schließlich mit Alkohol und Äther gewaschen. Asbestschicht samt der darin befindlichen Rohfaser gibt man in

[1]) Zeitschrift f. Unters. d. Lebensm. **73**, 346 (1937).

eine vorher geglühte Platinschale, trocknet 1 Stunde bei 105° im Trockenschrank, wägt schnell nach dem Erkalten im Exsikkator und glüht nunmehr kräftig, bis alle Rohfaserteilchen verascht sind, was daran erkannt wird, daß kein Aufleuchten mehr auftritt. Hierauf wird wieder zur Wägung gebracht. Die Differenz beider Wägungen gibt die Rohfaser der Einwaage in g an.

Ein neues Verfahren zur Bestimmung der Rohfaser wird von J. C. Lang, V. H. Yen und H. C. Hsü[1]) angegeben. Es beruht auf einem Aufschluß mit 20 ccm 1,52%iger Chlordioxydlösung und 1 ccm einer 30%igen Pyridinlösung für jedes g Substanz.

Nach K. Kürschner und A. Hanak[2]) erhält man eine sehr reine Rohfaser, wenn man 0,3 g Substanz im Azetelierungskolben von 30—35 ccm Inhalt mit 15 ccm 80%iger Essigsäure und 1,5 ccm Salpetersäure (Dichte 1,4) durch Umschwenken gleichmäßig verteilt, mit einem eingeschliffenen Kühlrohr versieht und das Gemisch 20 bis 25 Minuten mit ganz kleiner Gasflamme in kräftigem Sieden hält. Die Flüssigkeit wird heiß durch einen großporigen Porzellan- oder Glasfiltertiegel filtriert, den man vorher mit Essigsäure angefeuchtet hat. Alsdann wäscht man nacheinander mit 7—10 ccm Reagenzlösung (1 Vol. Salpetersäure + 10 Vol. 80%ige Essigsäure), heißem Wasser, einigen Tropfen Alkohol sowie 5 bis 10 ccm Äther nach, gibt nochmals 1 bis 2 ccm heißes Aufschlußreagenz zu und wäscht mit heißem Wasser bis zum völligen Verschwinden des Essigsäuregeruchs. Man muß darauf achten, daß beim Waschen mit Äther die Tiegelwände sorgfältig abgespült werden. Man trocknet dann allmählich durch Erhitzen auf 105 bis 108° und bringt zur Wägung. Das Verfahren soll sich besonders zur Bestimmung der Rohfaser in Kakao eignen.

h) Pentosanbestimmung

Eine gewisse Bedeutung kommt in der Lebensmittelchemie den Pentosanen zu. Man versteht darunter praktisch die Stoffe, die mit einer 12%igen Salzsäure (Dichte etwa 1,06) Furfurol bzw. Methylfurfurol abspalten. Von den verschiedenen

[1]) Zeitschrift f. Unters. d. Lebensm. 59 484 (1930).
[2]) Zeitschr. f. Unters. d. Lebensm. **73**, 346 (1937).

vorgeschlagenen Verfahren erscheint die Methode von B. Peter, H. Thaler und K. Täufel[3]) am zuverlässigsten. Arbeitsvorschrift: Eine etwa 0,15 g Pentosan entsprechende Menge Substanz wird unter Zusatz von Siedesteinchen in dem nebenstehenden Apparat (s. Abb. 24) mit 100 ccm 12%iger Salzsäure versetzt. Die benetzten Schliffe werden dann geschlossen. Nunmehr beginnt man mit der Destillation derart, daß innerhalb 10—12 Minuten 30 ccm überdestilliert sind. Man gibt dann von neuem aus dem Zulauftrichter 30 ccm Salzsäure zu, destilliert wieder 30 ccm ab und fährt so fort, bis das Destillat 210 ccm beträgt. Das unter Umständen von Fettsäuren getrübte Destillat wird filtriert und die Vorlage zweimal mit je 10 ccm 12%iger Salzsäure nachgespült. Hinzu gibt man eine in der Wärme hergestellte, dann aber wieder abgekühlte Lösung von 0,5 g Barbitursäure in 25 ccm 12%iger Salzsäure, rührt um und läßt 18 Stunden bedeckt stehen. Man filtriert dann durch einen bei 130° konstant getrockneten Berliner Porzellan- oder Glasfiltertiegel (*A*2 bzw. 1 A.G. 3/5—7), wäscht zweimal mit destilliertem Wasser und saugt scharf ab. Man trocknet dann bei 130° bis zur Gewichtskonstanz, unter Umständen zur Vermeidung einer Wasseraufnahme im

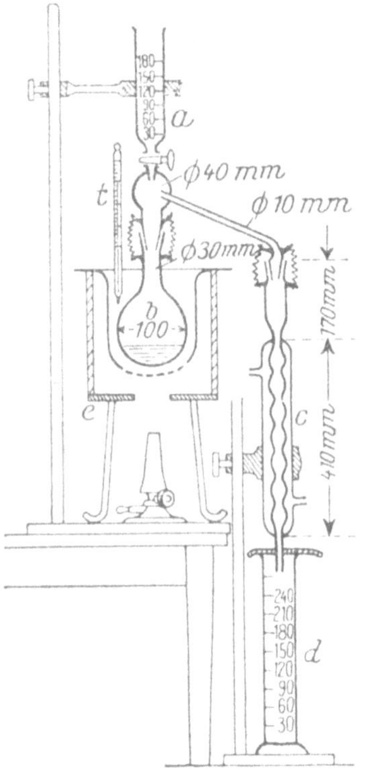

Abb. 24.
Apparatur zur Pentosanbestimmung nach Peter, Thaler und Täufel

1) Zeitschrift f. Unters. d. Lebensm. **66**, 150 (1933).

Wägeglas. Die Furfurolmenge (f) ergibt sich dann aus der Gleichung:

$$f = (N + L \cdot 0{,}0000122) \cdot 0{,}4659$$

in der N = Menge des gewogenen Niederschlags in g, L = Gesamtvolumen der Flüssigkeit in ccm (210 ccm Destillat + 20 ccm Salzsäure zum Spülen + 25 ccm Barbitursäurelösung = 255 ccm). Der Faktor 0,0000122 gibt die Löslichkeit der gebildeten Furalbarbitursäure in 12%iger Salzsäure an, der Faktor 0,4659 stellt den Quotienten aus dem Molekulargewicht des Furfurols (96,03) und demjenigen der Furalbarbitursäure (206,13) dar.

i) Pektinbestimmung

Der qualitative Nachweis des Pektins wird nach C. Griebel[1]) mit Hilfe eines den Gerbstoff gewisser Fruchtsäfte begleitenden Kolloids, das mit Pektin in kleinster Verdünnung eine Trübung liefert, durchgeführt. Bereitung des Reagenzes: Reife, jedoch noch harte Speierlinge (pirus domestica) oder Elsebeeren (pirus torminalis) werden mit Messingmesser geschält und sofort im Wolf zerkleinert. Man gießt die sich abscheidende trübe Flüssigkeit ab, erhitzt sie zum Sieden und filtriert heiß. Man bringt die klare Lösung in dunkle, mit Alkohol ausgespülte Medizinflaschen und bedeckt sie mit einer 0,5 cm starken Schicht Toluol. Vor Gebrauch muß der Saft mit dem 1,5—2fachen Volumen Wasser verdünnt und von den Ausscheidungen, die beim Stehen über Nacht ausflocken, abfiltriert werden. Arbeitsvorschrift: 1 ccm der zu prüfenden Lösung wird in einem Reagenzglas (Länge 10 cm, lichte Weite 0 5 bis 0,6 cm) tropfenweise mit 0,2 ccm Reagens versetzt. Bei einem Pektingehalt von 0,1% tritt sofort eine Trübung, bei 0,01% eine Opaleszenz auf. Ein Blindversuch mit reinem Wasser und Reagens ist empfehlenswert.

Bestimmt wird Pektin gewöhnlich als Calciumpektat[2]). Man geht bei Marmeladen und dgl. von einer Lösung von 25 g Substanz in 500 ccm Wasser aus. Von dieser Lösung werden 100 ccm (= 5 g) in einem 400 ccm-Becherglas mit 100 ccm

1) Zeitschrift f. Unters. d. Lebensm. **63**, 296 (1932).

2) Zeitschrift f. Unters. d. Lebensm. **54**, 175 (1927) u. **58**, 197 (1929).

einer 0,1 *n*-Natronlauge vermischt. Falls die Reaktion alkalisch ist, läßt man bedeckt über Nacht stehen und fügt am nächsten Tag 50 ccm einer etwa *n*-Essigsäure und 5 Minuten später 50 ccm einer *m*-*n*-Calciumchloridlösung zu. Nach einstündigem Stehen bei Zimmertemperatur kocht man 1 Minute lang auf, indem man das ausgeschiedene Pektat mehrfach verteilt, und filtriert siedend heiß durch ein grobporiges Filter, wäscht mit heißem Wasser nach, bringt den Niederschlag in das Becherglas zurück und filtriert nach nochmaligem Erhitzen bis zum Sieden durch ein getrocknetes, gewogenes 9 cm-Filter. Unter wiederholtem Verteilen des Niederschlages wäscht man bis zum Verschwinden der Chlorreaktion heiß aus. Man trocknet dann 8 Stunden im Dampftrockenschrank bis zur Gewichtskonstanz bzw. zu einem Gewichtsverlust von höchstens 0,5 mg. Bei Anwendung von 5 g Substanz erhält man durch Multiplikation mit 20 den %-Gehalt an Pektin, als Calciumpektat berechnet.

Den Methoxylgehalt von Pektin bestimmt man nach dem Jodid-Verfahren von Zeisel, das in ähnlicher Weise wie die Glyzerinbestimmung in Wein (s. d.) durchgeführt wird. Benötigt werden hierzu 0,10—0,12 g Pektinpulver, die unmittelbar mit 10 ccm Jodwasserstoffsäure vermischt werden, so daß keine Klumpen entstehen. Im übrigen verfährt man wie bei Wein. 1 g Jodsilber entspricht 0,1321 g CH_3O (Methoxyl).

Eine praktische Gelierprobe für gelierende Pektinpräparate wird in folgender Weise durchgeführt[1]): 60 ccm Pektinlösung vermischt man in graduierten Reagensröhren mit 20 ccm 96%igem Alkohol und stellt sie in schmelzendes Eis. Nach etwa einer Stunde ist bei guten Präparaten der Reagenzglasinhalt zu einer Stange geliert; bei schlechten Proben ist der Inhalt stückig und klumpig, bei sehr geringwertigen Proben breiig und flüssig. Bei der Untersuchung von Trockenpektin ist ein Zusatz von 0,8—1% Weinsäure oder Milchsäure zur Pektinlösung notwendig. Die Methode beruht darauf, daß 96%iger Alkohol das neutrale Pektin in denselben Quellungszustand versetzt, den das Gelee durch Zusatz einer best mmten Zuckerkonzentration erhält.

---

[1]) Chem. Ztg. 5, 256 (1933).

k) Nachweis der Tylosen

Den Nachweis der Tylosen, die sich als Emulgier-, Dispergier- und Verdickungsmittel eignen und die deshalb u. U. als Zusatzstoffe für Glyzerin, Dextrin, Stärke, Gelatine usw. in Frage kommen könnten, erbringt man zweckmäßig nach E. Letzig[1]). Es handelt sich bei diesen Stoffen um die Methyläther der Zellulose. Als brauchbare Fällungsmittel für Tylosen sind anzusehen: Jod-Jodkaliumlösung, die bei 1%igen Tyloselösungen rotviolette, gallertartige Fällungen, bei 1- bis 0,1%igen Lösungen eine violettbraune Färbung ohne Fällung bedingen. Am empfindlichsten reagiert Tannin, das noch mit 0,1%igen Tyloselösungen gut filtrierbare, flockige Niederschläge liefert. Während die Tanninfällung der Gelatine auf Zusatz von Alkali nicht wieder in Lösung geht, löst sich die Tylosefällung wieder auf. Die Tylosemenge läßt sich mit Hilfe des Permanganatverbrauches erfassen. Auch Viskositätsmessungen lassen sich zur Unterscheidung der Tylose von anderen Verdickungsmitteln heranziehen. Während die Viskosität von Tyloselösungen von Säuren und Laugen nur unwesentlich beeinflußt wird, erfahren Traganth, Carageen und Pektinlösungen durch Lauge und Säurezusatz einen Abbau und damit eine Änderung der Viscosität.

6. Bestimmung von Vitaminen

a) Vitamin A

Die verschiedenen vorgeschlagenen Methoden zur Bestimmung von Vitamin A gehen durchweg auf die sogenannte Carr-Price-Reaktion, die sich des Antimontrichlorids bedient, zurück. Diese Reaktion gibt auch das Pro-Vitamin, das β-Karotin. Ritsert[2]) hat eine stufenphotometrische Meßmethode ausgearbeitet, die sich darauf gründet, daß die Absorptionsbanden der bei der Antimontrichloridlösung auftretenden Blaufärbung spezifisch für Vitamin A sind. Zur Bestimmung des α- und β-Karotins kann man auch die Adsorptionsanalyse mittels Fasertonerde und Aluminiumoxyd heran-

[1]) Vorratspflege u. Lebensm.-Forsch. **1**, 362 (1938).
[2]) Mercks Jahresbericht 1935, 19.

ziehen[1]). Bei der Carr-Price-Reaktion ist besondere Sorgfalt auf die Herstellung des Antimontrichlorid-Reagenzes zu verwenden: Das Chloroform (D.A.B.) wird durch 2—3maliges Durchschütteln mit dem gleichen Volumen Wasser gereinigt und dann über geglühter Pottasche getrocknet. Man destilliert dann das Chloroform, indem man 10% des Volumens zu Anfang der Destillation verwirft. Das trockene Antimontrichlorid wird mit dem reinen Chloroform gewaschen, bis dieses klar abläuft. Mit dem so behandelten Antimontrichlorid stellt man eine 21—23 g Antimontrichlorid in 100 ccm enthaltende Chloroformlösung her. Zur Gehaltsbestimmung gibt man zu 1 ccm der Lösung 2 g Kaliumnatriumtartrat in 20 ccm Wasser. Nach dem Umschütteln versetzt man mit 2 g Natriumbikarbonat und titriert nunmehr mit 0,1 n-Jodlösung. Ein ccm 0,1 n-Jodlösung entspricht 0,01141 g Antimontrichlorid. Zur Bestimmung bzw. zum Nachweis von Vitamin A verfährt man zweckmäßig nach B. Bleyer, Schlemmer, Müller-Parschem[2]). Danach werden 0,5000 g Lebertran mit reinem Chloroform (s. oben) auf 10 ccm aufgefüllt. Mittels Mikrobürette gibt man in eine Küvette 0,2 ccm der klaren Chloroformlösung und 1,8 ccm Antimontrichloridlösung. Innerhalb 60 Sekunden wird die bei Anwesenheit von Vitamin A gebildete Blaufärbung im Hellige-Kolorimeter abgelesen, und zwar wird gegen eine alkoholische Lösung von Viktor ablau (1 : 300 000) gemessen, unter Verwendung eines hinter das Milchglasfenster geschalteten Filters (Wellenlänge 550—600 mμ). Bleyer und Mitarbeiter beziehen die erhaltenen Werte auf reines Karotin, das, wie oben erwähnt, die Blaufärbung gleichfalls in reinster Weise hervorbringt. Nach Bleyer entspricht 0,0208 mg Karotin in seinem Farbton 10 mg norwegischem Standardlebertran. Nach Karrer entsprechen 0,208 mg Karotin auf 2 ccm Reaktionsgemisch im Farbton einer Schichtdicke von 7,1 mm.

---

[1]) R. Kuhn u. H. Brockmann, Zeitschr. physiol. Chem. **206**, 41 (1932).

[2]) Archiv. d. Pharmacie 1931, 566.

b) Vitamin B_1 und B_2

Die Bestimmung von Vitamin B_1 (Aneurin) wird nach M. Pyke[1]) mittels der Thiochrommethode in der Weise durchgeführt, daß man das feingemahlene Material in eine 1%ige Salzsäurelösung einträgt und zum Sieden erhitzt. Nach dem Erkalten füllt man auf ein bestimmtes Volumen auf und filtriert. Vom Filtrat werden je 3 ccm mit einer Mischung von 2 ccm Methanol, 1 ccm 30%iger Natronlauge und 0,8, 1,0 und 1,2 ccm 1%iger Ferricyankaliumlösung versetzt. Bei einem Blindversuch mischt man die gleichen Reagentien ohne Ferricyankaliumzusatz. Die Lösungen werden dann mit 13 ccm Isobutylalkohol versetzt, geschüttelt und zentrifugiert. In 10 ccm der Isobutylalkohollösung mißt man die Fluoreszenz im Fluorometer. Das Fluorometer gestattet mit Hilfe einer Selensperrschichtzelle (Hersteller: Elektrozell-G. m. b. H. Berlin-Steglitz) den Wert für die Fluoreszenz der Versuchslösung mit demjenigen der Blindlösung zu vergleichen. Der Blindwert wird von dem gefundenen Wert der Untersuchungslösung abgezogen, die Differenz mit 100 multipliziert und das Produkt durch den Eichungswert der verwendeten Chininsulfatlösung dividiert. Man verwendet hierzu 10 ccm einer Lösung von 0,81 mg Chininsulfat in 100 ccm 0,1 n-Schwefelsäure. Diesen Wert setzt man = 100. Von der Untersuchungslösung wird stets zur Ausschaltung der Eigenfluoreszenz des Isobutylalkohols der Wert der Fluoreszenz von 10 ccm reinem Isobutylalkohol abgezogen.

Vitamin B_2 (Lacto-Flavin) kann man nach A. Emmerie[2]) bestimmen. Diese Methode beruht darauf, daß man das Vitamin mit Methylalkohol extrahiert, an Bleisulfid adsorbiert und daraus mit einer Mischung von Wasser, Pyridin und Eisessig eluiert. Danach zerstört man die fremden Farbstoffe mittels Kaliumpermanganat und mißt die Stärke der Gelbfärbung des Lactoflavins im Stufenphotometer in einer 2- oder 3 cm-Küvette bei Filter S 47 oder S 45. Bei der Untersuchung von Milch geht man so vor, daß man 50 ccm Methylalkohol unter Umrühren zu 50 ccm Magermilch zusetzt und die Mischung 15 Min. auf 60° erwärmt. Nach dem Abkühlen setzt man 0,1 ccm Eis-

[1]) Biochem. Journ. **31**, 1958 (1937).
[2]) Zeitschr. f. Vitaminforsch. **7**, 244 (1938).

essig zu und füllt auf 100 ccm mit Methylalkohol auf. Man schüttelt gut um und filtriert nach 15 Minuten langem Stehen. 70 ccm des Filtrats (wobei das Volumen des Kaseins vernachlässigt wird) werden im Vakuum auf etwa 20 ccm eingedampft, dann werden 0,5 ccm Eisessig und 1 ccm 4%iger Kaliumpermanganatlösung und nach einer Minute 1 ccm 3%iger Wasserstoffperoxydlösung zugefügt. Alsdann ergänzt man auf 25 ccm und führt die Farbmessung durch. Bei Filter S 47 entspricht 100 γ Lactoflavin pro ccm einem Extinktionsmodul von m = 3,25. Bei Filter S 45 entspricht 100 γ Lactoflavin pro ccm einem Extinktionsmodul von m = 3,85.

Eine verhältnismäßig einfache Methode zur Bestimmung von Lactoflavin (Vitamin B_2) in Milch gibt J. Effern[1]) an: 25 ccm Milch werden mit 50 ccm Aceton versetzt, durchgeschüttelt und filtriert. Das Filtrat dient zur kolorimetrischen Bestimmung mit Hilfe des Stufenphotometers oder durch Vergleich mit Kaliumchromatlösung in Hehnerzylindern. Der dem Extinktionswert entsprechende Lactoflavingehalt ergibt sich aus der nachstehenden Tabelle.

mg % Lactoflavin	Extinktionsmodul
0,1	0,08
0,2	0,11
0,3	0,13
0,4	0,16
0,5	0,17
0,6	0,20
0,7	0,22
0,8	0,24
0,9	0,26
1,0	0,28

Beim Vergleich mit einer Kaliumchromatlösung (100 ccm Wasser + 0,6 ccm einer Kaliumchromatlösung von 0,530 g in 100 ccm) geht man so vor, daß man die Vergleichslösung (Filtrat von 25 ccm Milch und 50 ccm Aceton) mit der Chromatlösung in Hehnerzylindern kolorimetriert. Obige Kalium-

[1]) Süddeutsche Molkerei-Zeitung **68**, S. 24 und 147 (1947).

chromatlösung entspricht einer Lactoflavinlösung von 0,1 mg in 100 ccm.

c) Vitamin C

Zur chemischen Bestimmung von Vitamin C eignet sich die von J. Tillmans angegebene Methode durch Titration mit 2,6 - Dichlorphenol - Indophenol in der Ausführung von R. Strohecker und R. Vaubel[1]). Zu beachten bleibt, daß diese Methoden, wie auch die anderen vorgeschlagenen chemischen Methoden, nicht spezifisch für Vitamin C sind, daß aber ihre Werte in frischem Pflanzenmaterial durchweg mit den Werten des einwandfreien biologischen Versuchs übereinstimmen. Die Methode ist vielfach abgeändert, besonders was die vorbereitenden Auszüge angeht. Nach meiner Erfahrung ist sie jedoch bisher von keiner andern Methode nennenswert übertroffen. Zur Vitamin C-Bestimmung muß man sich zunächst geeignete Auszüge der Substanz herstellen. Die anzuwendende Menge ist zweckmäßig so zu wählen, daß ihr Reduktionsvermögen ungefähr 100 ccm 0,001 n-Farbstofflösung entspricht. Meist genügen 1—20 g Substanz, die man in zerkleinertem Zustand in 90 ccm 0,2%iger Essigsäure (gute Werte enthält man auch mit 0,1%iger Oxalsäure) verteilt. Nur in besonderen Fällen verwendet man höhere Essigsäurekonzentrationen. Man leitet nunmehr 10 Minuten lang in die siedende Lösung Stickstoff oder Kohlensäure ein, unter Umständen unter Verwendung eines Rückflußkühlers. Man läßt dann unter dem indifferenten Gas abkühlen, filtriert durch ein Seihtuch, preßt gut ab und füllt die Lösung mit 0,2%iger Essigsäure auf 100 ccm auf. Alsdann wird filtriert oder zentrifugiert. Das Filtrat bzw. die über dem Zentrifugat stehende klare Lösung wird der Titration unterworfen. Hierzu benötigt man eine ca. 0,001 n-Farbstofflösung, die man durch Auflösen von 0,16—0,17 g 2,6-Dichlorphenol-Indophenol in 100 ccm warmem Wasser, anschließender Filtration und Auffüllung mit dest. Wasser auf 1 Liter erhält. Diese so erhaltene etwa 0,001 n-Lösung wird gegen eine 0,01 n-Lösung von Mohrschem Salz (3,9215 g Mohrsches Salz + 40 ccm 0,5 n-Schwefelsäure, aufgefüllt zum Liter) eingestellt. Hierzu gibt man auf

[1]) Angewandte Chemie **49**, 666 (1936).

10 ccm Farblösung 5 ccm gesättigte Natriumoxalatlösung und titriert mit der 0,01 n-Ferrolösung, bis die blaue Farbe verschwunden ist und ein schwacher gelber Ton sichtbar wird. Bei Verwendung einer genauen 0,01 n-Lösung von Mohrschem Salz und 10 ccm Farbstofflösung ist der Faktor gleich der Anzahl verbrauchter ccm Ferrolösung. Die eigentliche Titration der zu untersuchenden Substanz wird in folgender Weise durchgeführt: Man titriert 10 ccm des oben erhaltenen Filtrates mit der Farbstofflösung solange, bis ein schwacher blauer Ton entstanden ist. Da der blaue Ton nur bei einem p_{H+}-Gebiet um 5,2 auftritt und in den Fällen, in denen saure Lösungen vorliegen, etwa bei $p_{H+} = 4{,}2$, ein roter Ton erscheint, so setzt man, wenn man im blauen Gebiet arbeiten will, etwas Natriumoxalat zu. Im allgemeinen müssen die Titrationswerte im blauen und im roten Gebiet übere nstimmen. Liegen Differenzen vor, so deutet das unter Umständen darauf hin, daß der Titrationswert nicht ausschließlich auf Ascorbinsäure zurückzuführen ist.

Bei „ziehenden" Titrationen, die sich besonders beim Arbeiten im blauen Gebiet bemerkbar machen, entfärbt sich die austitrierte Lösung langsam. Man nimmt den Endpunkt in diesem Falle dann an, wenn der erscheinende blaue Ton innerhalb ¼—½ Min. nicht verschwindet. Untersuchungen an der Ascorbinsäure haben gezeigt, daß am reinen Produkt die Reaktion zwischen Farbstofflösung und Ascorbinsäure innerhalb ¼ bis ½ Min. beendet ist. Will man die Titration im roten Gebiet ausführen, so titriert man die gleiche Anzahl der ccm nach Zusatz von einigen Tropfen Oxalsäure-Lösung, so daß etwa die Stufe 2,5—3 erreicht ist, und zwar solange, bis ein roter Umschlag sichtbar wird. Mineralsäuren, wie Schwefelsäure und Salzsäure, wie auch Eisessig, zerstören in höheren Konzentrationen den Farbstoff.

Die bisher beschriebene Methode ist bei allen nicht gefärbten Auszügen gut anwendbar. Bei stark gefärbten Auszügen erkennt man den Endpunkt der Titration nach F. Siebert[1]) in der Weise, daß man den überschüssigen Farbstoff mit Nitrobenzol ausschüttelt: Man ermittelt zunächst durch

[1]) Diss. Frankfurt 1931.

direkte Titration den ungefähren Reduktionswert der Lösung: bei stark gefärbten Auszügen werden gleiche Teile des Extraktes (ungefähr 10—20 ccm) in eine Anzahl Röhrchen von 1,5 cm lichter Weite eingefüllt und mit einigen Tropfen Eisessig angesäuert. Nunmehr läßt man von Glas zu Glas steigende Mengen Farblösung, z. B. 2, 4, 6 ccm, zufließen und mischt sofort. Die Wartezeit zwischen Zugabe der Farblösung und Zugabe des Nitrobenzols ist insbesondere bei „ziehenden" Auszügen genau einzuhalten. Man wartet also ½ oder 1 Minute, gibt dann 3 ccm frisch dest. Nitrobenzol zu, schüttelt vorsichtig unter Vermeidung einer Emulsionsbildung und läßt absitzen. Hat man auf diesem Wege festgestellt, daß der Umschlagspunkt z. B. zwischen 6 und 8 ccm Farblösung liegt, so wird man sinngemäß eine neue Reihe von Gläsern anlegen unter Zugabe von 6; 6,5; 7 ccm Farblösung. Als Endpunkt der Titration nimmt man den Zustand der Röhre an, in der das Nitrobenzol gerade noch gelb, also noch nicht rötlich gefärbt ist. Dieser Endpunkt läßt sich mit Genauigkeit feststellen.

Bei einem Molekulargewicht der Ascorbinsäure von 176 und einem Reduktionsäquivalent von 88 entspricht 1 ccm 0,001 n-Farbstofflösung 0,088 mg-Ascorbinsäure.

Weitere Literatur: E. Martini und A. Bonsignore, Biochem. Zeitschr. 273, 170 (1934) (Bestimmung der Ascorbinsäure mittels Methylenblau-Reduktion); K. Wacholder und H. H. Podesta, Zeitschr. physiol. Chemie 231, 65, 239, 149 (1936); E. Gugath, Dissertation, Frankfurt/Main 1937, M. Ott, Angew. Chemie 54, 170 (1941) (Spezifische Vitamin-C-Bestimmung) siehe auch weiterhin die Buchliteratur.

d) Vitamin D

Das antirachitische Vitamin, das Vitamin D, kann nach W. Halden[1]) chemisch erkannt und bestimmt werden. 2 ccm der das Vitamin enthaltenden Lösung werden in einem trocknen Reagensglas mit 5 Tropfen einer 0,1%igen Pyrogallol-Lösung in absol. Alkohol versetzt. Man taucht dann in ein siedendes Wasserbad und verdampft bis auf wenige $^1/_{10}$ ccm

[1]) Zeitschr. physiolog. Chem. **240**, 129 (1936).

Rückstand. Dann setzt man 3 Tropfen einer Aluminiumchloridlösung zu (10%ige Lösung von wasserfreiem Aluminiumchlorid in absol. Alkohol, vor Wasser geschützt aufbewahren) und erwärmt weiter im Wasserbad. Nach einigen Minuten erscheinen rotviolette Krusten über dem Boden des Reagensglases, die größte Intensität der Reaktion ist nach 4 Minuten erreicht. Auf diesem Wege sind noch 0,002 mg Vitamin D nachweisbar. Durch Vergleich mit Standardlösungen, die man aus Säure-Fuchsin hergestellt hat (als Vergleichslösung dient eine Mischung von 1 ccm einer 0,01 g im Liter Wasser enthaltenden Säure-Fuchsinlösung mit 2 ccm einer Renolschwarzlösung [Renolschwarz extra von Weiler-ter-Meer, 0,09 g im Liter]) kann man das Vitamin D auch quantitativ erfassen. Dann verdünnt man 3 ccm der oben genannten Säure-Fuchsinmischung mit 20 ccm dest. Wasser und benutzt diese Lösung als Vergleichslösung. Allerdings haben Versuche gezeigt, daß zwischen der Konzentration der Lösung und der Farbintensität keine lineare Beziehung besteht.

Für die Bestimmung des Vitamin D scheint auch die Methode von H. Brockmann und H. Chen[1]) zweckmäßig zu sein; eine zwischen 0,4 und 0,02 mg D_2-Vitamin enthaltende Substanzmenge wird auf der Mikrowaage abgewogen und in 0,2 ccm Chloroform gelöst. Nach Zusatz von 4 ccm Antimontrichloridlösung vergleicht man in einem Kolorimeter mit selbst hergestellten Vitaminlösungen von 0,02—0,4 mg kristalliertem Vitamin D_2, die man in folgender Weise bereitet: 0,2 ccm jeder Lösung wird mit 4 ccm der Antimontrichloridlösung versetzt. Nach Einfüllen des Reaktionsgemisches in den Keil wird genau 10 Minuten nach Zusatz des Antimontrichlorids die Schichtdicke so eingestellt, daß die Bande eben zu erkennen ist. Man stellt sich dann mit Hilfe der Vergleichslösung eine Eichkurve auf, aus der der Vitamingehalt der zu untersuchenden Lösung entnommen werden kann. Hervorgehoben sei, daß es sich hier nicht um die Vitamin A-Reaktion handelt, die eine Blaufärbung liefert, sondern um eine Farbreaktion des Vitamins D, das mit Antimontrichlorid eine Orangefärbung gibt.

---

[1]) Biochem. Zeitschr. **287**, 18 (1936).

Eine neue Farbreaktion auf D-Vitamine gibt V. V. Palasi[1]) an. Man setzt zu den zu untersuchenden Stoffen (1—2 mg) 1—2 mg Saccharose und löst in 1—2 ccm absolutem Alkohol. Danach setzt man 1) 2 Tropfen konzentrierte Schwefelsäure und 2) 6 Tropfen verdünnte Schwefelsäure zu. Hierbei entsteht im 1. Falle eine rote, im 2. Falle eine klarblaue Farbe, die beim Mischen in beiden Fällen in hellblau übergeht. Die Reaktionsfarbe entspricht dem Lambert-Beerschen Gesetz. Ergosterin lieferte unter den gleichen Bedingungen eine violette Farbe.

e) Vitamin E: (Tocopherol)

Die Bestimmung von Vitamin E kann nach Karrer[2]) durch titrimetrisch durchgeführte Oxydation mittels Goldchloridlösung in 80%igem Alkohol potentiometrisch bewerkstelligt werden. Sowohl α- wie β-Tocopherol verbrauchen auf ein Molekül zwei Äquivalentgewichte an Goldchlorid. Zur Gewinnung des Tocopherolgehaltes extrahiert man zunächst das zu untersuchende Öl, z. B. aus Weizenkeimlingen, mit Hilfe von Benzol und stellt aus dem Öl das Unverseifbare dar. Zur eigentlichen Bestimmung löst man 100,0 mg des Unverseifbaren in 50 ccm Alkohol (80%ig) und titriert diese Lösung, indem man 25 ccm mit 250 ccm 80%igem Alkohol verdünnt und bei 50° mit 0,01 n-Goldchloridlösung potentiometrisch den Potentialsprung feststellt. 1 ccm 0,01 n-Goldchloridlösung entspricht 2,18 mg Tocopherol. Da die Redoxpotentiale sich nur langsam einstellen, nimmt die Titration etwa 3 Stunden in Anspruch.

Neuerdings wird von F. Grandel und H. Neumann[3]) folgende etwas abgeänderte, von A. Emmerie und Chr. Engel[4]) angegebene Methode, empfohlen: 1 g Substanz, die nicht mehr als 0,05% α + β-Tocopherol enthält (bei höheren Konzentrationen verdünnt man mit Paraffinöl), wird mit

[1]) Nature (London) **160**, 88, 1947) bzw. Chem. Zentralbl. **118**, II, 159 (1947).

[2]) Helv. chim. act. **21**, 939, 1161 (1938) siehe auch Buchliteratur: F. Gstirner.

[3]) Zeitschr. f. Unters. d. Lebensm. **79**, 63 (1940).

[4]) Recueil Trav. chim. Pays-Bas **57**, 12 (1938).

1 ccm 0,2%iger alkoholischer Ferrichloridlösung gut geschüttelt, indem man sofort nach Zugabe des Eisens eine Stoppuhr in Gang bringt. Man gibt dann zu dieser Mischung 1 ccm 0,5%iger alkoholischer α, α'-Dipyridyl-Lösung und nach gründlichem Mischen 10 ccm Äthylalkohol und 10 ccm Benzol. Nunmehr wird wieder gemischt. Dann füllt man mit der rosa bis rot gefärbten Flüssigkeit eine zum Langeschen lichtelektrischen Kolorimeter gehörige 10 ccm K.P.G.-Küvette und bestimmt die prozentische Absorption nach genau 2 Minuten im genannten Kolorimeter. Mit reinem α-Tocopherol stellt man sich eine Eichkurve her, aus der man den Tocopherolgehalt ablesen kann.

III. Teil

Untersuchung von einzelnen Lebensmitteln

I. Milch und Milchzubereitungen

Die Untersuchung der Milch kann man in drei Abschnitte gliedern, in die Untersuchung auf Verfälschung, auf hygienische Beschaffenheit und auf Erhitzung.

a) Untersuchung auf Verfälschung:

Zur Feststellung einer Verfälschung zieht man zunächst Gehaltsbestimmungen heran, wie die Ermittelung der Trockensubstanz, der fettfreien Trockensubstanz, der Refraktion, des Fettgehaltes. Diese Daten liefern lediglich den Nachweis, daß eine dünne Milch vorliegt; zur eindeutigen Feststellung der Art der Verfälschung zieht man den Gefrierpunkt, die spezifische Leitfähigkeit, den Salpetergehalt heran.

Die Bestimmung der Trockensubstanz wird nur bei anormal dünnen Milchproben und bei Milchzubereitungen wie Yoghurt direkt durch ein Eindampfen von 10 ccm bzw. 10 g Milch in einer Nickelschale und einstündige Trocknung bei 100° ausgeführt; im allgemeinen berechnet man Trockensubstanz bzw. fettfreie Trockensubstanz aus der Dichte bei 15° und dem Fettgehalt (vgl. Tafel 3 im T.S.P.). Die Dichte[1]) wird mittels Aräometer (Laktodensimeter oder Milchspindel) bei einer zwischen 10 und 20° liegenden Temperatur festgestellt und mittels Tafel 1 oder 2 im T.S.P. auf 15° korrigiert. Größere Laktodensimeter gestatten eine Ablesung auf 0,2 Spindelgrade oder Laktodensimetergrade. Man versteht darunter die Grade der speziellen

1) Eine Reduktion auf das Vakuum unterbleibt hier mit Rücksicht auf die zu geringe Genauigkeit der Bestimmung.

Milchskala, bei der die beiden ersten Stellen des Dichteverhältnisses (z. B. 1,0325) weggelassen sind. Ein Laktodensimetergrad von 32,5 entspricht somit einer Dichte von 1,0325. Bei den polizeilichen Milchprobern (s. Abb. 3) reicht die Skala von 7—20°. Die Zahlen stellen die Hälfte der Laktodensimetergrade dar, so daß ein Wert von 15° (nicht Wärmegrad) einem Laktodensimetergrad von 30 und einer Dichte von 1,0300 entspricht. Das Thermometer des polizeilichen Milchprobers zeigt keine Thermometergrade an, sondern gibt die Zuschläge und Abzüge wieder, die bei Temperaturen über und unter 15° (Wärmegrad) vorzunehmen sind. Auch bei Milchproben, die in geronnenem Zustand eingeliefert werden, kann die Dichte ermittelt werden. Man verflüssigt zunächst wieder die geronnene Milch durch Zusatz von 20 ccm Ammoniaklösung zu 200 ccm Milch und durch genügendes Schütteln. Von dieser Mischung bestimmt man nun die Dichte (ϱ_1), außerdem die Dichte der Ammoniaklösung (ϱ_2). Die gesuchte Dichte der ursprünglichen Milch (ϱ_m) ergibt sich dann aus nachfolgender Gleichung:

$$\varrho_m = \frac{11\varrho_1 - \varrho_2}{10}.$$

Mitunter bedient man sich zum Nachweis von Fälschungen der Feststellung der Dichte eines Milchserums. Bei dem sogenannten Spontanserum läßt man die Milch freiwillig gerinnen und filtriert das Serum ab. Bei dem Essigsäureserum erwärmt man die Milch auf 40° und setzt dann bis zur Gerinnung einige Tropfen 20%iger Essigsäure zu; man kühlt dann ab und filtriert.

Der Fettgehalt der Milch wird in Deutschland gewöhnlich nach dem Gerberverfahren, in Amerika nach dem Babcock-Verfahren bestimmt. Das erstere beruht darauf, daß das Milchfett in besonders geeigneten Glasröhren, den Butyrometern (s. Abb. 25), unter Zuhilfenahme eines Schwefelsäure-Amylalkoholgemisches abgeschleudert wird. Das Babcockverfahren arbeitet in ähnlicher Weise, nur ohne Amylalkoholzusatz. Die bei dem Gerberverfahren zuzusetzende konzentrierte Schwefelsäure (Dichte 1,820—1,825) bezweckt die Lösung des Kaseins und damit erst die Abscheidung des Fettes, der Amylalkohol sorgt für eine scharfe Trennungslinie. Bei Milch verwendet man zur Füllung des Butyrometers 10 ccm Schwefelsäure, 11 ccm Milch und 1 ccm Amylalkohol in der genannten Reihenfolge. Die Milch ist über die Schwefelsäure zu schichten. Erst nach Zusatz von Amylalkohol und nach dem Verschließen der Butyrometer wird vorsichtig aber kräftig, zweckmäßig in Schüttelgestellen, gemischt, dann zentrifugiert und danach, was wesentlich ist, bei 65—70° der Fettgehalt in % abgelesen. Neuere Instrumente arbeiten mit einer Genauigkeit von 0,05%. —

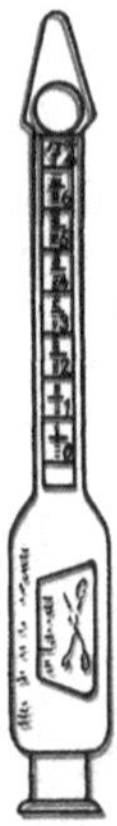

Abb. 25. Butyrometer

Abb. 26. Gebräuchlicher Apparat zur Fettbestimmung nach Röse-Gottlieb, angegeben von K. Farnsteiner

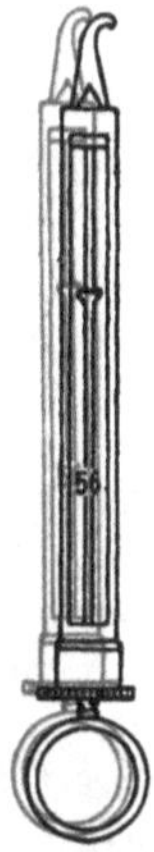

Abb. 27. Rahmspritze nach Dr. Köhler

Das früher öfters angewendete Gottlieb-Röse-Verfahren ist wesentlich umständlicher und in der Genauigkeit nur wenig überlegen. Ein brauchbares Butyrometer ist nebenstehend abgebildet (s. Abb. 26). Für die verschiedenen Milchprodukte wurden Spezial-Butyrometer ausgearbeitet. So sind Butyrometer für die Fettbestimmung im Rahm und in Trockenmilch ausgearbeitet. Als Abmeßgerät bei Rahm verwendet man die sog. Rahmspritze (s. Abb. 27).

Aus der Dichte bei 15° und dem Fettgehalt der Milch läßt sich nach Tafel 3 des T.S.P. die Trockensubstanz und durch Subtraktion des Fettgehaltes die fettfreie Trockensubstanz ermitteln.

Will man den Fettgehalt in ungezuckerter Kondensmilch bestimmen, so verdünnt man 100 g Kondensmilch mit 100 g Wasser und bestimmt nach dem Mischen den Fettgehalt der Verdünnung nach Gerber. Bei gezuckerter Kondensmilch stört der Zucker, da er durch Schwefelsäure verkohlt wird und hierdurch mitunter das Ablesen der Fettsäule unmöglich macht. In gezuckerter Kondensmilch bestimmt man zweckmäßig den Fettgehalt nach Weibull[1]): 5 g gezuckerte Kondensmilch, Blockmilch oder dgl. werden mit 20 ccm Wasser in einem Becherglas verrührt und mit 30 ccm Salzsäure (Dichte 1,124) versetzt. Man erhitzt das Gemisch mit aufgelegtem Uhrglas 15 bis 20 Minuten unter Umrühren mit einem Glasstab, bis das starke Schäumen nachläßt. Dann wird mit dem gleichen Volumen heißen Wassers verdünnt und durch ein angefeuchtetes Filter filtriert. Der dunkle, das Fett enthaltende Rückstand wird bis zum Verschwinden der Salzsäurereaktion mit heißem Wasser gewaschen. Filter samt Rückstand trocknet man bei 100° im vorher benutzten Becherglas, bringt quantitativ in eine Extraktionshülse und extrahiert, nachdem man mit Äther nachgespült hat, 1 Stunde im Soxhletapparat; dann trocknet man den Rückstand 1 Stunde bei 105° und bringt zur Wägung.

Für nicht gezuckerte Milchdauerwaren, wie Kondensmilch, Trockenmilchpulver usw. eignet sich auch das Verfahren von Schmidt-Bondzynski[2]) (Gottlieb Röse): 5 g Kondensmilch oder 1 g Milchpulver werden nach Zusatz von etwas Bimsstein in einem Erlenmeyer-Kölbchen mit 10 ccm Salzsäure (Dichte 1,124), nachdem das Kölbchen mit einem Trichter verschlossen worden ist, zunächst über freier Flamme erhitzt, bis der Schaum nachläßt. Hiernach hält man noch weitere 15 Minuten in schwachem Sieden. Die noch warme Flüssigkeit wird in ein Gottlieb-Röse-Rohr überführt, das Kölbchen wird nach dem Abkühlen zunächst mit 10 ccm Alko-

[1]) Vgl. Zeitschr. f. Unters. d. Lebensm. 66, 354 (1933).
[2]) Vgl. Zeitschr. f. Unters. d. Lebensm. 66. 254 (1933).

hol, dann mit 25 ccm Äther nachgespült und noch mit 25 ccm Petroläther versetzt. Nach dem Mischen läßt man die Schichten sich trennen, liest den Stand der Äther- Petrolätherschicht ab, verdampft einen aliquoten Teil in einem gewogenen Kölbchen, trocknet 1 Stunde bei 105° und bringt zur Wägung.

Die Bestimmung der Refraktion des Milchserums wird mittels des Zeißschen Eintauchrefraktometers ermittelt. Man erhält das Serum, indem man 30 ccm Milch unter Zusatz von 0,25 ccm Chlorcalciumlösung (Dichte 1,1375) mit aufgesetztem Steigrohr (22 cm) 15 Minuten im siedenden Wasserbad erhitzt, abkühlt und dann schnell abgießt oder filtriert. — An Stelle des Chlorcalciumserums hat A. Beckel[1]) das Kupferserum, J. Rothenfußer[2]) das Bleiserum empfohlen, die beide auf kaltem Wege herstellbar sind. Das Kupferserum wird aus 30 ccm Milch und 1,5 ccm Kupferlösung (17,5 g krist. Kupfersulfat in 100 ccm) hergestellt. Beim Bleiserum werden 100 ccm Milch mit 5 oder 6 ccm Bleiessig (D.A.B. VI, Dichte 1,232—1,237) versetzt. 6 ccm werden bei abnorm fettreichen oder albuminreichen Milchen zugesetzt. Die Refraktometerzahlen dieser beiden Serumarten liegen etwas höher als die entsprechenden des Chlorcalciumserums. Über die Berechnung des Wasserzusatzes aus dem Ergebnis der Refraktometrie vergleiche Tafel 9 im T.S.P. II. Aufl.

Neben Fälschungen durch Wasserzusatz kommen noch Fälschungen durch Entrahmen und durch Zusatz von Neutralisationsmitteln (Natron, Soda) vor. Die Entrahmungen werden in erster Linie mittels Vergleichsproben, die auch bei Wässerungen von Vorteil sind, bewiesen. Der Zusatz von Neutralisationsmitteln wird durch die Methode von J. Tillmans und W. Luckenbach, sowie diejenige von R. Strohecker exakt erkannt. Beschrieben sei hier die verhältnismäßig rasch auszuführende Methode Tillmans-Luckenbach: 50 ccm Milch werden nach Zusatz von 2 ccm 2%iger Phenolphthaleinlösung nach Soxhlet und Henkel mit 0,25 n-Natronlauge titriert (Verbrauch = a). Dann setzt man 40 ccm dialysierte,

[1]) Vgl. Zeitschr. f. Unters. d. Lebensm. **62**, 170 (1930).
[2]) Vgl. Zeitschr. f. Unters. d. Lebensm. **64**, 105 (1932) u. Milch-Forsch. **16**, 388 (1934).

kolloidale Eisenhydroxydlösung zu, rührt wiederholt um, bis die Masse dünnflüssig geworden ist, was nach 15 Minuten der Fall ist, und filtriert durch ein Faltenfilter. 20 ccm des klaren Filtrates werden zunächst mit einigen wenigen Tropfen 0,1 ccm Lauge gegen Phenolphthalein neutralisiert, dann mit 0,3 ccm einer 0,01%igen, alkoholischen Lösung von Methylgelb (auch Dimethylgelb genannt) und mit soviel 0,1 n-Salzsäure versetzt, daß der Farbton einer Pufferlösung der Stufe 3,2 (43 ccm einer Lösung, die 21,008 g Zitronensäure und 200 ccm n-Lauge i. L. enthält, + 57 ccm 0,1 n-Salzsäure), von der man 20 ccm gleichfalls mit 0,3 ccm Indikatorlösung versetzt hat, erreicht wird. Von dem Titerverbrauch zieht man als Korrektur 0,17 ab und rechnet dann noch auf 100 ccm Milch um. Wurden z. B. nach Soxhlet 6,0° (für 50 ccm also 3,0 ccm Laugezusatz) gefunden, wurden ferner 2 ccm Phenolphthaleinlösung, 40 ccm Eisenlösung und 2,3 ccm 0,25 n-Lauge zugesetzt, so beträgt der Titerverbrauch für 100 ccm Milch

$$(2{,}3 - 0{,}17) \cdot \frac{(50 + 2 + 40 + 3)}{10} = 20{,}25 \text{ (abgerundet).}$$

Zu diesem Wert entnimmt man aus Tafel 10 d. T.S.P den gesuchten Säuregrad vor der Neutralisation; dieser beträgt 12°, somit ist die Milch von 12° auf 6°, also um 6° neutralisiert worden. Liegt im allgemeinen der ermittelte Säuregrad vor der Neutralisation um 2° über dem tatsächlichen Säuregrad, so liegt Neutralisation vor. Eine etwas größere Genauigkeit (1°) erzielt man mit der Leitfähigkeits-Methode von R. Strohecker[1]). Auch mit Hilfe der Stufenphotometers durch Ermittelung der gebildeten Milchsäure kann nach R. Strohecker, H. Riffart und J. Haberstock[2]) die Neutralisation erkannt werden. Alle drei Methoden beruhen darauf, daß bei der Säuerung Milchsäure gebildet wird, die das Caseincalcium zersetzt und damit als Laktat im Serum erscheint, wo sie im ersten Fall titrimetrisch, im zweiten Fall durch Leitfähigkeitsabfall und im dritten Fall stufenphotometrisch erfaßt wird.

---

1) Zeitschr. f. analyt. Chem. **74**, 1 (1928).

2) Vorratspfl. und Lebensmittelforschung **1**, 93 (1938).

Während die bisherigen Methoden nur die Feststellung gestatteten, daß eine dünne Milch vorliegt, erlauben die Ermittelung des Gefrierpunktes (s. S. 30) und der Leitfähigkeit (s. S 31) den Verdacht auf Fälschung durch Wasserzusatz oder auf anormale Beschaffenheit auszusprechen. Eine weitere Beweisstütze ist in der Bestimmung der salpetersauren Salze zu suchen, die in Naturvollmilch nicht auftreten, dagegen fast stets in kleiner oder größerer Menge im Leitungs- oder Brunnenwasser angetroffen werden, so daß ihr Auftreten in Milch ebenfalls auf Fälschung hindeutet. Die Nitrate in der Milch bestimmt man zweckmäßig nach J. Tillmans und A. Splittgerber: Aus 10 ccm Milch und 10 ccm Quecksilberchloridsalzsäure (1 Teil 5%ige $HgCl_2$-Lösung + 1 Teil 2%ige HCl) stellt man ein Serum her, das nach Filtration wasserklar ist. Je 1 ccm dieses Serums und der noch zu beschreibenden Vergleichslösungen gibt man in Reagenzgläser und versetzt mit je 4 ccm Diphenylamin-Schwefelsäure (s. u.). Die auftretende Blaufärbung der Versuchslösung wird nach 5 Minuten mit derjenigen von Standardlösungen verglichen. Zwischenwerte werden geschätzt. Alle verwendeten Röhren und Gefäße sind vorher gründlich mit doppelt destilliertem Wasser zu reinigen. Liegt die Färbung der Versuchslösung außerhalb der Vergleichsskala, so verdünnt man das Serum auf ¼, ⅓ oder ½, bei stärkeren Verdünnungen setzt man dem Serum eine Spur eisenfreie Salzsäure zu, welche die zur Reaktion stets notwendigen Chlorionen liefert.

Herstellung der Lösungen: 1. Diphenylamin-Schwefelsäure: 0,085 g Diphenylamin werden in einem 500 ccm Kolben mit 190 ccm verdünnter Schwefelsäure (1 + 3) übergossen und mit konzentrierter Schwefelsäure (Dichte 1,84) auf die Marke aufgefüllt.

2. Vergleichslösungen: in fünf gut mit doppelt destilliertem Wasser ausgespülte, gut gekennzeichnete 100 ccm-Kölbchen gibt man je 10 ccm Eisessig, 2 ccm eisenfreie Salzsäure (25%ig) sowie steigende Mengen, nämlich 0,45; 0,85; 1,20; 150 und 2,00 ccm einer 0,1871 g KNO_3 (= 100 mg N_2O) i. L. enthaltenden Nitratlösung und füllt dann auf die Marke auf. Je 1 ccm dieser Lösungen in der obigen Weise mit Diphenylaminschwefelsäure behandelt, entspricht 1,0; 2,0; 3,0; 4,0; 5,0 mg

N_2O_5 i. L. Hat man z. B. 1:10 verdünnt und entspricht die Versuchslösung dem Röhrchen 3 mg, so sind in der Milch 30 mg i. L. enthalten. Vielfach führt auch die Berechnung der Molekularkonzentrationskonstante[1]) (Constante moléculaire simplificé apparante, abgekürzt C.M.S.) zum Ziel. Sie wird nach der Formel: C.M.S. = L + (NaCl · 11,9) berechnet, in der L den Laktosehydratgehalt (g/l), NaCl den Natriumchloridgehalt (g/l) bedeutet. Diese Konstante sinkt proportional mit dem Fremdwasserzusatz. Für normale Naturvollmilch ist L = 69,5 als unterste Grenze anzusehen. Den Laktosegehalt bestimmt man, nachdem man die Milch nach Carrez durch Ferrocyankalium und Zinksulfat geklärt hat, vgl. S. 100. Der Chlor- bzw. Kochsalzgehalt wird nach J. Drost[2]) ermittelt: Hierzu werden 10 ccm Milch mit 5 ccm Salpetersäure (Dichte 1,165; 27,76 %) vermischt und 5 ccm 0,1 n- Silbernitratlösung unter umschütteln zugesetzt. Alsdann gibt man 1 ccm 10%ige Eisenalaunlösung zu und titriert den Silberüberschuß mit 0,1 n-Rhodanammoniumlösung zurück. Aus dem Verbrauch von Silbernitratlösung ermittelt man mit Hilfe von Tafel 7 im T.S.P. II. Aufl. den Chlor- bzw. Natriumchloridigehalt.

Den Fremdwassergehalt berechnet man, abgesehen von der Ermittlung aus dem Gefrierpunkt (vgl. Tafel Nr. 8 im T,S.P. II. Aufl.), der Refraktion (s. Tafel 9 im T.S.P. II. Aufl.) und dem Salpetergehalt der Milch bzw. dem des zur Fälschung verwendeten Leitungs- oder Brunnenwassers, aus der fettfreien Trockensubstanz der Versuchsprobe (r_2) und der unter Aufsicht entnommenen, daher unverfälschten Stallprobe (r_1) nach folgenden Gleichungen:

$$\text{Das zu 100 Teilen Naturvollmilch zugefügte Wasser} = \frac{100\,(r_1 - r_2)}{r_2}$$

$$\text{Fremdwasser in 100 Teilen gewässerter Milch} = \frac{100\,(r_1 - r_2)}{r_1}$$

Unter Zugrundelegung des Fettgehaltes der Versuchsprobe (f_2) und des Fettgehaltes der Stallprobe (f_1) berechnet man die Entrahmung (E), d. h. die % Fett, die der Milch entzogen sind, aus folgender Gleichung:

---

1) Ann. Fals. **9**, 45 (1916).

2) Zeitschr. f. Unters. d. Nahrungs- u. Genußm. **49**, 342 (1925).

$$E = \frac{100\,(f_1 - f_2)}{f_1}.$$

Weitere Verfälschungen der Milch und der Milcherzeugnisse sind möglich durch Zusatz von Fremdmilch (Ziegenmilch), durch Zusatz von Zucker (Saccharose) bzw. Zuckerkalk, z. B. bei Rahm, oder durch Zusatz von Konservierungsmitteln. Ziegenmilch weist man recht gut nach J. Krenn bzw. Grosbüsch[1]) in folgender Weise nach: 5 ccm Milch werden in einem 50 ccm-Meßzylinder mit Glasstöpsel mit 15 ccm Ammonsulfatlösung (Dichte 1,134) sowie 10 ccm Äther versetzt und 1 Minute geschüttelt. Die bei ruhigem Stehen sich abscheidende Schicht ist bei Anwesenheit von Ziegenmilch mehr oder weniger stark getrübt, bei Kuhmilch dagegen völlig klar. Zusätze von 5% sind noch gut nachweisbar. Saccharose oder Zuckerkalk werden in folgender Weise nachgewiesen: 45 ccm der 85—90° warmen Milch oder des Rahmes versetzt man mit dem gleichen Volumen einer frischen Mischung von 2 Volumen Bleiacetatlösung (500 g in 1200 ccm Wasser) und 1 Volumen Ammoniak (Dichte 0,944), schüttelt ½ Minute kräftig und filtriert. 3 ccm des Filtrates werden mit 3 ccm Diphenylaminreagens (10 ccm 10%ige alkoholische Diphenylaminlösung + 25 ccm Eisessig + 65 ccm Salzsäure von der Dichte 1,19) 10 Minuten im kochenden Wasserbad erhitzt. Bei Anwesenheit von Saccharose beginnt schon nach 1—2 Minuten eine intensive Blaufärbung[2]).

Der Nachweis von Konservierungsmitteln wird zweckmäßig erst dann vorgenommen, wenn die Milch nach längerem Stehen nicht sauer wird. Abgesehen von Natron oder Soda, deren Nachweis in der Milch an anderer Stelle (s. S. 81) behandelt wird, spielen von Konservierungsmitteln höchstens Benzoesäure und Wasserstoffperoxyd eine Rolle. Der Benzoesäurenachweis kann in entsprechender Weise wie bei Fleisch (s. S. 101) erbracht werden. Wasserstoffsuperoxyd weist man mit Hilfe von einer Auflösung von Titandioxyd (2%) in verdünnter Schwefelsäure (1+3) nach. Setzt man zu 10 ccm Milch etwa

---

1) Zeitschr. f. Unters. d. Lebensm. **65**, 297 (1933).

2) Milchzucker enthaltende Filtrate liefern ganz schwache Blaufärbung.

10 Tropfen dieser Lösung, so tritt noch bei Anwesenheit von 0,015—0,0175 g Wasserstoffperoxyd eine Gelbfärbung, bei größeren Mengen eine Orangefärbung auf. Mitunter wird die Milch für die Untersuchung mit Sublimat konserviert (2ccm 5%ige $HgCl_2$-Lösung auf 250 ccm Milch). Der Nachweis des Quecksilbers gelingt in einfacher Weise durch Zusatz von Ammoniak (etwa 10 ccm NH_3 von der Dichte 0,91 + 100 ccm Milch). Bei Anwesenheit von Quecksilber wird die Mischung grau, was auf die Reduktion des Sublimats zu metallischem Quecksilber bzw. Kalomel zurückzuführen ist.

b) Prüfung auf hygienische Beschaffenheit

1. Alkohol- und Alizarolprobe. Bei der Alkoholprobe werden gleiche Mengen Milch und Alkohol (68%ig) gemischt. Abscheidung von Flocken deutet Zersetzung der Milch an, die um so weiter fortgeschritten ist, je gröber die Flocken sind. Frische Milch zeigt keine Flocken. Zur Ausführung der Alizarolprobe werden 2 ccm Milch mit 2 ccm Alizarin-Alkohol (Alizarol genannt) der aus einer gesättigten Lösung von Alizarin in neutralem 68%igem Alkohol besteht, gemischt. Frische Milch zeigt dabei keine Flockung und eine rotviolettbraune Farbe, die mit zunehmender Säuerung über rötlichbraun, braun und braungelb in gelb übergeht, wobei meist bei dem Farbton rötlichbraun eine Flockung eintritt. Eine im Handel erhältliche Farbtafel erleichtert die Ablesung. Alkohol- und Alizarolprobe können durch Zugabe eines weiteren Volumens Alkohol bzw. Alizarollösung empfindlicher gestaltet werden (doppelte Alkohol- oder Alizarolprobe). Milch von euterkranken Tieren oder auch überneutralisierte Milch geben sich durch eine auffallend violette Färbung bei der Alizarolprobe zu erkennen.

2. Azorufinprobe: An Stelle der früher üblichen Reduktase-(Methylenblau)-Probe wird neuerdings vielfach die Azorufinprobe ausgeführt, die einen Maßstab für die Keimhaltigkeit der Milch abgibt. Sie wird in der Weise ausgeführt, daß man 5 ccm Milch mit 0,5 ccm Azorufinlösung[1]) bei Zimmertemperatur versetzt und innerhalb einer Stunde, gewöhn-

[1]) Lösung und Farbtafel sind von der Firma Hauptner, Berlin, zu beziehen.

lich nach 10 Minuten, unter Verwendung einer Farbtafel die einzelnen Farbtöne ermittelt, die bestimmten Qualitätsstufen entsprechen. Die anfänglich graublaue Farbe geht bei zunehmender Säuerung über violett nach rot über und verschwindet schließlich ganz. Diese Probe gibt einen sehr guten Überblick über den Frischezustand der Milch

3. Bestimmung des Säuregrades: Der Säuregrad wird nach Soxhlet-Henkel durch Titration von 50 ccm Milch in Gegenwart von 2 ccm 2%iger Phenolphthaleinlösung mittels 0,25 n-Lauge ermittelt. Man titriert bis zur leichten, jedoch deutlichen Rosafärbung. Der mit 2 multiplizierte Verbrauch an 0,25 n-Lauge ergibt unmittelbar den Säuregrad.

4. Schmutzbestimmung: Die Schmutzprüfung wird in der Weise durchgeführt, daß man ¼ oder ½ l Milch durch ein Wattefilter filtriert. Im Handel sind hierfür verschiedene Geräte anzutreffen. Nach geeignetem Auswaschen und Trocknen können die Wattefilter längere Zeit aufbewahrt werden. Sie demonstrieren allerdings nur den unlöslichen Teil des in der Milch enthaltenen Schmutzes.

5. Bestimmung des Leucocytengehaltes: 10 ccm Milch werden in einem Trommsdorff-Röhrchen auf 60° erwärmt und 10 Minuten zentrifugiert. Dann liest man in dem verjüngten Teil der Röhre die Leucocytenmenge in ‰ ab. Liegt der Gehalt über 0,5‰ oder zeigt das Sediment anormale Beschaffenheit (blutig, auffallend gelb), so stellt man aus ihm ein Methylenblaupräparat her, zur Feststellung, ob Erreger des gelben Galtes, die Mastitisstreptokokken, in der Milch enthalten sind.

6. Erkennung kranker oder anormaler Milch: Neben der Leucocytenprobe weist vor allem die Reaktion der Milch und die Erhöhung ihrer spezifischen Leitfähigkeit auf kranke oder anormale Milch hin. Die veränderte Reaktion wird durch eine violette Färbung bei der Alizarolprobe (s. o.) und eine Verfärbung einer Bromthymolblaulösung angezeigt. Auch die Katalaseprobe, der Chlorgehalt und die sogenannte Chlorzuckerzahl leisten bei der Erkennung kranker und anormaler Milch gute Dienste. Die Chlorzuckerzahl (nach G. Köstler)

wird aus Chlorgehalt und Milchzuckergehalt nach folgender Gleichung berechnet:

$$\text{Chlorzuckerzahl} = \frac{(\text{Chlor mg \%}) \times 100}{\text{Milchzucker \%}}$$

Chlorzuckerzahlen über 2—2,5 deuten auf anormale oder kranke Milch. Gleichfalls sehr geeignet für diesen Zweck ist die Katalasebestimmung. Bei Störungen der Milchsekretion nähert sich die Zusammensetzung der Milch der des Blutes. Abgesehen von einer Verschiebung des Natrium-Kaliumverhältnisses tritt eine Zunahme der Katalasewirkung auf, die in frischer, normaler Milch nur recht gering ist. Eine recht brauchbare Methode stellt das Verfahren von S. J. Jusatz[1]) dar. Der empfohlene Apparat (s. Abb. 28) besteht aus 2 Zylindern, von denen der innere bis zur Marke 5 mit einer frisch bereiteten, 1%igen Wasserstoffperoxydlösung gefüllt wird. Dann füllt man diesen Zylinder bis zum Rand mit zu prüfender Milch voll, stülpt den Außenzylinder über den Füllzylinder und verschließt mit einem Gummistopfen. Nach zweistündigem Stehen bei Zimmertemperatur (20°) wird die gebildete Gasmenge an der Skala des Außenzylinders abgelesen. Milch gesunder Kühe zeigt sofort nach dem Melken 4—5 ccm Gasbildung. Kranke Milch, Kolostralmilch und altmelke Milch zeigen wesentlich höhere Werte.

Abb. 28. Katalaser nach Jusatz

c) Prüfung auf Erhitzung

Aus hygienischen Gründen ist in verschiedenen Städten Deutschlands der Pasteurisierungszwang vorgeschrieben. Durch die Verordnung zur Ausführung des Milchgesetzes vom 3. 4. 1934 sind folgende Erhitzungsverfahren zugelassen:

1. Die Hocherhitzung auf mindestens 85°,
2. Die Kurzzeiterhitzung auf 71—74°,
3. Die Dauererhitzung während mindestens einer halben Stunde auf 62—65°,

1) Die Milchkontrolle, Heft 6 (1932).

4. Die mindestens 1 Minute dauernde Hocherhitzung im Wasserbad auf mindestens 85°.

Auch beim Auftreten gewisser Milchkrankheiten ist Erhitzung vorgeschrieben. Fast alle Methoden zum Nachweis einer genügenden Erhitzung beruhen auf der Schädigung der Peroxydasen durch den Erhitzungsvorgang. Der Nachweis der Peroxydasen selbst wird dadurch erbracht, daß man sie auf Sauerstoff liefernde Substanzen, wie Wasserstoffperoxyd, Bariumperoxyd, Magnesiumperborat usw. in Gegenwart von Farbbildnern einwirken läßt, so daß bei Anwesenheit von ungeschwächter Peroxydase charakteristische Färbungen entstehen. Weit verbreitet ist die Tillmansprobe (Storchreaktion), die bei hocherhitzter und mitunter kurzzeiterhitzter negativ, bei Rohmilch und dauererhitzter Milch positiv ausfällt. Zu ihrer Ausführung werden 5 ccm Milch mit etwas Paraphenylendiamin und etwas Bariumperoxyd versetzt. Beide Substanzen füllt man zweckmäßig in Streudosen und zwar das Paraphenylendiamin mit Seesand vermischt. Mit gutem Erfolg kann man auch die Reaktion mittels Paraphenylen-Diamin-Chlorhydrat und einigen Tropfen Wasserstoffperoxyd durchführen. Auch andere Enzyme werden zum Nachweis der Hocherhitzung herangezogen, so die Katalase, die Amylase und das Schardingerenzym. Zum Teil eignen sich diese Enzyme auch zur Erkennung der Dauerpasteurisierung. Über die Bestimmung der Katalase wird an anderer Stelle berichtet. Das Schardingerenzym kommt bei der sogen. Formalin-Methylenblauprobe (FM-Probe) zur Geltung. In einem Reagenzglas werden 1 ccm Formalin-Methylenblaulösung (5 ccm einer gesättigten Methylenblaulösung + 5 ccm 40%iges Formalin + 190 ccm Wasser) und 20 ccm Milch gemischt und in ein Wasserbad von 60° gebracht. Frische Rohmilch entfärbt sich nach 1—2 Minuten, dauererhitzte und hocherhitzte Milch nach 5—6 Minuten bzw. überhaupt nicht. Nach R. Strohecker[1]) schaltet man die Luft bei der Schardingerreaktion durch Einleiten von Kohlendioxyd aus. 20 ccm Milch werden in einem Reagenzglas durch Einleiten von Kohlendioxyd bei 40° von Luft befreit, mit 1 ccm obiger Formalin-Methylenblaulösung versetzt und in ein

1) Zeitschr. f. Unters. d. Lebensm. 65, 85 (1933).

Wasserbad von 50° gestellt. Rohmilch wird hierbei nach 2 bis 2¼ Minuten entfärbt. Dauererhitzte Milch braucht 4—8 Minuten, hocherhitzte Milch mindestens 10 Minuten zur Entfärbung. — Da die Amylase durch halbstündiges Erhitzen auf 55° erheblich geschwächt wird, so kann man eine vorschriftsmäßige Dauer- und Kurzzeiterhitzung, selbstverständlich auch eine Hocherhitzung, durch die Amylasereaktion[1]) erfassen. Man bringt die Milch zunächst durch Zusatz von 0,25 n-Lauge auf einen Säuregrad nach Soxhlet-Henkel von 5°. Zu 100 ccm dieser Milch gibt man einen Tropfen 30%iges Formalin, verteilt auf 5 Reagenzgläser je 10 ccm und versetzt mit steigenden Mengen 0,5%iger Stärkelösung (0,6, 1,2, 1,8 ccm usw.). Nach 8-10maligem Umschütteln stellt man die Gläser 3 Stunden in ein Wasserbad von 30°. Dann kühlt man auf 18° ab, fügt je 3,5 ccm frische Jodlösung (1 g J_2 + 2 g KJ in 300 ccm) zu schüttelt wieder 8—10mal um, gibt 2 ccm 5%ige Essigsäure zu und schüttelt in derselben Weise. Nach 5 Minuten wird beobachtet. Ordnungsmäßig dauererhitzte Milch zeigt in allen Röhren einen blauen bis blauvioletten Ton, während im Falle der Rohmilch die ersten 4—5 Röhren hellgelblich bis grau erscheinen.

Recht brauchbar ist das kremometrische Verfahren von Orla-Jensen[2]). Man gibt 10 ccm Milch einerseits und 10 ccm der zur Hälfte mit Wasser verdünnten Milch andererseits in 2 Höybergsche Rahmbutyrometer und läßt nach dem Verschließen 2 Stunden in Wasser von 12—15° stehen. Dann liest man die Dicke der Rahmschicht ab. Rohmilch rahmt wesentlich stärker auf als pasteurisierte Milch.

Einen recht exakten Nachweis der Dauererhitzung gestattet das von M. F. Bengen und Fr. Bohm[3]) angegebene Albumingerinnungsverfahren.

---

[1]) Vgl. P. Weinstein, Zeitschr. f. Unters. d. Lebensm. **68**, 73 (1934).

[2]) Zeitschr. f. Unters. d. Lebensm. **63**, 300 (1932), vgl. auch F. Stoppel **73**, 327 (1937).

[3]) Zeitschr. f. Unters. d. Lebensm. **68**, 80 (1934).

d) Sonstige Prüfverfahren

Zum Nachweis der Löslichkeit von Trockenmilchpulver zieht man die Sedimentierprobe von J. Tillmans und R. Strohecker[1]) heran: 12,5 g Vollmilchpulver oder 9 g Magermilchpulver werden in 87,5 bzw. 91,0 g Wasser gelöst bzw. verteilt. 5 ccm der so hergestellten Verteilung wird in einem Sedimentierröhrchen mit 20 ccm Wasser verdünnt. Dann wird zentrifugiert. Frisches, lösliches Milchpulver liefert 0,1 ccm, altes, unlösliches Pulver 1,0 bis 1,5 ccm Sediment und darüber.

Mitunter ist die Bestimmung von kleinen Kupfermengen in Milch und Trockenmilchpulver von Bedeutung, da durch sie erhebliche Geschmacksfehler bedingt sein können. Nach J. Tillmans und R. Strohecker[1]) werden 20 g Milchpulver in einer Quarzschale über dem Pilzbrenner verascht. Bei Frischmilch gibt man 50 ccm tropfenweise in die dunkelrot glühende Schale. In beiden Fällen erhitzt man solange, bis die Asche weiß gebrannt ist. Die dann meist noch einzelne Kohleteilchen enthaltende Asche wird in 10 ccm eisenfreier Salzsäure (25%ig) gelöst, mit 10 ccm destilliertem Wasser und darauf mit 7 ccm Ammoniaklösung (Dichte 0,91) versetzt. Man mischt gut, gibt dann schnell 5 ccm Eisessig zu und filtriert von geringen Mengen Kohleteilchen, Eisen- und Aluminiumphosphaten ab in einen 50 ccm-Standzylinder, wobei auf dem Filter eine Gallerte verbleibt, die durch Behandeln mit 1 Tropfen Eisessig und weiteres Auswaschen zusammensintert. Man wäscht bis zu 50 ccm Filtrat aus. In einen zweiten gleichgroßen Zylinder gibt man in obiger Reihenfolge die gleichen Reagenzien hinzu ohne Aschezusatz. Diese Lösung dient zum Vergleich. Nachdem beide Zylinder Zimmertemperatur angenommen haben, gibt man je 2 Tropfen 10%ige, frische Natriumsulfidlösung zu und rührt um. Ist Kupfer in der Milch enthalten, dann färbt sich der Zylinder mit der Aschelösung dunkel- bis gelbbraun. Zur Bestimmung der Kupfermenge tropft man zu der Vergleichslösung aus einer Feinbürette solange eine Kupferstandardlösung (0,393 g $CuSO_4 \cdot 5H_2O$ i. l., 1 ccm = 0,1 mg), bis nach gründlichem Mischen Farbengleichheit in

---

1) Zeitschr. f. Unters. d. Lebensm. **47**, 407 (1924).

den Zylindern eingetreten ist. Bei den angegebenen Verhältnissen gibt die Menge der zugesetzten Kupferlösung mit 5 multipliziert mg Cu in 100 ccm an. Blei darf bei dieser Bestimmung nicht zugegen sein. Zinn stört nicht.

Zur Bestimmung von Fett in Trockenmilchpulver eignet sich nach Stoldt und Mohr die von Weibull[1]) angegebene Methode.

20 g Substanz werden mit 100 ccm kaltem Wasser und 60 ccm rauchender Salzsäure (1,19) unter Umrühren auf dem Wasserbad ¼ Stunde erwärmt bis das Schäumen aufhört. Man erhitzt dann noch unter Bedecken mit einem Uhrglas 20 Sekunden über kleiner freier Flamme zum Sieden, versetzt mit heißem Wasser und filtriert auf ein angefeuchtetes Faltenfilter (27 cm ∅). Nach gründlichem Auswaschen mit heißem Wasser wird das gut abgetropfte Filter mit dem Fett zusammengefaltet und auf ein Uhrglas im Trockenschrank bei 105° 3 bis 4 Sekunden getrocknet.

Das Filter wird ohne Extraktionshülse direkt nach Soxhlet mit Äther 3 Stunden extrahiert und das Fett nach dem Abdunsten des Äthers im Trockenschrank bis zur Gewichtskonstanz getrocknet, alsdann wird gewogen.

Die Fehlergrenze beträgt bei dieser Methode ± 0,1 %, sodaß anstatt 25,0 %, 25,1 % oder 24,9 % gefunden werden können.

2. Käse

Die Fettbestimmung in Käse wird entweder gravimetrisch nach Schmidt-Bondzynski oder butyrometrisch nach van Gulik vorgenommen. Das Prinzip der ersteren ist schon S. 80 geschildert. Nach F. E. Nottbohm und O. Baumann[2]) werden 2—3 g Käse und 10 ccm Salzsäure (Dichte 1,124) bis zum Nachlassen des Schäumens auf freier Flamme erhitzt und dann noch 15 Minuten auf dem Asbestnetz in schwachem Sieden gehalten. Man bringt die Lösung dann

[1]) Die Milchwissenschaft **3**, 326 (1948).
[2]) Zeitschr. f. Unters. d. Lebensm. **67**, 307 (1934).

Abb. 29. Käsebutyrometer

noch warm in ein Gottlieb-Röse-Rohr. Unter Nachspülen gibt man 10 ccm Alkohol, 25 ccm Äther sowie 25 ccm Petroläther zu, wobei nach jedem Zusatz gründlich gemischt wird. Man geht dann weiter wie bei Kondensmilch vor.

Nach van Gulik werden 3 g der zerkleinerten Käsedurchschnittsprobe in den Glasbecher des nebenstehend abgebildeten Butyrometers (Abb. 29) gebracht. Man setzt den Becher in die Röhre ein, füllt mit Schwefelsäure von der Dichte 1,53 bis zum Hals unter der Nullmarke. Man verschließt dann mit dem oberen Gummistopfen und erhitzt unter wiederholtem Umschütteln in einem Wasserbad auf 65—70°, bis die Masse sich, vom Fett abgesehen, gelöst hat. Dann gibt man 1 ccm Amylalkohol zu sowie so viel der Schwefelsäure, bis Teilstrich 35 erreicht ist. Man schüttelt um, setzt nochmals ins Wasserbad und zentrifugiert. Bei 65° wird dann abgelesen. Bei Hartkäse füllt man die Butyrometer ohne Glasbecher zunächst bis zur Hälfte des Korpus mit Schwefelsäure, gibt den feinzerkleinerten Käse mittels Fülltrichter durch die breite Öffnung, löst wie oben angedeutet, gibt Amylalkohol zu, schüttelt und zentrifugiert.

W. Leithe[1]) hat die Fettbestimmung refraktometrisch gestaltet. 2,00 g Käse werden in einem Jenaer Zentrifugenglas unter Zusatz von Siedesteinchen und 10 ccm Salzsäure (4 Teile HCl, Dichte 1,19 + 1 Teil Wasser) mit aufgesetztem Trichterchen zwei Minuten zum Sieden erhitzt. Man läßt dann erkalten, setzt genau 5,00 ccm Bromnaphthalin[2]) sowie 1 qcm Filterschnitzel zu, schüttelt nach dem Verschließen mit Glasstopfen eine Minute kräftig und zentrifugiert kurz. Mittels Scheidepipette bringt man einige Tropfen der Fett-Lösung auf das Zeißsche Butterrefraktometerprisma. Gleichzeitig bestimmt man die Refraktion des Lösungsmittels. Aus der Differenz ergibt sich der Fettgehalt nach Tafel 3.

---

1) Zeitschr. f. Unters. d. Lebensm. **70**, 91 (1935).

2) Man stellt sich zweckmäßig durch Zusatz von etwa 3 g reinem Butterfett zu 100 ccm Brömnaphthalin eine Stammlösung her, die bei 20° Teilstrich 4 (± 1) ergeben soll.

Tafel 3

Refraktometer Differenz	Fett %	Refraktometer Differenz	Fett %	Refraktometer Differenz	Fett %	Refraktometer Differenz	Fett %
1	0,33	26	9,07	51	18,85	76	29,81
2	0,66	27	9,45	52	19,26	77	30,27
3	1,00	28	9,82	53	19,68	78	30,73
4	1,33	29	10,19	54	20,10	79	31,20
5	1,67	30	10,56	55	20,52	80	31,67
6	2,01	31	10,94	56	20,95	81	32,15
7	2,35	32	11,32	57	21,37	82	32,63
8	2,69	33	11,70	58	21,80	83	33,11
9	3,03	34	12,08	59	22,22	84	33,59
10	3,38	35	12,47	60	22,64	85	34,07
11	3,72	36	12,85	61	23,07	86	34,55
12	4,06	37	13,23	62	23,50	87	35,04
13	4,41	38	13,62	63	23,94	88	35,53
14	4,76	39	14,01	64	24,38	89	36,03
15	5,12	40	14,41	65	24,82	90	36,53
16	5,47	41	14,81	66	25,27	91	37,03
17	5,83	42	15,20	67	25,71	92	37,53
18	6,19	43	15,60	68	26,16	93	38,04
19	6,54	44	16,00	69	26,61	94	38,55
20	6,90	45	16,41	70	27,06	95	39,05
21	7,26	46	16,81	71	27,51	96	39,56
22	7,62	47	17,22	72	27,97	97	40,07
23	7,98	48	17,63	73	28,43	98	40,58
24	8,34	49	18,04	74	28,89	99	41,10
25	8,70	50	18,44	75	29,35	100	41,62

Die Kochsalzbestimmung in Käse kann in vereinfachter Weise nach Erbacher durchgeführt werden. 1—2 g Käse, die genau gewogen werden, werden in einem 300 ccm-Erlenmeyer mit einem Überschuß von 0,1 n-Silbernitratlösung (15—25 ccm werden pipettiert) sowie 25 ccm Salpetersäure (Dichte 1,4) zum Sieden erhitzt. Man oxydiert dann solange durch portionsweise Zugabe von gesättigter Kaliumpermanganatlösung, bis keine Entfärbung mehr eintritt. Nach jeder Zugabe ist vor weiterem Zusatz die Entfärbung abzuwarten. Man verbraucht etwa 12 ccm gesättigte Permanganatlösung. Ein Permanganatüberschuß wird durch wenig Zucker wieder beseitigt. Man versetzt dann mit 150 ccm destilliertem Wasser sowie 5 ccm Eisenammoniumalaunlösung (gesättigte, mit Salpetersäure angesäuerte Lösung) und titriert mit 0,1 n-Ammoniumrhodanidlösung. 1 ccm verbrauchte Silbernitratlösung = 5,846 mg NaCl.

Zur Prüfung der Milch auf Käsereitauglichkeit sind folgende Feststellungen zu treffen: Die Schmutzbestimmung, da die Milch besonders rein sein muß; die Alizarolprobe bzw. die Bestimmung des Säuregrades zur Ausscheidung saurer, alkalischer oder sonst anormaler Milch. Der Feststellung kranker Milch dient auch die Katalaseprobe (s. S. 88) und die Leucocytenprobe (s. S. 87). Von großer Bedeutung sind die Gär- und Labgärproben, die dazu dienen, die Art der Bakterien der Milch zu ermitteln.

Zur Durchführung der Gärprobe füllt man 40 ccm Milch in keimfreie Gläser, verschließt mit keimfreier Watte oder keimfreiem Deckel, stellt in ein Wasserbad von 38—40° und beurteilt die Art der Gerinnung nach 12 und 24 Stunden. Die Labgärprobe wird in ähnlicher Weise wie die Gärprobe durchgeführt, nur daß man 2 ccm einer Lablösung (hergestellt durch Auflösen einer Hansenschen Labtablette in 500 ccm sterilem Wasser) zusetzt. In Molkereien verwendet man vielfach zur Prüfung der Milch auf Käsereitauglichkeit die Milchagarschüttelkur, die vor allem dem Nachweis von Blähungserregern dient.

Den Nachweis von Schnellreifungsmitteln erbringt man durch Untersuchung der Asche. Schnellreifungsmittel sind säurebindende Stoffe, wie Natriumcarbonat, Calciumcarbonat usw., die in größeren Mengen als Verfälschung anzusehen sind. Der Nachweis von Calciumchlorid, das Abhilfe gegen Labträgheit schaffen soll, wird gleichfalls durch Aschenanalyse erbracht.

Als Konservierungsmittel, deren Zusatz verboten ist, kommen Benzoesäure und ihre Derivate, Wasserstoffperoxyd,

Hexamethylentetramin und Salpeter in Frage. Ihr Nachweis wird in sinngemäßer Abänderung der bei Fleisch beschriebenen Methoden durchgeführt.

Metallische Verunreinigungen, insonderheit Eisenbeimengungen (von verrosteten Kannen herrührend) lassen sich nach Schäffer erkennen: 20 g Quark werden in einer Porzellanschale mit 20—30 Tropfen konzentriertem Ammoniak verrieben und hierauf mit 4—5 Tropfen Schwefelnatrium weiter durchgeknetet. Nach 5 Minuten vergleicht man die entstandene Färbung der auf einer Porzellanunterlage befindlichen Masse mit der Farbtafel, die der käuflichen Apparatur beigegeben wird. Graufärbung deutet auf Schwermetalle, insonderheit Eisen, hin.

3. Fleisch und Fleischwaren

Nachweis beginnender Fäulnis: Zum Nachweis der beginnenden Fleischfäulnis sind eine ganze Reihe von Methoden vorgeschlagen worden, die durchweg auf der Erfassung der durch die Bakterientätigkeit gebildeten Stoffe beruhen. Nach J. Tillmans und Mitarbeitern[1]) wird aus dem zu prüfenden Fleisch ein Serum hergestellt, dessen Gehalt an flüchtigen Fettsäuren abdestilliert und in bestimmter Weise zur Messung gebracht bzw. identifiziert wird: 55 g fein zerschnittenes Fleisch, Wurst usw. werden in einem 1 Liter-Rundkolben 2 Stunden mit 500 ccm Wasser wiederholt geschüttelt, durch Gaze in ein bei 500 ccm mit Marke versehenes Becherglas koliert, mit Wasser bis zur 500 ccm-Marke ausgewaschen und dann auf 60° erhitzt. Man mischt dann 25 ccm kolloidales Eisenhydroxyd (D.A.B.) und 25 ccm Wasser, gibt diese Mischung zu der 60° warmen Lösung und erwärmt auf 70°. Bei unvollständiger Ausfällung des Eisens gibt man eine Messerspitze Natriumsulfat zu. Alsdann wird filtriert. 100 ccm des klaren, eiweißfreien Filtrates werden in einem 500 ccm-Rundkolben mit 50 ccm 25%iger Schwefelsäure versetzt und von der Mischung 100 ccm abdestilliert. Hierauf titriert man nach Zusatz von zwei Tropfen Phenolphthaleinlösung (0,35 g i. l) mittels 0,1n-Lauge. Werte über 0,7 deuten im allgemeinen auf Zersetzung

[1]) Zeitschr. f. Unters. d. Lebensm. **53**, 44 (1927).

der vorliegenden Fleischsubstanz. Die titrierte Lösung wird in einer gewogenen Platinschale eingedampft, eine halbe Stunde getrocknet und zur Wägung gebracht. Aus diesem Wert (a), dem Titrationswert (b) und dem Faktor c ($= 0{,}0022$) berechnet sich das mittlere Molekulargewicht (M) aus der Gleichung:

$$M = \frac{(a - b \cdot c) \cdot 10 \cdot 1000}{b}.$$

Bei frischem Fleisch beträgt M etwa 170; dieser Wert fällt mit zunehmender Verderbnis auf 100 bis 75. Behandelt man den gewogenen Rückstand mit verdünnter Schwefelsäure, so deutet ein Geruch nach Buttersäure auf schweißiges, also zersetztes Ausgangsfleisch. Alle drei Prüfungen beruhen auf der Bildung wasserlöslicher, niedrigmolekularer Fettsäuren während des Zersetzungsvorganges. Eine auf der Destillation der flüchtigen Bestandteile des Fleisches beruhende Methode beschreiben R. Strohecker, R. Vaubel und H. Kirchberg[1]). In nachstehend abgebildetem Apparat (Abbildung 30) werden 10 g des zerkleinerten Fleisches in Kolben B mit 10 g doppelt-destilliertem Wasser versetzt, nachdem man vorher durch den Apparat bei abgestellter Kühlung gründlich Dampf durchgeleitet hat. Nachdem man zu der Fleisch-Wasser-Mischung 5 ccm dialysierte Eisenhydroxydlösung hinzugefügt hat, wird die Apparatur geschlossen und die Destillation eingeleitet. Zur Vermeidung des Siedeverzuges stellt man in den Kolben A eine Siedekapillare C. Im ganzen werden 30 ccm Destillat aufgefangen. Diese 30 ccm werden mit 10 ccm, bei stärker zersetzten Proben mit 20 ccm 0,1 n-Kaliumpermanganatlösung, die 40 ccm konz. Schwefelsäure im 1 enthält, versetzt und 10 Minuten im Sieden gehalten. Zu der noch heißen Lösung gibt man 10 bzw. 20 ccm 0,1 n-Oxalsäurelösung und titriert die entfärbte Lösung weiter mit Permanganat bis zur schwachen Rosafärbung. In derselben Lösung bestimmt man dann den Titer der Permanganatlösung. Die für die Beurteilung zugrundeliegende Oxydationszahl stellt den auf 100 g fettfreie Trockenmasse bezogenen Permanganatverbrauch dar. Ein Fleisch ist als verdorben anzusehen, wenn

[1]) Zeitschr. f. analyt. Chem. **110**, 1 (1937).

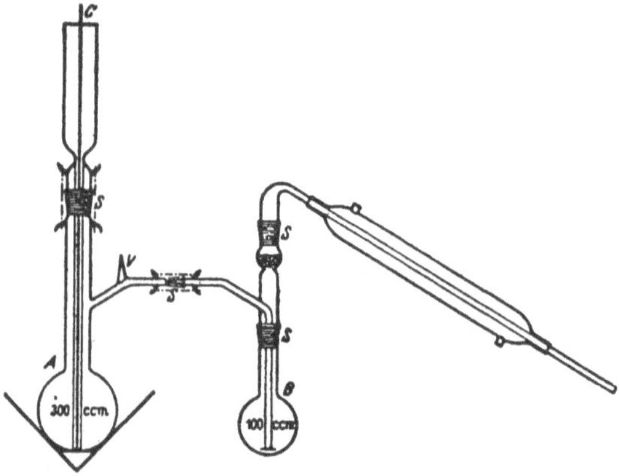

Abb. 30. *A* = Wasserdampfentwickler, *B* = Destillationskolben, *C* = Capillare, *V* = Ventil, *S* = Normalschliffe

die Oxydationszahl den Wert 30 übersteigt. Bei Fischfleisch gilt der Wert 60 als Grenze.

Eine Verfälschung von Fleisch- und Wurstwaren ist in dem Zusatz bzw. übermäßigen Zusatz von Wasser, in dem Zusatz von Stärkemehlen oder sonstigen Bindemitteln sowie Farbstoffen zu Wurstwaren, in dem Zusatz von Konservierungsmitteln und in der Beimengung von minderwertigem Fleisch oder von Fleischabfällen zu erblicken.

Der Wasserzusatz wird mit Hilfe der Feder-Zahl[1]) erkannt, d. h. mit Hilfe des Verhältnisses von Wasser zur Fett- und aschefreien Trockenmasse (organisches Nichtfett). Dieser Wert beträgt bei Rindfleisch 4, bei Schweinefleisch 4,5. Darüber liegende Werte deuten Wasserzusatz an, den man aus folgender Gleichung berechnet:

Zugesetztes Wasser % = Gesamtwasser % — 4 Org. Nicht fett %.

Wasser- und Asche-Bestimmung werden in früher beschriebener Weise ausgeführt. Die Fettbestimmung erfolgt nach

[1]) Zeitschr. f. Unters. d. Nahrungs- u. Genußm. **25**, 577 (1913).

J. G r o ß f e l d[1]): 10 g der Durchschnittsprobe werden in einem 300 ccm-Rundkolben unter Zusatz von Bimsstein mit 20 ccm rauchender Salzsäure über kleiner Flamme aufgeschlossen. Nach dem Abkühlen gibt man mit einer Pipette 100 ccm Trichloräthylen zu und erhitzt 5—10 Minuten am Rückflußkühler. Man läßt erkalten und gießt die 30° warme Flüssigkeit in einen Scheidetrichter. Unter Vermeidung von Verdunstungsverlusten filtriert man die erkaltete, untere Schicht ab. 25 ccm des Filtrates werden in einem gewogenen Becherglas eingedunstet, der Rückstand wird 1 Stunde im Trockenschrank getrocknet und nach dem Erkalten gewogen. Der Fettgehalt ergibt sich dann aus nachstehender Gleichung in der *a* das Fettgewicht, 0,91 die Fettdichte bedeutet:

$$\text{Fett}\,\% = \frac{500 \cdot a}{25 - \dfrac{a}{0{,}91}}$$

Zur qualitativen P r ü f u n g a u f S t ä r k e betupft man eine frische Wurstscheibe mit alkoholischer Jodlösung oder wäßriger Jodjodkaliumlösung. Eine Blau- bis Blauschwarzfärbung deutet Stärke bzw. stärkehaltige Stoffe wie Semmel, Mehl, Grütze usw. an. Quantitativ läßt sich die Stärke nach der früher beschriebenen Methode von M a y r h o f e r (s. S. 61) erfassen. Dabei ist zu beachten, daß man bei glykogenhaltigen Substanzen wie Leberwurst mit 50%igem Alkohol arbeiten muß, da Glykogen in 50%igem Alkohol löslich ist. Neben Stärke kommen unter Umständen noch Magermilchpulver, Kasein, Eiereiweiß und Eigelb als W u r s t b i n d e m i t t e l in Frage. Der Nachweis von Magermilchpulver oder Kasein wird einerseits durch Erfassung des Kaseingehaltes, andrerseits durch Bestimmung des Milchzuckergehaltes erbracht. Aufgeschlossenes Milcheiweiß, das vielfach Verwendung findet, wird in der Wurst wie folgt nach A. S c h n e c k und M. Z i e g l e r[2]) bestimmt: Die mit absolutem Alkohol entwässerte und mit Äther ausgezogene Masse läßt man mit Wasser 3 Stunden bei 60° quellen. Dann behandelt man weitere 3 Stunden bei Zim-

[1]) Zeitschr. f. Unters. d. Lebensm. **46**, 63 (1923).
[2]) Vorratspflege u. Lebensm.-Forsch. **1**, 494 (1938).

mertemperatur mit Kalkmilch. Dabei wird das Kasein gelöst. Man zentrifugiert jetzt die Mischung, fällt in der klaren Lösung das Kasein mittels Essigsäure und bestimmt in der Fällung den Stickstoffgehalt nach Kjeldahl. A. F. Lindner und A. Patschky[1]) bestimmten den Gehalt an Magermilch in Fleisch- und Wurstwaren mit Hilfe des Reduktionsvermögens gegenüber Fehlingscher Lösung: 10 g fein zerkleinerte Wurst werden in einem Mörser mit Sand und Wasser zu einem dünnen Brei verrührt und in einem Erlenmeyer, der bei 200 ccm mit Marke versehen ist, auf 200 ccm aufgefüllt. Man schüttelt 5 Minuten lang kräftig, stellt in ein siedendes Wasserbad und läßt vom Beginn des Siedens gerechnet genau 10 Minuten darin. Hierauf kühlt man unter der Wasserleitung schnell ab, versetzt in einem 200 ccm-Meßkolben 150 ccm des Filtrates mit 5 ccm einer 10%igen Kaliumferrocyanidlösung und nach dem Umschütteln mit 1 ccm einer kaltgesättigten Zinksulfatlösung. Nach abermaligem Umschütteln wird auf die Marke aufgefüllt und gemischt. Nach $^1/_2$ Stunde wird filtriert. 50 ccm des Filtrates werden mit 50 ccm Wasser sowie je 25 ccm Fehlingscher Lösung I (Kupferlösung) und II (Seignettesalzlösung) versetzt und genau 6 Minuten im Sieden gehalten. Wurden g mgCuO gewogen, so beträgt der CuO-Wert in 20 g Wurst g · 10,6 — 162 mg CuO. Der Summand 162 rührt daher, daß Wurst ein gewisses Eigenreduktionsvermögen aufweist, das für 10 g Fleisch etwa 81,2 mg CuO beträgt. Aus Tafel 5 der T.S.P. II. Aufl. entnimmt man den dem CuO entsprechenden Milchzuckergehalt. Durch Multiplikation mit 10 erhält man daraus % Magermilchpulver in der Wurst.

Die Bestimmung von Hühnereiweiß und anderem tierischen Albumin neben Fleischeiweiß bietet, abgesehen vielleicht vom serologischen Verfahren große Schwierigkeiten. Auch Pferdefleisch läßt sich nur durch das serologische Verfahren erkennen, es sei denn, daß viel Fett vorhanden ist. Man kann dann die chemischen Fettkonstanten zum Pferdefleischnachweis heranholen.

Zum Nachweis von Farbstoffen in Wurst und

1) Zeitschr. f. Unters. d. Lebensm. **74**, 11 (1937).

W u r s t h ü l l e n verfährt man nach S p a e t h wie folgt: 50 g zerkleinerte Fleisch- oder Wurstmasse werden nach dem Vermischen mit Seesand in einer Patrone im Trockenschrank getrocknet und mit Petroläther im S o x h l e t ausgezogen. Bei Wursthüllen wird die zerkleinerte Substanz unmittelbar mit Petroläther entfettet. Die Patrone wird getrocknet. Die entfettete Substanz wird dann 1—2 Stunden mit 5%iger Natriumsalicylatlösung ausgezogen. Zu dem filtriertem, mit verdünnter Schwefelsäure versetzten Auszug gibt man einige Wollfäden und stellt ½ Stunde ins Wasserbad. Bei Anwesenheit von Farbstoff wird der Faden gefärbt. Zum N a c h w e i s und zur B e s t i m m u n g der K o n s e r v i e r u n g s m i t t e l werden folgende Methoden herangezogen:

Zum q u a l i t a t i v e n N a c h w e i s d e r B o r s ä u r e zerkleinert man etwa 50 g Wurst, verrührt mit Wasser und einigen Tropfen verdünnter Salzsäure, läßt ½ Stunde auf dem Wasserbad stehen, filtriert und tränkt mit dem Filtrat einen Streifen Kurkumapapier. Nach dem Trocknen des Streifens auf dem Wasserbad tritt bei Anwesenheit von Borsäure eine rötliche bis orange-rote Färbung auf, die beim Betupfen mit einer 2%igen Natriumcarbonatlösung in blau bei Abwesenheit von Borsäure in violett übergeht.

Zur q u a n t i t a t i v e n B e s t i m m u n g d e r B e n z o e s ä u r e nach H. R i f f a r t und H. K e l l e r[1]) werden 20 g Substanz mit 1 g Calciumcarbonat und 150 ccm Wasser verrührt, in einen 200 ccm-Kolben übergeführt, nach Zusatz von einigen Tropfen Phenolphthaleinlösung mit 0,1 n-Lauge alkalisiert und 15 Minuten auf dem Wasserbad erhitzt. Nach dem Erkalten füllt man auf 200 ccm auf. 50 ccm des daraus erhaltenen Filtrates werden in einem 100 ccm-Kolben mit je einem ccm einer 15%igen Kaliumferrocyanidlösung und einer 30%igen Zinksulfatlösung nacheinander versetzt und nach jeweiligem Umschütteln schließlich erhitzt. Dann wird filtriert. 50 ccm des Filtrates werden in einem Scheidetrichter mit 1 ccm verdünnter Schwefelsäure (1 + 3) angesäuert und zweimal kräftig mit je 50 ccm Äther ausgeschüttelt. Man wäscht den Äther den 2—3mal mit je 0,5 ccm Wasser aus. Darauf schüttelt man mit soviel

1) Zeitschr. f. Unters. d. Lebensm. 68, 125 (1934).

0,1 n-Lauge aus, bis die mit Phenolphthalein versetzte Lauge dauernd rot gefärbt bleibt. Man gibt dann den alkalischen Auszug in ein graduiertes Reagenzglas, wäscht den Äther mehrmals mit kleinen Mengen Wasser aus und ergänzt die vereinigten Flüssigkeiten auf 10 ccm. Zweimal je 1 ccm dieser Lösung verdampft man in zwei Reagenzröhrchen im siedenden Wasserbad zur Trockne. Der alkalische Rückstand wird mit 1 ccm Kaliumnitrat-Schwefelsäure (25 g KNO_3 in 250 ccm konzentrierter H_2SO_4) aufgenommen und 20 Minuten im siedenden Wasserbad nitriert. Man kühlt dann auf 20° und versetzt mit 2 ccm Wasser. Nach nochmaliger Abkühlung gibt man unter ständiger weiterer Kühlung portionsweise 10 ccm 15%iges Ammoniak zu. Zu dem einen der beiden Reagenzröhrchen fügt man dann 2 ccm einer frisch bereiteten 2%igen wässrigen Lösung von Hydroxylaminchlorhydrat, zum zweiten Röhrchen 2 ccm Wasser. Beide Gläser bringt man jetzt auf 20°. Nach einigen Minuten erscheint in dem ersten Rohr eine schöne rote Färbung, deren Intensität im Laufe einer halben Stunde stetig zunimmt, sofern Benzoesäure vorhanden ist. Ist dieses der Fall, so mißt man die Färbung der Lösung des ersten Rohres gegen diejenige der Lösung im zweiten Rohr stufenphotometrisch bei Filter S. 50. Aus der abgelesenen Lichtdurchlässigkeit berechnet man die auf Schichtdicke 10 cm bezogene Extinktion und berechnet dann die gesuchte Benzoesäuremenge (x) nach dem Beerschen Gesetz $c:x = k:kx$, indem c die der Extinktion k entsprechende Benzoesäurekonzentration bedeutet und kx die gemessene Extinktion darstellt. Die Werte von c und k ergeben sich aus nachstehender für verschiedene Konzentrationen geltender Tabelle. Man wählt die Werte von c und k aus, die dem zu bestimmenden Wert am nächsten liegen.

p-Oxybenzoesäure kann neben Benzoesäure in Fleisch- und Fischwaren nach W. Diemair, H. Riffart und E. Schmelck[1]) bestimmt werden. 20 g Substanz werden mit 1 g Calciumcarbonat und wenig Wasser verrührt; die Mischung wird in einen 200 ccm-Meßkolben gebracht, mit ver-

1) Microchemie (Mikrochimica acta) **25**, 247 (1938).

Tafel 4

c mg/1 ccm	k
0,5	0,201
1,0	0,399
1,5	0,598
2,0	0,799

dünnter Natronlauge gegen Phenolphthalein alkalisiert und 15 Minuten im siedenden Wasserbad erhitzt. Nach dem Erkalten wird zur Marke aufgefüllt und filtriert. 50 ccm Filtrat werden nach Carrez nacheinander mit je 5 ccm Ferrocyankalium (15%) und Zinksulfatlösung (30%) vermischt, auf 100 ccm aufgefüllt und filtriert. 50 ccm dieses Filtrates werden in einem Scheidetrichter gegen Methylorange mit verdünnter Schwefelsäure genau neutralisiert. Dann macht man mit 2 ccm einer 5%igen Natriumbicarbonatlösung alkalisch und schüttelt zweimal mit je 30 ccm Äther aus. Die vereinigten Ätherauszüge werden dann in demselben Scheidetrichter mit Wasser gewaschen, wobei man zur besseren Sicht die Wasserschicht mit einem Tropfen Methylorange färbt. Hierauf trocknet man die Ätherlösung mit wasserfreiem Natriumsulfat, filtriert in einen gewogenen Kolben, wäscht mit Äther aus und destilliert diesen ab. Den Rückstand trocknet man 1—2 Minuten bei 100°. Dann wird der Rückstand, der aus p-Oxybenzoesäureestern besteht, gewogen. Will man die Benzoesäure feststellen, die in der bicarbonatalkalischen Lösung enthalten ist, so säuert man diese mit verdünnter Schwefelsäure an und äthert wie oben aus. Die Trocknung des Rückstandes darf wegen der Flüchtigkeit der Benzoesäure nur bei 40—50° erfolgen. Kleine Mengen p-Oxybenzoesäureester kann man kolorimetrisch mit Hilfe der Millons-Reaktion erfassen und stufenphotometrisch auswerten:

1 ccm der 0,1—0,4 mg p-Oxybenzoesäure oder Ester in 1 ccm enthaltenden Lösung wird mit 4 ccm-Millons-Reagens vermischt und 10 Minuten im Wasserbad bei 65° erwärmt. Die erkaltete etwa 3—4 Stunden haltbare Färbung wird innerhalb einer Stunde im Stufenphotometer gegen destilliertes Wasser

gemessen (10 mm- oder 5 mm-Cuvette, Filter S 50). Man ermittelt die Extinktion für die Schichtdicke 10 mm (k_x) und errechnet aus dem Beerschen Gesetz $c : x = k : k_x$ die vorliegende Menge (x). Die Werte für c und k ergeben sich aus nachstehender Tabelle:

Tafel 5

	c mg/1 ccm	k
p-Oxybenzoesäure	0,05	0,220
	0,10	0,442
	0,20	0,900
	0,40	1,822

Der qualitative Formaldehydnachweis (Hexamethylentetramin s. weiter unten) in Fleisch wird in folgender Weise erbracht: 50 g zerkleinerte Substanz werden nach Zusatz von 20 ccm 25%iger Phosphorsäure und 30 ccm destilliertem Wasser im Wasserdampfstrom destilliert. 25 ccm Destillat werden aufgefangen und mit etwa 0,1 g Witte-Pepton versetzt. Zu 10 ccm dieser Lösung setzt man 1 Tropfen 5%ige Eisenchloridlösung und unterschichtet vorsichtig mit 10 ccm konzentrierter Schwefelsäure. Ein violettblauer Ring deutet Formaldehyd an. Die Reaktion tritt noch bei 0,0008 g Formaldehyd auf. Bei geräucherter Wurst ist das Destillat im Verhältnis von 1 : 4 zu verdünnen.

Quantitativ kann Formaldehyd in folgender Weise erfaßt werden: In einen 500 ccm-Jodzahlkolben gibt man 30 ccm n-Natronlauge und 5 ccm der höchstens 2%igen Formaldehydlösung. Unter Umschütteln läßt man 40—70 ccm 0,2 n-Jodlösung bis zur lebhaften Gelbfärbung zulaufen, verschließt, schüttelt eine Minute kräftig, säuert mit 40 ccm n-Säure an und titriert nach kurzem Stehen den Jodüberschuß mittels Thiosulfat zurück. 1 ccm nJ-Lösung = 0,01501 g Formaldehyd.

Zum Nachweis der schwefligen und unterschwefeligen Säure bzw. ihrer Salze (Thiosulfate) werden in einem 100 ccm-Erlenmeyer etwa 30 g zerkleinerte Substanz mit

5 ccm Phosphorsäure (25%) vermischt; man verschließt mit einem glatten Filter derart, daß der Erlenmeyerhals wie von einer Kappe umgeben ist, gibt auf das Filter 1 Tropfen einer Kaliumjodat-Stärkelösung (0,1 g KJO_3 + 1 g lösliche Stärke in 100 ccm H_2O) und beobachtet das Filter. Tritt eine Bläuung erst nach dem Erwärmen auf dem Wasserbad ein, so ist die Gegenwart von schwefeliger Säure wahrscheinlich. Den entscheidenden Nachweis erbringt man nach folgender quantitativen Methode: 20 g Substanz werden mit 200 ccm ausgekochtem Wasser in einem 500 ccm-Kolben unter Zusatz von Natriumcarbonatlösung verrührt. Nach einer Stunde verschließt man mit einem doppelt durchbohrten Korken, durch dessen eine Bohrung ein Glasrohr zum Boden, durch dessen zweite Bohrung ein Glasrohr nur zum Hals reicht. An der Außenseite führt dieses Rohr zum Kühler, an den luftdicht eine mit 50 ccm Jodlösung (5 g J_2+7,5 g KJ i. 1 Wasser) gefüllte Péligot-Röhre angeschlossen ist. Die Péligot-Röhre wird angschlossen, sobald der Apparat durch Einleiten von Kohlendioxyd von Luft befreit ist. Ohne den Gasstrom zu unterbrechen, gibt man in den Kolben 10 ccm 25%ige Phosphorsäure, verschließt und erhitzt vorsichtig. Man destilliert etwa die Hälfte der anfänglichen Flüssigkeitsmenge ab. Man bringt dann die Jodlösung, die noch braun sein muß, in ein Becherglas, spült nach, erhitzt nach Salzsäurezusatz kurze Zeit, fällt die gebildete Schwefelsäure als Bariumsulfat in der üblichen Weise und bringt dieses zur Wägung. Der SO_2-Gehalt berechnet sich dann aus folgender Gleichung (bei Anwendung von 20 g):

$$\% \; SO_2 = \text{Wägung} \cdot 0{,}2744 \cdot 5.$$

Über die Bestimmung der Ameisensäure s. unter Honig.

Aluminiumsalze lassen sich leicht in der Asche erfassen. Fleischasche ist praktisch aluminiumfrei.

Natriumacetat, das neuerdings an Stelle von Benzoaten und Phosphaten, die auch verboten sind, Anwendung findet, wird an der Erhöhung der Alkalität der Asche erkannt. 1 g kristallisiertes Natriumacetat zu 100 g Fleisch zugesetzt, erhöht die Alkalität um 2,0°. Neben Kochsalz und Salpeter sind für die Pökelung Pökelsalze mit einem Nitritgehalt von höchstens 0,6% zugelassen. Den Nitritgehalt bestimmt man darin zweckmäßig nach G. Stamm[1]). 100 ccm einer Lösung von 50 g Nitritpökelsalz in 500 ccm Wasser werden in einem Jodzahlkolben mit 10 ccm verdünnter Schwefelsäure (1+9) angesäuert und sofort mit Kaliumpermanganatlösung (9,1598 g i. l) titriert, bis eine 3 Minuten anhaltende Rosafärbung entsteht. 1 ccm Permanganatverbrauch entspricht 0,1% Natriumnitrit. Das Salz muß vorher auf Abwesenheit von Sulfiten u. dgl. geprüft werden.

Bei Fischkonserven kommen als Konservierungsmittel Borsäure (s. S. 101) und Hexamethylentetramin in Frage. Hexamethylentetramin hat die Formel $(CH_2)_6N_4$ (Urotopin), seine antiseptische Wirkung und sein Nachweis beruht auf der Abspaltung von Formaldehyd. Weiterhin spielen bei Fischdauerwaren Benzoesäure (s. S. 101), p-Chlorbenzoesäure, p-Oxybenzoesäure-Äthyl- und Propylester (s. d.) und Wasserstoffperoxyd (s. S. 85) eine Rolle.

4. Fleischextrakte, Fleischbrühwürfel, Würzen, Ersatzwaren

Bei diesen Erzeugnissen spielt vor allem die Ermittelung des Kreatiningehaltes und des Aminosäurestickstoffgehaltes eine Rolle.

Bestimmung des Gesamt-Kreatiningehaltes nach H. Riffart und H. Keller[2]): 10 g Substanz werden in heißem Wasser gelöst. Nach dem Erkalten gießt man durch einen Wattebausch, der das Fett usw. zurückhalten soll, in einen 100 ccm-Kolben, wäscht die Watte nochmals mit heißem Wasser, filtriert durch ein neues Wattefilter in der vorherigen Weise und wiederholt das Auswaschen 3—4mal. Nach dem Abkühlen füllt man auf die Marke. Geringe Mengen Fett bleiben unberücksichtigt. 10 ccm Lösung werden mit 10 ccm n-Salzsäure innerhalb 2 Stunden auf dem Wasserbad in einer Porzellanschale zur Trockne gedampft. Der schwarzbraune mit Wasser aufgenommene Rückstand wird mit 0,5 n-Lauge gegen Lackmuspapier neutralisiert. Die neutrale Flüssigkeit wird

---

1) Deutsche Nahrungsm.-Rundschau 1932, S. 90.

2) Zeitschr. f. Unters. d. Lebensm. 68, 113 (1934).

Tafel 6

Kreatinin mg	Extinktions-modul	c Kreatinin mg	Extinktions-modul
1,0	0,216	6,0	1,292
2,0	0,430	7,0	1,514
3,0	0,656	8,0	1,734
4,0	0,868	9,0	1,942
5,0	1,076	10,0	2,152

in einem 100 ccm-Kolben auf 75 ccm gebracht, tropfenweise mit 1%iger Kaliumzermanganatlösung bis zur einigen Minuten anhaltenden Malagafarbe versetzt[1]). Sobald der Permanganatüberschuß an der Farbe zu erkennen ist, setzt man tropfenweise 3%ige Wasserstoffperoxydlösung zu, die auf 100 ccm 1 ccm Eisessig enthält, bis zwischen den ausgeschiedenen Mengen Superoxydflocken eine stroh- bis weingelbe Flüssigkeit sichtbar ist. Man erhitzt dann 5—10 Minuten auf dem Wasserbad. Dann kühlt man ab, füllt auf 100 ccm auf, filtriert durch ein Faltenfilter, verdampft 20 ccm des Filtrates fast zur Trockne und spült den Rückstand viermal mit je 1 ccm Wasser in ein 100 ccm-Kölbchen. Man setzt jetzt 2 ccm einer 10%igen Natronlauge sowie 4 ccm einer gesättigten Pikrinsäurelösung zu und füllt nach 5 Minuten zur Marke auf. Als Vergleichslösung werden 4 ccm gesättigter Pikrinsäurelösung auf 100 ccm verdünnt. Nach dem Filtrieren werden beide Lösungen in je eine 5 mm-Küvette gebracht, worauf man die Lichtdurchlässigkeit der Versuchslösung im Stufenphotometer bei Filter S 50 feststellt. Die Farbe bleibt 10—15 Minuten unverändert. Man berechnet dann die Extinktion, bezieht sie auf eine 10 mm-Küvette durch Multiplikation mit 2 und berechnet nach dem Beerschen Gesetz $c : x = m : m_2$ den Kreatiningehalt vorausgesetzt, daß in der zu messenden Endlösung 0,2 g Substanz in 100 ccm vorliegen. Die Werte für c und m ergeben sich aus nachstehender Tabelle. Man wählt für die Berechnung denjenigen Wert von m aus, der dem zu bestimmenden am nächsten liegt.

Zur Charakterisierung von Würzen u. dgl. benötigt man

[1]) Bei ungesalzenem Material ist Kochsalz zuzusetzen.

häufig den Gehalt an Aminosäurestickstoff. Die Bestimmung wird meist nach S. P. L. Sörensen und Grünhut[1]) durchgeführt. Von flüssigen Würzen und Suppenwürfeln werden 4—5 g, von Pasten 2—2,5 g in 10 ccm heißem, ausgekochtem Wasser gelöst. Man befreit durch Filtration (Glaswolle) von Fett, spült in eine Drechsel-Waschflasche (20 cm Höhe, 5 cm Weite) s. Abb. 31 und gibt nach dem Erkalten 1 g kristall. Bariumchlorid sowie solange Ätzbarytlösung

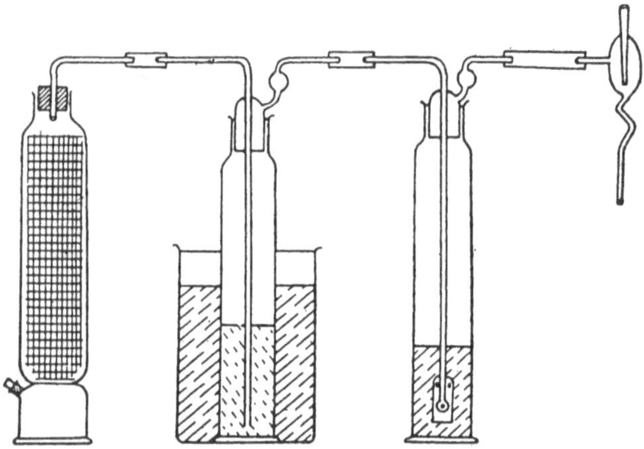

Abb. 31. Apparat zur Ammoniakbestimmung auf kaltem Wege

zu, bis die Lösung gegen Lackmus alkalisch reagiert. Alsdann gibt man weiter 10 ccm Ätzbarytlösung zu, ergänzt mit Wasser auf 60 ccm und versetzt dann noch mit 15 ccm 96%igem Alkohol. Die Flasche wird auf 20° temperiert und unter Vorschaltung eines Natronkalkrohres an die Saugpumpe angeschlossen. Nach dreistündigem Durchsaugen von Luft ist der Ammoniakstickstoff beseitigt. Man kann ihn messen wenn eine zweite Meßflasche mit 25 ccm 0,1 n-Schwefelsäure nachgeschaltet und in dieser der Säureverbrauch ermittelt wird. Den Inhalt der Drechselflasche bringt man quantitativ in einen 100 ccm-Meßkolben, füllt mit kohlensäurefreiem Wasser auf die Marke,

1) Zeitschr. f. Unters. d. Lebensm. **37**, 304 (1919).

mischt und filtriert. Je 20 ccm der Filtrate gibt man in 2 zu dem Titrierkoloriskop[1]) (s. Abb. 32) gehörende Gläser, die man mit *A* und *B* bezeichnet. Zu *A* gibt man 2 ccm einer Neutralrotlösung (0,2 g Neutralrot i. l 50⁰/₀gen Alkohol) und setzt tropfenweise n-Salzsäure bis zum Farbumschlag zu. Die gleiche Tropfenzahl Säure mit einem kleinen Überschuß gibt man auch zu *B*, das zum Vergleich dient. Nun stellt man beide Gläser in das Koloriskop nebeneinader, setzt vor *A* ein gleiches Rohr mit destilliertem Wasser (*C*), vor *B* das dem Apparat beigegebene, zugeschmolzene Gläschen mit dem Farbton für Neutralrot (*D*). Unter Umrühren gibt man jetzt zu *A* so viel 0,1 n-Salzsäure oder 0,1 n-Natronlauge, bis in der Durchsicht links und rechts der gleiche Farbton erreicht ist. Glas *A* ist dann für die eigentliche Formoltitration bereit. Zu *B* setzt man jetzt 2 ccm obiger Neutralrotlösung und tropfenweise so viel 0,1 n-Lauge, bis die Flüssigkeit deutlich gelb ist. Gleichzeitig tauscht man das zugeschmolzene Neutralrotrohr vor *B* gegen das beigegebene Rohr mit dem dunkelroten Phenolphthaleinton aus (*D*). Nunmehr bereitet man die Formollösung: Zu 50 ccm 40%iger Formollösung gibt man 5 ccm Phenolphthaleinlösung (0,5 g i. l 50⁰/₀igen Alkohol) und neutralisiert mit 0,25 n-Lauge bis blaßrosa. Zu *A* gibt man jetzt 10 ccm obiger Formollösung, sowie 2 ccm Phenolphthaleinlösung (0,05⁰/₀ig) und titriert das zunächst aus dem Apparat herausgenommene Glas *A* mit 0,1 n-Lauge, wobei die Lösung zunächst gelb wird. Wenn sie wieder rot zu werden beginnt, stellt man sie wieder in den Apparat zurück, füllt *B* mit Wasser auf das Volumen von *A* auf und titriert dann *A* zu Ende, bis in der Durchsicht Farbgleichheit vorhanden ist. Weiterhin ist ein Blindversuch auszuführen: 10 ccm Formollösung werden in einem Titrierglas mit Wasser auf das Volumen von Glas *A* gebracht. Dann setzt man 2 ccm Phenolphthaleinlösung (0,05⁰/₀)

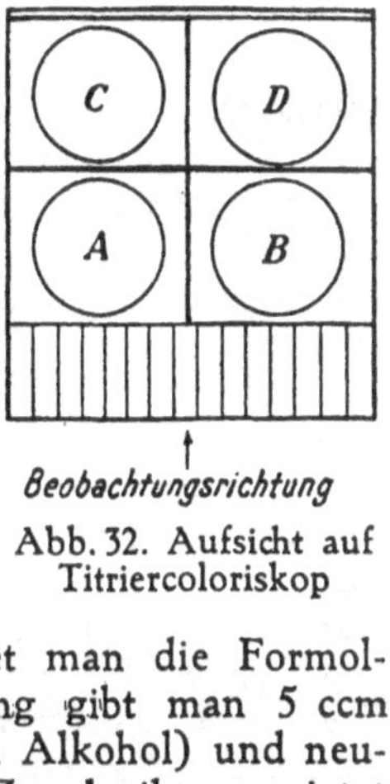

Abb. 32. Aufsicht auf Titriercoloriskop

1) Zu beziehen von der Firma F. Hellige u. Co., Freiburg i. Br.

zu und titriert diese Lösung mit 0,1 n-Lauge bis zu dem Farbton des Vergleichsgläschens „Phenolphthalein" dunkelrot. Dieser Laugenverbrauch des Blindversuches ist von dem Laugenverbrauch des Glases *A* abzuziehen. Die Differenz entspricht dem Aminosäuregehalt von 20 ccm der Ausgangslösung, also von einem Fünftel der Einwaage. 1 ccm Laugenverbrauch (0,1 n) entspricht 1,4 mg Aminosäurestickstoff (N). Der Verbrauch soll 15 ccm nicht übersteigen, andernfalls ist zu verdünnen.

5. Fette und Öle

Bei der Untersuchung der Fette und Öle sind einerseits Methoden anzuwenden, die die Abstammung des Fettes ergründen und damit gegebenenfalls Verfälschungen beweisen sollen, und weiterhin solche Methoden, die dem Nachweis der Verderbnis dienen. Zu den ersteren zählen u. a. die Verseifungszahl, die Gesamtzahl nach J. Großfeld, die Buttersäurezahl nach J. Großfeld, die Jodzahl, die Rhodanzahl nach H. P. Kaufmann, die Hexabromidzahl, die Bestimmung von Isoölsäure (Nachweis von gehärteten Fetten) u. a. Zum Nachweis der Fettverderbnis werden die Prüfungen auf Peroxyd, auf Aldehyde, Ketone und die sogenannte Oxydationszahl herangezogen.

Zur Bestimmung der Verseifungszahl nach Köttstorfer wird das Fett (etwa 2 g) genau gewogen, in ein Erlenmeyer-Kölbchen von 150—200 ccm Inhalt aus Jenaer Glas gebracht, mit genau 25,00 ccm 0,5 n-alkoholischer Kalilauge versetzt und ein 75 cm langes Kühlrohr gleichfalls aus Jenaer Glas aufgesetzt. Man erhält dann über einem Asbestdrahtnetz mittels kleiner Gasflamme in schwachem, aber regelmäßigem Sieden. Nach 15 Minuten langem Sieden titriert man noch heiß den Laugenüberschuß mit 0,5 n-Säure gegen Phenolphthalein zurück. Daneben wird in einem Blindversuch der Säureverbrauch der angewendeten 25 ccm 0,5 n-Lauge festgestellt. Die Differenz (*d*) im Säureverbrauch zwischen Blindversuch und eigentlichem Versuch ergibt nach folgender Gleichung die Verseifungszahl (*V*):

$$V = \frac{d\ 28{,}15}{\text{angew. Fettmenge i. g}}$$

Die Gesamtzahl[1]) gibt die Anzahl ccm 0,1 n-Lauge an, die zur Neutralisation der aus 5 g Fett erhaltenen niederen Fettsäuren erforderlich sind. Zu ihrer Bestimmung werden 500 mg Fett mit 5 ccm alkoholischer Kalilauge (40 ccm wäßrige KOH von der Dichte 1,5+40 ccm Wasser, mit 96%igem Alkohol aufgefüllt zum l) und 1 ccm Glyzerin verseift. Man kocht weiter bis zum stärkeren Schäumen. Darauf wird das Kölbchen 1 Stunde in liegender Stellung in den Trockenschrank gebracht. Der Rückstand wird mit 50 ccm Wasser aufgenommen und unter Umschwenken mit 25 ccm Magnesiumsulfatlösung (15 g i. l) versetzt. Am nächsten Tag wird durch ein Faltenfilter filtriert. 50 ccm Filtrat werden nach Zusatz von 0,1 g Bimssteingrieß und 1 ccm Phosphorsäurelösung (Dichte 1,154) mittels des Apparates der Halbmikrobutterzahl (nebenstehd.) destilliert. 40 ccm Destillat werden aufgefangen und, nachdem man den Kühler mit 10 ccm einer Phenolphthaleinlösung (0,1 g in 500 ccm 90%igem Alkohol) nachgespült hat, mittels 0,01 - Lauge titriert. Nebenher wird ein Blindversuch mit 3 Tropfen Kakaofett angestellt. Zur Ermittlung der Gesamtzahl zieht man den Laugenverbrauch des Blindversuches von dem Laugenverbrauch des eigentlichen Versuches ab und multipliziert mit 1,52. — In der Gesamtzahl kommen zum Ausdruck 96% Buttersäure, 98% Capronsäure, 90% Caprylsäure, 86% Nonylsäure, 52% Caprinsäure.

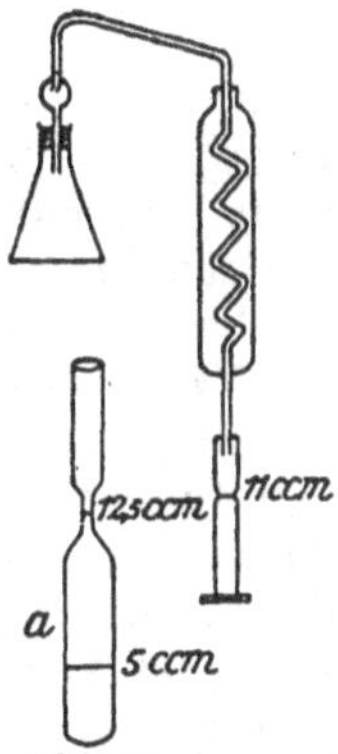

Abb. 33. Apparat zur Bestimmung der Halbmikrobuttersäurezahl a = Beckelrohr.

Als Verbesserung der früher und heute noch vielfach ausgeführten Reichert-Meißl-Zahl kann die Buttersäurezahl[2]) gewertet werden, die in einer Halbmikroausführung nachstehend beschrieben sei: 500—550 mg Fett werden wie bei der Gesamtzahl (s. d.) verseift. Nach dem Trocknen im Trockenschrank gibt man mit Pipette sofort 15 ccm Kalium-

1) Zeitschr. f. Unters. d. Lebensm. **76**, 123, 228 (1938).

2) Zeitschr. f. Unters. d. Lebensm. **64**, 433 (1932); **70**, 459 (1935); **76**, 340 (1938).

Tafel 7

Faktoren f. Halbmikrobuttersäurezahl

Einwaage mg	Fakror	Einwaage mg	Faktor	Einwaage mg	Faktor	Einwaage mg	Faktor
500—501	1,40	510—513	1,37	522—525	1,34	534—537	1,31
502—505	1,39	514—517	1,36	526—529	1,33	538—541	1,30
506—509	1,38	518—521	1,35	530—533	1,32	542—545	1,29
						546—550	1,28

sulfatlösung und nach dem Abkühlen auf 20° nacheinander unter Umschütteln 0,5 ccm verdünnte Schwefelsäure (1+3), 1 ccm Kokosseifenlösung (s. u.) und 0,1 g Kieselgur zu. Man filtriert durch ein Faltenfilter (10 cm). 12,5 ccm des Filtrates werden mittels Beckelrohres (s. Abb. 33) abgemessen und in ein 100 ccm-Erlenmeyer-Kölbchen gebracht, mit 5 ccm Wasser nachgespült und nach Bimssteinzusatz 11 ccm daraus abdestilliert (s. Abb. 33). Man titriert dann mit 0,01 n-Lauge gegen Phenolphthalein. Daneben wird ein Blindversuch mit 500 mg Kakaofett angesetzt. Zieht man den Verbrauch des Blindversuches von dem Verbrauch des eigentlichen Versuches ab und multipliziert mit dem Faktor 1,40, so erhält man die Buttersäurezahl. Jedes mg über 500 mg vermindert den Faktor um 0,0024 (vgl. untenstehende Tafel). Die Kokosseifenlösung wird wie folgt dargestellt:

100 g Kokosfett werden mit 100 ccm Glyzerin und 40 ccm Kalilauge (750 g. i. l) in einem l-Kolben aus Jenaer Glas verseift und nach dem Abkühlen mit Wasser auf 1 l aufgefüllt.

Zur Jodzahlbestimmung hat sich die Methode von I. I. A. Wijs vielfach bewährt. Danach wiegt man von den filtrierten Fetten 0,5—0,7 g, von trocknenden Ölen 0,1—0,2 g, bei nichttrocknenden Ölen 0,3—1,0 g in einem Glasbecherchen ab, bringt in einen Jodzahl-Kolben mit eingeschliffenem Stopfen, löst in 15 ccm Tetrachlorkohlenstoff und setzt nunmehr 30 ccm Jodtrichlorid-Jod-Eisessiglösung zu (s. u.). Unter öfterem Umschütteln läßt man gleichzeitig mit einem Blindversuch 20 Minuten im Dunkeln stehen, gibt dann 100 ccm Wasser und 15 ccm 10%ige Jodkaliumlösung zu und titriert den Jodüberschuß mit

0,1 n-Thiosulfatlösung in üblicher Weise zurück. Die Jodzahl ergibt sich aus folgender Gleichung:

$$\text{Jodzahl} = \frac{(a-b) \cdot 127 \cdot 100}{\text{Einwaage} \cdot 10 \cdot 1000}$$

(a = Thiosulfatverbrauch im Blindversuch, b = Thiosulfatverbrauch im Hauptversuch.)

Die notwendige Jodtrichlorid-Jodeisessiglösung wird in folgender Weise bereitet: 9 g Jodtrichlorid werden in 1 l mindestens 99%igem Eisessig gelöst. In 5 ccm der Lösung bestimmt man den Jodtiter. Dann fügt man zur Lösung 10 g gepulvertes Jod unter Schütteln. Sobald fast alles Jod gelöst ist, bestimmt man nochmals den Titer in 5 ccm Lösung. Jetzt soll der Titer $1^1/_2$mal so groß sein wie bei der ersten Titration. Nach Filtration ist die Lösung verwendbar.

Die Rhodanzahl nach H. P. Kaufmann[1]) gibt einen Maßstab für den Gehalt an Linolsäure, da ungesättigte Säuren mit 2 Doppelbindungen Rhodan nur an einer Bindung addieren. Zur Herstellung der notwendigen Rhodanlösung benutzt man völlig wasserfreien Eisessig. Man gewinnt ihn durch Destillation von $1^3/_4$ l Eisessig (94—100%ig) unter Zusatz von 10% (175 g) Phosphorpentoxyd, indem man nur die zwischen 118 und 120° übergehende Fraktion auffängt. Zur Herstellung von 500 ccm Rhodanlösung löst man 15 g Bleirhodanid, das mindestens 8 Tage über Phosphorpentoxyd im braunen Exsikkator gestanden hat, in 250 ccm des oben beschriebenen Eisessigs, gibt allmählich eine Lösung von 4 g Brom in 250 ccm Eisessig (wie oben) zu, läßt absitzen und filtriert dann durch einen trockenen Trichter mit Doppelfaltenfilter. Zur Titerstellung werden 20 ccm Rhodanlösung im trocknen Jodzahlkolben in einem Guß mit 20 ccm Jodkaliumlösung (10%ig) versetzt, mit der gleichen Menge Wasser verdünnt und mittels 0,1 n-Thiosulfat titriert. Zum eigentlichen Versuch wiegt man in einem Glasbecherchen bei Fetten mit hoher Jodzahl 0,1 bis 0,12 g, bei Fetten mit mittlerer Jodzahl 0,2—0,3 g, bei kleinster Jodzahl 0,5—1,0 g ab, bringt diese Substanz in einen Jodzahlkolben und läßt 20 ccm Rhodanlösung zufließen. 24 Stun-

[1]) Studien auf dem Fettgebiet, Verlag Chemie, Berlin (1925).

den läßt man im Dunkeln stehen, gießt dann in einem Guß etwa 20 ccm Jodkaliumlösung (10%ig) zu, verdünnt mit der gleichen Menge Wasser und titriert das ausgeschiedene Jod mittels 0,1 n-Thiosulfatlösung. Bezeichnet man mit *c* die Einwaage, mit *a* den Wert des Blindversuchs, mit *b* denjenigen des Hauptversuches, so ergibt sich die Rhodanzahl aus folgender Gleichung:

$$\text{Rhodanzahl} = \frac{1{,}269\,(a-b)}{c}$$

Die Hexabromidzahl[1]) gibt die Anzahl g Hexabromstearinsäure an, die unter bestimmten Bedingungen aus 100 g Fettsäuren gebildet werden und ist damit ein Ausdruck für die vorhandene Linolensäure, die man durch Multiplikation mit 0,36 aus ihr erhält. 10 g Fett werden mit 50 ccm alkoholischer 0,5 n-KOH verseift, der Alkohol wird zum größten Teil verdunstet, der Rückstand mit 10 ccm Wasser gelöst und mit 50 ccm Wasser in einen Scheidetrichter gespült. Man scheidet die Fettsäuren mittels Schwefelsäure ab und äthert sie zweimal mit je 100 ccm Äther aus. Die Ätherlösung wird mit 10%iger Kochsalzlösung gewaschen, ½ Stunde über Natriumsulfat getrocknet, der Äther der Lösung verjagt und das Gemisch der Fettsäuren im CO_2-Strom getrocknet. 1 bis 3 g Fettsäuren löst man in einem Zentrifugenrohr mittels 25 ccm Äther. Man kühlt 10 Minuten auf —10° und gibt dann aus einer Mikrobürette Brom (0,4—1,2 ccm) bis zur bleibenden Rotfärbung zu. Man kühlt das verschlossene Rohr 2 Stunden auf —5° und zentrifugiert 4 Minuten. Die klare Flüssigkeit wird abgegossen, der Rückstand mit 20 ccm Äther von —10°, der mit Hexabromid gesättigt ist, aufgerührt und die Mischung wieder zentrifugiert. Nach wiederholtem Auswaschen mit dem gleichen Äther erhält man einen rein weißen Niederschlag, den man ½ Stunde bei 90° trocknet und wiegt. Die erhaltene Wägung ist auf 100 g Fettsäuren umzurechnen.

Weiter sind eine ganze Reihe von Fettkonstanten bedeutungsvoll für die Lebensmittelchemie. Erwähnt seien hier nur die

---

[1]) Fette und Seifen **44**, 15, 113 (1937).

Jodgleichgewichtskonstante[1]), die Hydrierzahl[2]), die Dienzahl[3]), die Acetyhlzahl[4]). Zum Nachweis gehärteter Öle kommt der von J. Großfeld und J. Peter[5]) angebenen Halbmikro-Isoölsäurebestimmung große Bedeutung zu. Die Bestimmung wird wie folgt durchgeführt: 500—550 mg Fett werden mit 5 ccm der bei der Halbmikrobuttersäurezahl verwendeten, alkoholischen Kalilauge verseift. Zu der Seifenlösung gibt man 20 ccm alkoholische Bleiacetatlösung (50 g krist. Bleiacetat + 5 ccm 96%ige-Essigsäure mit 80%igem Alkohol aufgefüllt z. 1), 1 ccm 96%ige Essigsäure und 3 ccm Wasser. Man löst den entstandenen Niederschlag durch Erhitzen unter Rückfluß und läßt dann 2 Stunden verkorkt bei 20° stehen. Der Niederschlag wird hierauf durch einen Glasfiltertiegel abgesaugt; man wäscht mit 10—15 ccm 70 Vol%ig. Alkohol nach und saugt schließlich stark ab. In einem Besson-Kolben gibt man nun 20 ccm Bleiacetatlösung zu, setzt den Tiegel mit dem Boden nach oben in den Kolben und gibt auf den Filterboden 1 ccm 96%ige Essigsäure. Dann wird in der Hitze extrahiert, bis der Niederschlag gelöst ist. Die noch heiße Lösung wird mit 2 ccm kaltem Wasser kräftig umgeschüttelt. Ein hierbei entstehender Niederschlag wird durch Erhitzen unter Rückfluß gelöst. Darauf läßt man das Kölbchen verkorkt 2 Stunden bei Zimmertemperatur stehen. Die ausgeschiedenen Bleisalze der festen Fettsäuren werden wie oben abgesaugt und mit 70%igem Alkohol gewaschen. Nunmehr wird der Tiegel samt Inhalt im Besson-Apparat mit 20 ccm einer Mischung von gleichen Teilen 95%igem Alkohol und 96%iger Essigsäure in der Siedehitze behandelt. Die noch heiße Lösung der Bleisalze wird unter Nachspülen mit 10 ccm Alkohol-Essigsäure-Mischung in einen Jodzahlkolben gebracht. Man versetzt jetzt mit 20 ccm einer 0,2 n-Jodlösung (25,4 g Jod i. 1 96%igem Alkohol), mischt, setzt 200 ccm Wasser zu und mischt wieder.

[1]) Zeitschr. f. Unters. d. Lebensm. **61**, 446 (1931).
[2]) A. Grün, Analyse der Fette u. Wachse S. 188, Jul. Springer Berlin 1925.
[3]) Fette und Seifen **43**, 93 (1936).
[4]) Fette und Seifen **44**, 471 (1937).
[5]) Zeitschr. f. Unters. d. Lebensm. **68**, 345 (1934) u. **76**, 342 (1938).

Nach einigen Minuten titriert man mit Thiosulfat (0,1 n) den Jodüberschuß zurück. Daneben wird ein Leerversuch ausgeführt mit 30 ccm einer Mischung von gleichen Volumen 95%igem Alkohol und 96%iger Essigsäure. 1 ccm verbrauchter 0,1 n-Thiosulfatlösung entspricht 14,1 mg Isoölsäure.

Die Phytosterinprobe dient zur Unterscheidung von tierischem und pflanzlichem Fett. Sie wird zweckmäßig nach Kühn, Bengen und Wewerinke[1]) ausgeführt. 50 g Fett oder Öl werden mit 100 ccm alkoholischer Kalilauge (200 g Ätzkali mit 70%igem Alkohol zum 1 gelöst) auf dem siedenden Wasserbad 1/2 Stunde verseift. Danach fügt man das gleiche Volumen heißes Wasser und 50 ccm 25%iger Salzsäure zu und erhitzt, bis die Fettsäuren klar abgeschieden sind. Man filtriert dann durch einen Heißwassertrichter, in den man ein mit heißem Wasser durchfeuchtetes Papierfilter eingelegt hat. Nach dem Ablaufen der wäßrigen Lösung filtriert man die Fettsäuren durch ein trockenes Filter. Die klaren Fettsäuren erhitzt man auf 70° und versetzt sie unter Rühren mit 25 ccm einer 1%igen alkoholischen Digitoninlösung, indem man die Temperatur auf 70° hält. Entsteht innerhalb einer Stunde kein Niederschlag, so ist Phytosterin abwesend bzw. Pflanzenfett nicht vorhanden. Andernfalls gibt man zu dem heißen Gemisch 20 ccm Chloroform, saugt durch eine mit dichtem Filter belegte Nutsche und wäscht mit Chloroform und Äther nach. Dann trocknet man das Filter samt Niederschlag bei 100°, wäscht nochmals mit Äther und trocknet von neuem bei 100°. Hierauf werden die papierdünn auf dem Filter haftenden Sterindigitonide abgetrennt und in einem Reagenzglas mit aufgesetztem Kühlrohr nach Zusatz von 3—5 ccm Essigsäureanhydrid 10 Minuten im Sieden gehalten. Alsdann versetzt man die noch heiße Lösung mit dem 4fachen Volumen 50 Vol-%igem Alkohol und kühlt ab. Das ausgeschiedene Sterinacetat wird abfiltriert, mit 50%igem Alkohol gewaschen, in wenig Äther gelöst und in einem Schälchen eingetrocknet. Der Trockenrückstand wird 3—4mal mit je 1 ccm absolutem Alkohol umkristallisiert. Von der dritten Kristallisation ab gibt

[1]) Zeitschr. f. Unters. d. Lebensm. **29**, 321 (1915) vgl. Fette u. Seifen **46**, 131 (1939).

man den Kristallbrei auf einen Tonteller und bestimmt jedesmal den Schmelzpunkt. Sind die Ester bei 116° (korr.) noch nicht geschmolzen, so ist auf Pflanzenfettzusatz zu schließen, schmelzen sie über 117° oder höher, so ist auf Pflanzenfettzusatz mit Bestimmtheit erwiesen.

Der Nachweis von Talg in Schweinefett wird nach dem Verfahren von A. Bömer und R. Limprich[1]) erbracht. Man löst 50 g klares, filtriertes Fett in 50 ccm Äther und überläßt die Lösung bei 15° der Kristallisation. Nach einer Stunde filtriert man den ausgeschiedenen Kristallbrei auf einer Saugplatte ab, saugt sofort ab und entfernt durch Auflegen eines Uhrglases möglichst viel Mutterlauge. Die ausgeschiedene Masse wird nochmals in der gleichen Weise behandelt. Bei reinen Schweinefetten erhält man auf diesem Wege Glyzeride, die bei 63—64° schmelzen, während talghaltige Glyzeride niedriger schmelzen. Liegt der Schmelzpunkt unter 60°, so werden die Glyzeride nochmals umkristallisiert. Aus einem kleinen Teil der Glyzeride (0,1—0,2 g) stellt man die Fettsäuren dar. In einem kleinen Mörser verreibt man diese Menge und verseift etwa die Hälfte davon mit 10 ccm nicht gelb verfärbter 0,5 n-alkoholischer Kalilauge in einem bedeckten Bechergläschen über dem Asbestnetz etwa 5—10 Minuten lang. Die Seifenlösung wird mit 100 ccm Wasser in einen Scheidetrichter überführt, mit 2—3 ccm 25%iger Salzsäure zersetzt und mit 25 ccm Äther ausgeschüttelt. Die Ätherlösung wird mit 25 ccm Wasser gewaschen, filtriert und verdunstet. Man trocknet die Fettsäure $^1/_2$—1 Stunde bei 100°. Nach dem Zerdrücken und Mischen bestimmt man von obigen Glyzeriden und von den Fettsäuren unter genau den gleichen Bedingungen den Schmelzpunkt. Aus der Schmelzpunktdifferenz (d) zwischen dem Schmelzpunkt der Glyzeride und demjenigen der daraus hergestellten Fettsäuren sowie aus dem Schmelzpunkt der Glyzeride allein (Sg) bildet man nachstehenden Ausdruck:

$Sg + 2d$, der bei Schweinefett ohne Talgzusatz nicht unter

[1]) Zeitschr. f. Unters. d. Lebensm. **26**, 595 (1913), vgl. auch Fette u. Seifen **45**, 473 (1938).

71,0 liegt. Der Ausdruck gilt für Schmelzpunkte der Glyzeride zwischen 61 und 65°.

Eine gewisse Bedeutung für den Nachweis der Abstammung der Fette kommt besonderen Fettreaktionen zu. Hervorgehoben seien hier nur die Bellier-Reaktion auf Pflanzenöle, die Sesamölreaktion und die Baumwollsaatreaktion.

Zur Bellierreaktion werden 5 ccm geschmolzenes, filtriertes Fett mit 5 ccm kalt gesättigter Lösung von Resorcin in Benzol und 5 ccm farbloser Salpetersäure (Dichte 1.4) 5 Sekunden in einem graduierten, mit Glasstöpsel versehenen Röhrchen geschüttelt. Treten während des Schüttelns oder 5—10 Sekunden danach rote, violette oder grüne Färbungen auf, so liegen Pflanzenöle vor. Mitunter tritt die Färbung bei älteren Ölen etwas später auf. Charakteristisch für sie ist der momentane Eintritt der Farbe, der meist von einem Punkt ausgeht und sich über die ganze Schicht schlagartig verbreitet. Gelb- oder Braunfärbungen, die meist nach 10 bis 20 Minuten eintreten, bleiben unberücksichtigt. Gehärtete Pflanzenöle liefern meist gleichfalls eine positive Reaktion.

Die Sesamölreaktion wird in der Weise ausgeführt, daß man 5 ccm Öl oder Fett in 5 ccm Petroläther löst und mit 0,1 ccm einer 1%igen alkoholischen Furfurollösung sowie 10 ccm rauchender Salzsäure (Dichte 1,19) ½ Minute kräftig schüttelt. Bei Anwesenheit von Sesamöl tritt eine verhältnismäßig beständige Himbeerfärbung auf.

Zum Nachweis von Baumwollsaatöl werden 5 ccm Fett mit 5 ccm Amylalkohol und 5 ccm einer 1%igen Lösung von Schwefel in Schwefelkohlenstoff in einem mit weitem Kühlrohr versehenen Reagenzglas 15 Minuten im siedenden Wasserbad erhitzt. Tritt keine Färbung auf, so gibt man nochmals 5 ccm Schwefellösung zu. Eine intensive Rotfärbung ist gewöhnlich durch Baumwollsaatöl bedingt.

Eine Geruchsreaktion auf Kokosfett, Palmkernfett und Butterfett gibt R. Strohecker[1]) an. 5 g Fett werden in einem Erlenmeyer mit 20 ccm 0,5 n-alkoholischer Kalilauge versetzt. Nach einigem Stehen in der Kälte

---

[1]) Zeitschr. f. Unters. d. Lebensm. **64**, 392 (1932).

oder auf dem Wasserbad (hier schneller) tritt bei Anwesenheit von Kokos- oder Palmkernfett ein charakteristischer Geruch nach Laurin-Myristinsäure-Ester, bei Butterfett nach Buttersäureäthylester auf. Die Reaktion ist durch Alkoholyse bedingt.

Die Prüfung auf Erdnußöl (Arachisöl) kann nach M. Kreis und R. Roth[1]) vorgenommen werden.

Zur Prüfung auf Verderbnis der Fette zieht man die Feststellung des Säuregrades, die Peroxydreaktion, die Aldehydreaktion, die Reaktion auf Epihydrinaldehyd und die sogenannte Oxydationszahl heran. Zur Feststellung des Säuregrades werden 5 g filtriertes Fett in einem Erlenmeyer mit einer gegen Phenolphthalein neutralisierten Mischung von 25 ccm Äther und 25 ccm 96%igen Alkohol gelöst und mit 0,1 n-Lauge bis zur Rosafärbung titriert. Der Verbrauch in ccm, mit 2 multipliziert, ergibt den Säuregrad.

Die Peroxydreaktion kann nach R. Strohecker, R. Vaubel und A. Tenner[2]) qualitativ oder quantitativ mit Hilfe des Stufenphotometers ausgeführt werden. In einem Zentrifugenglas werden 30 g Öl eingewogen und mit 15 ccm Titanreagens (1 g Titansulfat und 100 g 20%ige Schwefelsäure werden heiß gelöst und auf 1 l aufgefüllt) nach dem Verschließen mit Gummistöpsel 20 Minuten kräftig geschüttelt und 10 Minuten im Wasserbad auf 60° erhitzt, darauf nochmals 5 Minuten geschüttelt, bis zur Trennung der Schichten stehen gelassen und dann zentrifugiert. Bei Anwesenheit von Peroxyden ist die wäßrige Schicht gelb bis orange gefärbt. Zur quantitativen Bestimmung filtriert man durch ein Kieselgurfilter, mißt stufenphotometrisch gegen Filter S 43 bei Schichtdecke 3 cm und bestimmt nach der Gleichung:

$O = \frac{Kx \cdot 100}{8{,}046 \cdot 30}$ den aktiven Sauerstoff. Kx = die gemessene Extinktion für die 3 cm-Küvette.

J. Gangl und W. Rumpel[3]) weisen die Fettverderbnis

[1]) Zeitschr. f. Unters. d. Lebensm. **25**, 81 (1913).
[2]) Fette und Seifen **44**, 246 (1937).
[3]) Zeitschr. f. Unters. d. Lebensm. **68**, 533 (1934).

wie folgt nach: 5 oder 10 g Fett (je nach dem Verderbnisgrad) werden im Jodzahlkolben mit 5 ccm einer Lösung von 4,4 g Jodkalium in 1 l reinem Propylalkohol und 2 Tropfen Eisessig 10 Minuten, bei stark verdorbenen Fetten 5 Minuten, unter Umschütteln bei 50° gehalten. Hierauf setzt man 20 ccm verdünnte Salzsäure (1 : 1) zu, schüttelt wieder und gibt unter Nachwaschen mit gleich verdünnter Salzsäure durch ein feuchtes Filter. Nunmehr setzt man 10 ccm 10%ige Kaliumcyanidlösung und 3 ccm Stärkelösung zu und titriert mit 0,01 n-Jodatlösung bis zur Entfärbung. Wurden bei der Titerstellung für 5 ccm propylalkoholische Kaliumjodidlösung *a* ccm Jodatlösung verbraucht und wurden im Hauptversuch für 10 g *b* ccm titriert, so errechnet sich die Verdorbenheitszahl (x) nach der Gleichung: $x = 1{,}66\,(a - b)$; Werte über 15 deuten Verdorbenheit an. Frische Fette zeigen Werte von 5.

Den Aldehydnachweis[1]) in verdorbenen Fetten oder Ölen kann man in folgender Weise erbringen: 25 ccm Substanz (Öl oder geschmolzenes Fett) werden in einem graduierten Röhrchen mit eingeschliffenem Stopfen mit 25 ccm Chloroform und 5 ccm Schiffs-Reagens (Fuchsin-schweflige Säure) versetzt und geschüttelt. Eine nach einer halben Minute auftretende Blaurotfärbung zeigt Aldehyd an.

H. Kreis hat eine Prüfung auf Epihydrinaldehyd als Verderbnisreaktion empfohlen, die von K. Täufel[2]) verbessert wurde. In ein Reagenzglas gibt man etwa 5 ccm Öl oder Fett sowie die gleiche Menge kalte, konzentrierte Salzsäure. Darauf schiebt man in das Reagenzrohr einen Wattebausch, den man mit 1 ccm ätherischer 1%iger Phloroglucinlösung und 20 Tropfen 20%iger Salzsäure getränkt hat. Man mischt hierauf Fett und Salzsäure in dem Reagenzrohr durch Umschütteln, ohne daß das Fett mit dem Wattebausch in Berührung kommt. Eine nach einiger Zeit eintretende Violettrotfärbung auf der Watte beweist die Anweseneit von Epihydrinaldehyd und damit eine eingetretene Zersetzung.

Die Oxydationszahl als Erkennungsmerkmal für

1) K. Reuland, Dissertation Frankfurt 1939.
2) Zeitschr. f. Unters. d. Lebensm. 67, 268 (1934).

zersetzte Fette wird in ähnlicher Weise bestimmt wie diejenige von Fleisch (s. S. 98). Man geht nach R. Strohecker, R. Vaubel und H. Kirchberg[1]) von 10 g Fett oder Öl aus. In den Kolben *B* (Abb. S. 98) wiegt man diese Menge ein und setzt außerdem 10 ccm doppeltdestilliertes Wasser zu. In etwa 15 Minuten destilliert man 30 ccm über. In 15 ccm des Destillates wird entweder die Oxydationszahl mit 0,01 n-Permanganatlösung oder die Chlorzahl mit 20 ccm einer 0,01 n-Natriumhypochloritlösung (0,45 ccm käufliche Natriumhypochloritlösung von 25 Bé auf 100 ccm) bestimmt. Bezüglich der Oxydationszahl verfährt man wie früher angegeben (s. 97). Zur Chlorzahlbestimmung hängt man das in einem Jodzahlkolben befindliche Gemisch von Destillat (15 ccm) und Hypochloritlösung (20 ccm) 15 Minuten in ein siedendes Wasserbad, kühlt dann ab, versetzt mit 10 ccm 10%iger Kaliumjodidlösung sowie mit 5 ccm 25%iger Salzsäure, läßt 2 Minuten verschlossen im Dunkeln stehen und titriert den Jodüberschuß zurück. Nebenher läuft ein Blindversuch. Die Differenz zwischen Blindversuch und Hauptversuch bezüglich des Thiosulfatverbrauches, multipliziert mit 2, ergibt die Chlorzahl. Oxydationszahlen über 4 oder Chlorzahlen über 6 deuten zersetzte Fette und Öle an.

Zum Ketonnachweis nach H. Schmalfuß[2]) destilliert man aus einer Mischung von 25 g Fett und 25 g gesättigter Kochsalzlösung nach Zusatz von einigen Siedesteinchen mittels eines 30 cm langen absteigenden Kühlers 4 ccm über, die man einzeln in Reagenzgläsern auffängt. Man versetzt jedes der Reagenzgläser mit 2 ccm reinem Salicylaldehyd sowie 3 ccm rauchender Salzsäure schüttelt oder erhitzt über freier Flamme zum beginnenden Sieden. Nach einer Minute setzt man 0,5 ccm Chloroform zu und schüttelt vorsichtig. Bei Anwesenheit von kleinen Mengen Ketonen tritt nach 3 Minuten, bei größeren Mengen Ketonen sofort eine rote Färbung der Chloroformschicht auf.

[1]) Zeitschr. f. analyt. Chemie **110**, 1 (1937).

[2]) Marg.-Ind. **25**, 215 (1932).

Zum Nachweis von Trikrcsylphosphat[1]) sind folgende Reagenzien notwendig:

Lösung I: 0,1 g p-Nitranilin + 5 ccm HCl 25%ig + 95 ccm Wasser.

Lösung II: 5%ige wässerige Natriumnitritlösung.

Vor dem Gebrauch mischt man 10 ccm der Lösung I und 1 ccm Lösung II. Sobald Entfärbung eingetreten ist, ist das Reagenz verwendungsfähig. 5 Tropfen des fraglichen Öles werden mit 10 Tropfen Alkohol und 0,1 bis 0,2 g Kaliumhydroxyd erhitzt bis das Oel verseift ist. Die Seife wird in 5 ccm Wasser aufgenommen und diese Lösung mit 2—3 ccm des oben angegebenen Reagenzes versetzt. Bei Gegenwart von Trikresylphosphat entsteht je nach der vorhandenen Menge eine mehr oder weniger intensive Rotfärbung.

Nach diesem Verfahren werden noch 0,01% Trikresylphosphat mit Sicherheit erkannt. Allerdings ist es erforderlich, bei Gegenwart geringer Mengen an Trikresylphosphat eine Blindprobe mit einem garantiert reinen Öl, das kein Trikresylphophat enthält, anzustellen. 1% trikresylphosphathaltige Öle geben eine kräftige positive Reaktion (leuchtend rote Farbe), größere Mengen geben intensive, tiefe violettrote Färbung. Die Reaktion ist nicht spezifisch für o-Trikresylphosphat.

6. Eier

Bei der Untersuchung der Eier spielt vor allem die Feststellung des Frischezustandes bzw. des ungefähren Alters eine Rolle. Hierzu ermittelt man die Dichte, die von der Größe der im Ei vorhandenen Luftblase abhängt, indem man die Dichte einer Kochsalzlösung feststellt, in der das zu untersuchende Ei gerade noch schwimmt, oder indem man prüft, ob ein Ei in einer 10 g NaCl in 100 ccm enthaltenden Kochsalzlösung schwimmt oder untergeht. 5—6 Wochen alte Eier schwimmen gewöhnlich in dieser Lösung, in einer 6%igen Lösung gehen sie unter. Die Dichte frischer Eier beträgt 1,078—1,094. Ein Wert von 1,050 deutet drei Wochen alte

[1]) Chem.-Ztg. Nr. 7, S. 125 (1944).

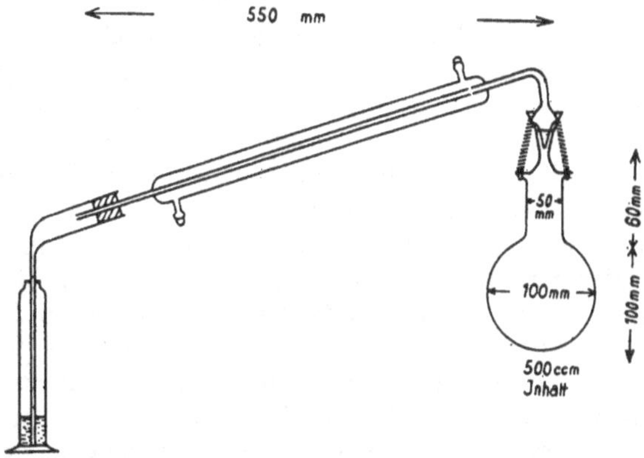

Abb. 34. Apparat zur Bestimmung flüchtiger Schwefelverbindungen

Eier, ein Wert von 1,044 wenigstens 5—6 Wochen alte Eier an. Eine Dichte von 1,021 deutet auf zu alte Eier.

P. Weinstein[1]) empfiehlt die Gefrierpunktsdifferenz zur Bestimmung des Eialters. Er bestimmt den Gefrierpunkt des Dotters und denjenigen einer Mischung von 2 Teilen Dotter und 1 Teil Kochsalzlösung (0,9%ig). Multipliziert man die Differenz beider Werte mit 100, so erhält man die Gefrierpunktsdifferenzzahl. Frische Eier zeigen Werte von 10—11,5, 10—12 Wochen alte Eier solche von 3,0—6,0, Kühlhauseier und Konserveneier Werte von 2,1—5,6.

Nach W. Diemair, R. Strohecker und H. Keller[2]) gibt auch die Bestimmung der flüchtigen Schwefelverbindungen Anhaltspunkte für das Eialter. Frische Eier zeigen im Durchschnitt 0,15—0,2 mg flüchtigen Schwefel in 100 g Eiinhalt, während nach 6 Monaten Lagerung 0,45—0,50 mg flüchtiger Schwefel bei zahlreichen Proben gefunden wurden. Garantoleier zeigten eine geringere Erhöhung. Die Bestimmung wird in folgender Weise durchgeführt: Ein Ei wird in einer Por-

[1]) Zeitschr. f. Unters. d. Lebensm. **66**, 48 (1933), vgl. auch dieselbe Zeitschr. **68**, 59 (1934).

[2]) Zeitschr. f. analyt. Chemie **116**, 385 (1939).

zellanschale aufgeschlagen, gewogen und 4 Minuten mit einer Gabel fein zerteilt. Nach Zusatz von etwas Wasser gibt man die Lösung durch Mull in einen gewogenen Erlenmeyer, wäscht nach und ergänzt mit Wasser auf 500 g. 30 ccm der Lösung werden mit 70 ccm Wasser und 2 Glasperlen in den Kolben des obenstehenden Apparates (s. Abb. 34) gebracht. Man heizt 5 Minuten (höchstens 5 Min. 30 Sek.) bis zum Sieden an. Die eigentliche Destillation dauert 5 Min. In die Vorlage gibt man 1 ccm einer 0,5%igen Lösung von Dimethyl-p-phenylendiamin in konzentrierter Salzsäure und 1 ccm Reißner-Ansatz (80 ccm ausgekochte 10%ige Salpetersäure + 40 ccm n-Eisenchloridlösung + 40 ccm Wasser) und destilliert nunmehr 20 ccm in die Vorlage ab, wobei eine blaue Lösung entsteht, deren Färbung von gebildetem Methylenblau herrührt. Nach 20 Minuten wird das entstandene Methylenblau stufenphotometrisch gemessen. Die Verhältnisse liegen hier bei Schwefel und Methylenblau deshalb günstig, weil der 10. Teil des Extinktionsmoduls unmittelbar den Schwefelgehalt angibt. Man verwendet für die Mischung Filter S 61 und bezieht stets auf die 10 mm-Küvette.

Zur Erkennung der Wasserglaseier gibt Heestermann[1]) folgende Vorschrift: Zu dem Waschwasser setzt man 5 Tropfen Ammoniummolybdatlösung (10%ig) und 2 Tropfen 8 n-Salzsäure. Ist Wasserglas vorhanden, so entsteht eine durch Kieselsäure bedingte Gelbfärbung, die auf Zusatz von 4 Tropfen alkalischer Zinnchlorürlösung in blau übergeht.

Für die Untersuchung der Eikonserven kommt eine Reihe von Methoden in Frage, die bei der Untersuchung der Eier-Teigwaren besprochen werden. Es handelt sich vor allem um die Bestimmung des Cholesterins, der Lecithinphosphorsäure, des Ätherextraktes; vgl. auch R. Viollier, Mitteilg. Lebensm.Unters. u. Hyg. 68, 215 (1937), Fettbestimmung in Eikonserven.

---

[1]) Chem. Weekbl. **29**, 134 (1932).

7. Mehl, Grieß und sonstige Getreidewaren

Von den hierhergehörenden Untersuchungsmethoden seien hervorgehoben die Aschebestimmung, die Bestimmung des Säuregrades, die Trifruktosanbestimmung, die physikalisch-chemische Unterscheidung von Roggen- und Weizenmehl.

Zur Aschebestimmung bedient man sich des elektrischen Ofens. 2—3 g werden in einem vorher ausgeglühten und gewogenen Porzellanschälchen zunächst über einem Pilzbrenner verkohlt und dann noch 1 Stunde im elektrischen Ofen bei 750° gehalten. Der Rückstand, der weiß sein soll, wird nach dem Erkalten im Exsikkator gewogen. Es ist zu beachten, daß unter diesen Bedingungen möglicherweise vorhandenes Kochsalz sich verflüchtigt. Das hat vor allem für die Aschebestimmung in Teigwaren Bedeutung.

Die Bestimmung des Säuregrades wird zweckmäßig nach Arragon vorgenommen. 10 g Substanz werden im Becherglas mit 100 ccm Wasser angerührt, ½ Stunde auf dem Wasserbad bedeckt erwärmt und dann heiß mit 0,1 n-Natronlauge gegen 0,5 ccm 2%iges Phenolphthalein titriert. Den Säuregrad geben die für 100 g Substanz verbrauchten ccm n-Lauge an.

Zur Unterscheidung von Roggen- und Weizenmehl bzw. zur Ermittlung eines Roggengehaltes im Weizenmehl zieht man mit sehr gutem Erfolg die von R. Strohecker[1]) in quantitativer Weise umgestaltete Trifruktosanbestimmung nach J. Tillmans heran. 10 g Mehl werden mit 100 ccm Wasser in kleinen Zugaben angerührt, mit 5 ccm dialysierter Eisenhydroxydlösung gut vermischt und nach 15 Minuten in einen mit eingeschliffenem Stöpsel versehenen Standzylinder filtriert. 25 ccm des Filtrates werden mit 96%igem Alkohol auf 90 ccm aufgefüllt. Auch nach dem Mischen soll das Volumen 90 ccm betragen. Nach 10 Minuten (während dieser Zeit wird öfters umgeschüttelt) filtriert man von den ausgeschiedenen Dextrinen, Gummi usw. in einen 50 ccm-Meßzylinder ab, der wie im ersten Falle gleichfalls mit Glasschliff und Stöpsel versehen ist.

---

1) Zeitschr. f. Unters. d. Lebensm. **63** 514 (1932).

45 ccm des Filtrates werden mit genau 5 ccm 0,5 n-alkoholischer Kalilauge versetzt, öfters (!) umgeschüttelt und eine halbe Stunde sich selbst überlassen. Dann filtriert man das ausgeschiedene Kaliumsalz des Trifruktosans auf einen nicht gewogenen, mit Asbest beschickten Tiegel ab und wäscht mit 2mal 5 ccm Alkohol aus. Unter den Tiegel stellt man nunmehr ein passendes Reagenzglas in die Saugflasche und löst den Niederschlag in wenig heißem Wasser unter Saugen, wäscht mit wenig heißem Wasser aus und gibt die in dem Reagenzrohr befindliche Lösung in den benutzten Meßzylinder zurück, um die darin verbliebenen Trifruktosanreste zu lösen. Man neutralisiert dann die Lösung im Zylinder gegen Phenolphthalein mittels 0,1 n-Salzsäure und füllt jetzt erst auf 50 ccm auf. Danach gibt man diese 50 ccm in ein 100 ccm-Kölbchen, spült mit 25 ccm Wasser nach, setzt 5 ccm rauchende Salzsäure (1,19) zu und spaltet das Trifruktosan nach der Zollvorschrift (5 Minuten bei 68—70°) in Fruktose. Nachdem man mit etwa 4,5 ccm Natronlauge (1 : 1) neutralisiert hat, füllt man auf 100 ccm auf und bestimmt in 50 ccm den reduzierenden Zucker in der üblichen Weise (s. S. 57). Den auf 1 g Trockensubstanz bezogenen CuO-Wert (X) berechnet man nach folgender Gleichung:

$$X = \frac{\text{mg CuO} \times 100}{\text{Trockensubstanz } \% \times 0{,}6}$$

Dieser CuO-Wert liegt bei Weizenmehl etwa zwischen 3,4 und 11,9 mg, bei Roggenmehl (60%ig ausgemahlen) zwischen 63,4 und 75,5. Mehle aus 80% Roggen und 20% Weizen zeigten Werte zwischen 52,7 und 58,6 mg, solche aus 50% Roggen und 50% Weizen Werte zwischen 35,9 und 39,3 mg, Mehle aus 20% Roggen und 80% Weizen weisen CuO-Werte von 19,0 bis 21,2 mg auf. Bringt man nicht CuO, sondern Cu_2O zur Wägung, so muß man den erhaltenen Cu_2O-Wert mit dem Faktor 1,11 multiplizieren, um den CuO-Wert zu erhalten.

Auch durch Bestimmung der spezifischen Leitfähigkeit und der Refraktion des wäßrigen Mehlauszuges lassen sich Anhaltspunkte für die Art des Mehles (Roggen oder Weizen) er-

[1]) Zeitschr. f. Unters. d. Lebensm. 47, 90 (1924).

halten[1]). Zur Herstellung des notwendigen wäßrigen Auszuges werden 5 g Mehl mit 50 ccm Wasser in einem Becherglas angerührt und nach einer Viertelstunde filtriert. Die Filtration selbst darf nicht länger als eine Stunde dauern. In dem klaren Filtrat wird die spezifische Leitfähigkeit bei 18⁰ und die Refraktion im Zeißchen Eintauchrefraktometer bei 17.5⁰ bestimmt. Auch die wasserlöslichen Stoffe des Mehlauszuges geben Hinweise auf die Mehlart ab. Sie werden ermittelt, indem man 10 ccm des obigen Auszuges in einer gewogenen Nickelschale eindampft, trocknet und zur Wägung bringt. Weizenmehle und Roggenmehle zeigen, nach dieser Methode behandelt, folgende Werte:

	Wasserlösl. Stoffe	Refraktion	spezifische Leitfähigk.
Weizenmehl:	3,9— 8,6%	18,8—20,9	$5{,}2—10{,}24 . 10^{-4}$
Roggenmehl:	11,8—17,1%	12,7—24,3	$10{,}5—14{,}33 . 10^{-4}$

Zu beachten ist, daß die zuletzt besprochenen Methoden auch von dem Ausmahlungsgrad abhängig sind, so daß man sie, vor allem die Bestimmung der spezifischen Leitfähigkeit, auch zur Feststellung des Ausmahlungsgrades[1]) mitverwenden kann. Erwähnt seien hier auch die Methoden zur Prüfung auf künstliche Bleichung. Einen Anhaltspunkt liefert hierfür schon das Aussehen des Ätherextraktes[2]). Ungebleichte Mehle zeigen goldgelbe Ätherauszüge, gebleichte Mehle dagegen weisen hellere Farbe auf. Stickoxyde weist man nach Grieß-Ilosvay in folgender Weise nach: Man schüttet etwas Mehl auf eine Glasplatte und drückt (pekarisiert) das Mehlhäufchen mit einer zweiten Platte. Auf die glatte Fläche des Mehles gibt man 3 Tropfen einer Auflösung von 0,5 g Sulfanilsäure und 0,1 g α-Naphthylamin in 30%iger Essigsäure. Tritt innerhalb 1 Minute eine blaßrosa oder rote Färbung auf, so ist die Gegenwart von stickoxydhaltigen Bleichmitteln bewiesen.

Peroxyde und ähnliche Verbindungen (Persulfate, Perborate werden durch Betupfen der glattgedrückten

---

1) Zeitschr. f. d. gesamte Mühlenwesen **4**, 27 (1927).
2) Zeitschr. f. Unters. d. Lebensm. **70**, 169 (1935).

Mehloberfläche mit angesäuerter Jodkaliumlösung bzw. mit einer 0,5%igen alkoholischen Benzidin-, Fluoreszein- oder Curcuminlösung erkannt. Peroxyde geben mit saurer Jodkaliumlösung braunschwarze Punkte, Persulfate geben mit Benzidinlösung blaugrüne Punkte, Perborate mit Fluoreszein rote, mit Curcumin braunrote Punkte. Einwandfrei kann man Bromate wie folgt nachweisen[1]): 10 g Mehl werden zur Entfernung des natürlichen Broms mit 50 ccm Alkohol und 2 ccm Natronlauge (10%ig) behandelt, die Lösung wird abgegossen und der Rückstand verascht. Die salzsaure Aschelösung wird mit Natriumdichromatlösung (10%ig), Schwefelsäure, Fuchsinschwefeliger Säure und Chloroform geschüttelt. Noch ein Zusatz von 0,001% Kaliumbromat liefert eine Rotfärbung des Chloroforms.

Benzoylperoxyd wird wie folgt nachgewiesen: Man befeuchtet das pekarisierte Mehl mit einer 1%igen, alkoholischen Lösung von Di-p-diamido-diphenylamin (zur Lösung kocht man 1/2 Stunde am Rückflußkühler). Eine Grünblaufärbung deutet Benzoylperoxyd an. Zum Nachweis der *Chlorbleiche* stellt man mittels Äther oder Petroläther einen Auszug her und prüft diesen Auszug mittels Kupferdraht in üblicher Weise auf die Anwesenheit von Chlor.

Zur Feststellung der *Eignung* eines Mehles für *Backzwecke* sind eine Reihe von Methoden und Apparaten empfohlen worden, die in den meisten Fällen den praktischen Backversuch nicht entbehrlich machen. Über diese Methoden vgl. Handbuch der Lebensmittelchemie Bd. V, 1938, S. 97.

Den Nachweis von *Sojabohnenmehl* in *Roggen- und Weizenmehl* erbringt man nach *La Wall* und *Harrison* bzw. *P. Pelshenke*[2]) in folgender Weise: 0,5 g des zu prüfenden Mehles werden mit 5 ccm 2%iger Harnstofflösung versetzt und 3 Stunden nach gründlichem Durchmischen auf 40° erwärmt. Durch Urease in Freiheit

[1]) Zeitschr. f. d. Ges. Getreide- u. Mühlenw. **24**, 133 (1937).

[2]) *P. Pelshenke*, Untersuchungsmethoden für Brotgetreide, Mehl und Brot, Moritz Schäfer, Leipzig 1938.

gesetztes Ammoniak kann mittels Lackmuspapier oder mittels Bromthymolblau erkannt werden. Ammoniak deutet Sojamehl an.

8. Brot und Backwaren

Zum Nachweis und zur Bestimmung der Milch in Backwaren kann man die Bestimmung des CaO-Gehaltes oder des Milchzuckergehaltes heranziehen.

Kalkbestimmung: 10 g zerkleinerte Substanz werden in einer Quarzschale über starker Flamme verascht. Die Asche wird mit Wasser und verdünnter Salzsäure aufgenommen, die Lösung filtriert, der Rückstand nochmals verascht und nochmals mit Salzsäure ausgezogen und mit heißem Wasser gewaschen. Die vereinigten salzsauren Filtrate werden ammoniakalisch gemacht, der entstandene Niederschlag wird sofort wieder mit 20%iger Essigsäure gelöst und, wenn nötig, von einzelnen Flocken abfiltriert. In dieser essigsauren Lösung fällt man in der Siedehitze den Kalk durch tropfenweisen Zusatz von Ammoniumoxalatlösung zur siedenden Lösung. Man filtriert das Calciumoxalat ab, wäscht aus, verascht und glüht schließlich auf dem Gebläse (10 Minuten). Dann wird der Kalk zur Wägung gebracht. Der Gehalt an CaO in g wird auf 100 g Trockensubstanz berechnet. Da der Kalkgehalt des Mehles verhältnismäßig konstant ist (0,04%) und der Kalkgehalt der Milch 0,16% im Durchschnitt beträgt, so kann aus nachstehender Tafel der annähernde Milchgehalt der Backwaren ermittelt werden, vorausgesetzt, daß ein Kalkzusatz in anderer Form (Backpulver) nicht erfolgt ist.

Auf der Ermittlung des Milchzuckergehaltes von Backwaren beruht folgende Milchbestimmung: 25 g Krume bekannten

Tafel 8

Milchzusatz auf 100 kg Mehl i. l	CaO in 100 g Trockenmasse	Milchzusatz auf 100 kg Mehl i, l	CaO in 100 g Trockenmasse
0	0,040	40	0,104
10	0,056	50	0,120
20	0,077	60	0,136
30	0,088	70	0,152

Wassergehaltes werden durch Schütteln in 250 g Wasser unter Verwendung eines 500 ccm-Kolbens verteilt. Nach einigen Stunden dekantiert und filtriert man. 100 ccm des klaren Filtrates werden mit etwas Bimsstein und 500 ccm Peptonwasser in einem 200 ccm-Erlenmeyer zum Sieden erhitzt und auf 10—12 ccm eingedampft. Nach dem Verschließen mit Wattepfropfen läßt man abkühlen und vergärt bei 30° mittels Preßhefe allen vorhandenen Zucker mit Ausnahme des Milchzuckers. Nach 30 Stunden kocht man auf, bringt in einen 50 ccm-Meßkolben, füllt zur Marke und filtriert. In dem Filtrat bestimmt man in üblicher Weise den Milchzucker (Kochzeit 6 Minuten).

Den Eigehalt ermittelt man zweckmäßig, falls keine störenden Stoffe vorliegen, mit Hilfe der Lecithinphosphorsäure (siehe Teigwaren).

Zur Fettbestimmung in Backwaren und Brot zieht man zweckmäßig die Großfeld-Methode heran: die getrocknete und feingemahlene Backware (bei Zwiebäcken die gemahlene Substanz unmittelbar) wird nochmals getrocknet und im Exsikkator abgekühlt. 10 g davon werden in einem 300 ccm-Rundkolben mit 100 ccm 1%iger Salzsäure 15 Minuten lang durch Kochen aufgeschlossen. Man neutralisiert dann gegen Kongopapier mit 10%iger Natronlauge, bis das Papier noch eben blau gefärbt ist. Man filtriert noch heiß durch ein angefeuchtetes Faltenfilter, wäscht etwas aus und trocknet das Filter samt Inhalt auf einem Uhrglas im Trockenschrank. Das trockene, zerkleinerte Filter gibt man quantitativ in den vorher benutzten, getrockneten Rundkolben, pipettiert 100 ccm Trichloräthylen hinzu, kocht 10—15 Minuten am Rückflußkühler, läßt an ihm abkühlen und filtriert dann unter Vermeidung von Verdunstungsverlusten, 25 ccm des Filtrates werden im gewogenen Becherglas verdampft, ½ Stunde im Trockenschrank getrocknet, abgeekühlt und gewogen. Man berechnet den Fettgehalt nach Tafel 56 im T.S.P. II. Auflage. Zum Nachweis der Fettart bedient man sich der im Fettkapitel beschriebenen Methoden, vor allem der Buttersäurezahl zum Nachweis von Butterfett. Die Stärke wird am einfachsten polarimetrisch (s. S. 60) bestimmt. Den Nachweis von Roggenmehl bzw.

von Trifruktosan erbringt man zweckmäßig nach der im Mehlkapitel beschriebenen Methode (s. S. 125). Zu beachten ist, daß Trifruktosan beim Backprozeß etwas angegriffen wird, so daß die Ermittlung eines Roggenmehlgehaltes hier weniger genau ist; immerhin läßt sich der Roggenmehlgehalt auf 5 bis 10% genau angeben. Wie bei Mehl wird der Reduktionswert auf mgCuO in 100 g Trockenmasse berechnet. Reines Weizenbrot zeigt CuO-Werte von 5 mg, Roggenbrot solche von 48,1 mg CuO auf 1 g Trockenmasse bezogen. Aus vorstehendem Schema kann auf Grund des Reduktionswertes der Roggen- bzw. Weizengehalt eines Brotes annähernd abgelesen werden.

Die Stärkebestimmung in Backwaren wird zweckmäßig nach einem polarimetrischen Verfahren durchgeführt.

Eine einfache Methode zur Bestimmung des Altbackenwerdens von Brot wird von J. Tikka und J. Itkonen[1]) angegeben. Aus einer 1 cm dicken Scheibe Brot schneidet man ein Stück von 7 g heraus, taucht es 1/2 Minute in Wasser und legt es 10 Minuten auf Fließpapier. Die feuchte Masse wird in Gaze gehüllt unter eine Presse gebracht und 3 Minuten mit 5 kg belastet. Danach wird die Scheibe nochmals gewogen. Die Gewichtszunahme in % des ursprünglichen Gewichts stellt ein Maß dar für die Wasserbindefähigkeit der Brote.

Tafel 9

Roggenmehlgehalt %	Weizenmehlgehalt %	mg CuO berechnet a. Trockenmasse	Roggenmehlgehalt %	Weizenmehlgehalt %	mg CuO berechnet a. Trockenmasse
100	0	48,1	40	60	22,2
90	10	43,8	30	70	17,9
80	20	39,5	20	80	13,6
70	30	35,2	10	90	9,3
60	40	30,9	0	100	5,0
50	50	26,6			

1) Zeitschr. f. ges. Getreide- und Bäckereiwesen **26**, 119 (1939).

9. Backpulver, Backverbesserungsmittel, Preßhefe

Bei der Untersuchung des Backpulvers spielt vor allem die Feststellung der Triebkraft[1]) eine Rolle. Die Triebkraft stellt die Differenz zwischen Gesamtkohlensäure und unwirksamer Kohlensäure, bezogen auf 1 Päckchen bzw. 1 Pfund Mehl, ausgedrückt in ccm oder g, dar.

Zur Bestimmung der Gesamtkohlensäure werden 0,5 g Backpulver auf das trockene Schiffchen des unten abgebildeten Apparates (s. Abb. 35) gebracht. In seinen unteren Teil gibt man 20 ccm konz. Salzsäure (1,124), der obere, birnenförmige Teil wird mit 30⁰/₀iger Kochsalzlösung gefüllt. Nunmehr setzt man das Schiffchen vorsichtig in den Apparat ein und öffnet den Hahn. Infolge des Druckausgleichs tropft Kochsalzlösung ab. Nachdem das Tropfen aufgehört hat, stellt man ein leeres Becherglas unter den Hahn, dreht das Schiffchen derart, daß der Inhalt in die Salzsäure fällt und hält gleichzeitig alle Glasstopfen fest, damit sie nicht durch den sich entwickelnden Überdruck herausgedrängt werden. Sobald nur noch einzelne Tropfen abfließen, bringt man den Apparat mit verschlossenem Hahn, ohne ihn vom Tisch aufzuheben, in kreisender Bewegung, öffnet den Hahn wieder, läßt abtropfen und wiederholt die ganze Manipulation, bis höchstens nach jedem Kreisen nur noch 2 bis 3 Tropfen abfließen. Die gefundene Anzahl ccm ausgetriebener Kochsalzlösung multipliziert mit dem doppelten Gewicht des Backpulverpäckchens ergibt die Gesamtkohlensäure in einem Päckchen in ccm (1 ccm = 1,97 gCO_2).

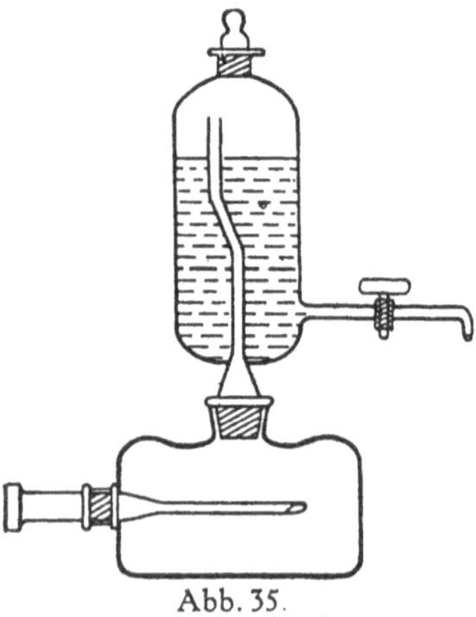

Abb. 35.
Apparat zur Backpulverbestimmung nach J. Tillmans und O. Heublein

Zur Bestimmung der unwirksamen Kohlensäure werden 0,5 g Backpulver mit 50 ccm destill. Wasser 1/4 Stunde im Becherglas ein-

[1]) Zeitschr. f. Unters. d. Lebensm. **37**, 377 (1919).

gedampft. Den Rückstand spült man in eine Nickelschale, dampft zur Trockne, gibt 5 ccm 10%oges Ammoniak zu, dampft wieder ein, trocknet eine halbe Stunde bei 104° und spült dann mittels Gummiwischers in den unteren Teil des vorher gesäuberten Apparates, füllt das Schiffchen mit konzentrierter Salzsäure und bestimmt wie oben die noch vorhandene Kohlensäure.

Gefundene ccm $\times$ 2 mal Gewicht des Päckchens = unwirksame Kohlensäure.

Gesamttriebkraft für 1 Backpulverpäckchen = Gesamtkohlensäure — unwirksame Kohlensäure.

Will man den Vortrieb bestimmen, so verfährt man wie bei der Bestimmung der Gesamtkohlensäure, nur daß an Stelle von Salzsäure Wasser in das Schiffchen gefüllt wird.

Von den sonstigen Bestimmungen seien nur der qualitative Nachweis und die quantitative Bestimmung der Weinsäure und die Feststellung eines Zusatzes von Aluminiumsalzen erwähnt.

Zur Weinsäureprüfung erhitzt man eine kleine Menge Backpulver und Resorcin mit 2 ccm konzentrierter Schwefelsäure über kleiner Flamme. Eine intensive Weinrotfärbung deutet Weinsäure an. Zu beachten ist, daß Stärke mitunter infolge der eintretenden Verkohlung die Reaktion überdeckt. Bei Abwesenheit von optisch aktiven Stoffen bestimmt man die Weinsäure in der Weise, daß man 5 g Backpulver mit 25 ccm 0,5 n-Lauge, die 2% Natriumoxalat enthält, 2 Minuten kocht. Nach dem Erkalten füllt man auf 50 ccm auf, filtriert und polarisiert bei 20° im 200 mm-Rohr. Durch Multiplikation des erhaltenen Wertes mit dem Faktor 14,65 erhält man den Weinstein, mit dem Faktor 11,69 die Weinsäure in %.

Aluminiumsalze weist man wie folgt nach: Man behandelt 1 g Backpulver mit verdünnter Essigsäure, filtriert und versetzt das Filtrat mit einer Morinlösung (0,1 g Morin in 100 ccm Alkohol). Noch Spuren von Aluminium erzeugen eine grüne

Fluoreszenz, die besonders im direkten Sonnenlicht schön sichtbar ist.

Für die Untersuchung der Preßhefe ist die mikroskopische Prüfung an erster Stelle zu nennen. Da es sich nicht um eine chemische Methode handelt, so soll sie hier nicht behandelt werden.

Auch bei der Untersuchung der Backhilfsmittel spielt die mikroskopische Prüfung die Hauptrolle.

Zur Bestimmung der Gärkraft nach Meißl wird 1 g Hefe mit 50 ccm einer phosphathaltigen Zuckerlösung (15 ccm gesättigte Gipslösung + 35 ccm Wasser + 4 g Zucker + 0,25 g Ammonphosphat + 0,25 g Kaliumphosphat) der Gärung unterworfen. Man verwendet einen Meißl-Kolben mit besonderem Gärverschluß (Schwefelsäure), durch den die Kohlensäure entweichen kann. Man hält den Kolben bei 30°, schüttelt in den ersten beiden Stunden alle 10 Minuten, in den nächsten 4 Stunden alle 25 Minuten durch. Das Gewicht des Kolbens wird zu Anfang und zu Ende des Versuches festgestellt. Bei vollständiger Gärung soll der Gewichtsverlust 1,75 g betragen. Die Gärkraft wird in % dieses Wertes ausgedrückt.

10. Teigwaren

Bei Teigwaren spielt vor allem der Nachweis von künstlichem Farbstoff und der Nachweis und die Bestimmung des Eigehaltes eine Rolle.

In einer Schnellmethode kann man künstlichen Farbstoff dadurch nachweisen, daß man eine kleine Menge der zerkleinerten bzw. gepulverten Teigwaren in einem Becherglas mit einigen entfetteten Wollfäden, reichlich Weinsäure und etwas Wasser versetzt und auf dem siedenden Wasserbad 2 bis 3 Stunden sich selbst überläßt. Nach dieser Zeit sind bei Gegenwart von künstlichen Farbstoffen die Fäden deutlich gefärbt, was sich nach dem Auswaschen der Fäden gut feststellen läßt. Folgende Methode ist exakter: Die gemahlenen Teigwaren werden nach Soxhlet mit Äther entfettet. Den entfetteten Rückstand gibt man in einen Erlenmeyer-Kolben und fügt eine Mischung von 60 ccm Aceton und 40 ccm Wasser hinzu. Man schüttelt während einer halben Stunde wiederholt, läßt dann absitzen und filtriert in eine kleine Porzellanschale. Das Aceton wird auf dem Wasserbad verjagt, wobei sich gelblich gefärbte Eiweißstoffe abscheiden. Der in Lösung befindliche Farbstoff wird dann auf Wollfäden aufgefärbt, nachdem man mit Essigsäure angesäuert hat. Die für Eiernudeln charakteristische Lecithinphosphorsäure wird zweckmäßig nach J. Tillmans, H. Riffart und A. Kühn[1]) bestimmt: 10 g der sehr fein gemahlenen, getrockneten Substanz werden in eine breite Papierpatrone gebracht und im Besson-Extraktionskolben mit absolutem Alkohol 3 Stunden extrahiert. Nach Entfernung der Patrone wird der Alkohol im Wasserbad vertrieben und der Rückstand mit 15 ccm Perhydrol und 10 ccm konzentr. Schwefelsäure versetzt. Über kleiner Flamme wird dann zerstört, nachdem man auf den Besson-Kolben einen kleinen Trichter aufgelegt hat. Wenn das Schäumen nachläßt, erhitzt man stärker unter tropfenweiser Zugabe von Perhydrol (25—30 ccm), bis keine Braunfärbung mehr auftritt. Man erhitzt dann noch 5—10 Minuten kräftig, läßt abkühlen und spült mit destilliertem Wasser in einen 100 ccm-Meßkolben über. Nach dem Auffüllen werden 25 ccm der Lösung in einem 200 ccm-Becherglas, das bei 60 ccm eine Marke trägt, mit Ammoniak gegen einen Tropfen Methylorange neutralisiert. Die noch eben saure Flüssigkeit bringt man mit Wasser auf die 60 ccm-Marke und läßt erkalten. Inzwischen mischt man 15 ccm einer Molybdän-Salpetersäurelösung und 5 ccm einer 1,5%igen Strychninnitratlösung und gibt die Mischung zu obiger Lösung. Man bereitet die Molybdänlösung, indem man 33,33 g Ammoniummolybdat in 100 ccm Wasser löst und diese Lösung unter Umschütteln in 300 ccm verdünnter Salpetersäure (200 ccm HNO_3, Dichte 1,4 + 100 ccm H_2O) eingießt. Man läßt die Strychnin-Molybdän-Phosphorsäurefällung unter öfterem Umschütteln 15—20 Minuten stehen. In dieser Zeit bereitet man aus 15 ccm Molybdän-Salpetersäure (s. o.), 5 ccm der Strychninlösung und 100 ccm destilliertem Wasser die Waschflüssigkeit. 25 ccm davon sowie etwas destilliertes Wasser werden in Eiswasser gekühlt. Nach der vorgeschriebenen Zeit filtriert man

1) Zeitschr. f. Unters d. Lebensm. **60**, 375 (1930).

die Strychnin-Fällung durch einen geglühten und gewogenen Filtertiegel, wäscht zuerst mit 25 ccm der eiskalten Waschflüssigkeit und schließlich mit eiskaltem Wasser, bis blaues Lackmuspapier nicht mehr gerötet wird. Der Tiegel wird dann eine halbe Stunde bei 100° getrocknet und schließlich gewogen. Durch Multiplikation der Wägung in g mit dem Faktor $\frac{40}{39}$ erhält man % P_2O_5. Aus diesem Wert läßt sich aus nachfolgender Tabelle der Eigehalt ermitteln.

Tafel 10

Anzahl der Eier bzw. Eigelb auf 1 kg Mehl	Lecithinphosphorsäure (P_2O_5) % in der Trockensubstanz bei der Verwendung von Ganzei	Lecithinphosphorsäure (P_2O_5) % in der Trockensubstanz bei der Verwendung von Eigelb
2	0,0513	0,0518
4	0,0786	0,0801
6	0,1044	0,1075
8	0,1289	0,1339
10	0,1523	0,1595

Große Bedeutung für die Eibestimmung in Teigwaren besitzt die Feststellung des Cholesteringehaltes, der zweckmäßig nach H. Riffart und H. Keller[1]) ermittelt wird. Die Cholesterinbestimmung wird gewöhnlich mit der Bestimmung des Ätherextraktes (s. u.) verbunden, der allein auch schon Anhaltspunkte für den Eigehalt liefert. Von der sehr fein gemahlenen, durch ein 0,3 mm-Sieb gesiebten Teigware werden 30 g 6 Stunden nach Soxhlet mit Äther extrahiert. Der Auszug wird vom Äther befreit, getrocknet und gewogen. Der Ätherrückstand wird dann mit etwas Essigäther, wenn nötig unter Erwärmen, in ein graduiertes Rohr mit Glasstöpsel gebracht und mit Essigäther auf 20 ccm aufgefüllt (Ausgangslösung). Man schüttelt um und läßt über Nacht stehen. In ein zweites graduiertes Röhrchen gibt man 9 ccm Essigäther, 4 ccm

[1]) Zeitschr. f. Unters. d. Lebensm. **68**, 113 (1934).

Essigsäureanhydrid und 0,8 ccm konzentrierte Schwefelsäure. Nach dem Mischen kühlt man 10 Minuten lang auf 20°. In ein drittes Rohr pipettiert man 10 ccm Essigäther und 8 ccm konzentrierte Schwefelsäure, mischt und kühlt wie oben. In die Gläser 2 und 3 gibt man je 1 ccm der klaren, über der Absetzung stehenden Flüssigkeit aus dem 1. Rohr, schüttelt gut und kühlt auf 20°. Die beiden Lösungen aus Rohr 2 und 3 werden in je eine 1 ccm-Küvette gebracht und ihre Lichtdurchlässigkeit im Stufenphotometer gemessen. Die Messungen werden bei Filter *S* 61 während 40—50 Minuten alle 10 bis 15 Minuten vorgenommen. Der Wert mit der höchsten Farbstärke, d. h. mit dem geringsten Wert für die Lichtdurchlässigkeit, wird der Rechnung zugrunde gelegt. Man rechnet den Extinktionsmodul (m_x) aus (s. S. 28) und setzt m_x in der Gleichung $x : m_x = c : m$ ein. Die Werte für c und m entnimmt man der nachstehenden Tabelle:

Tafel 11

mg Cholesterin in 1 ccm Ausgangslösung c	Extinktionsmondul (Extinktion bezogen auf 1 cm Schichtdicke) m
0,25	0,050
0,50	0,098
0,75	0,151
1,00	0,198

x gibt dann die mg Cholesterin in der Ausgangslösung an. Zur Berechnung der mg Cholesterin in 100 g der trockenen Ausgangsmasse setzt man die gefundene Extinktion (E) und die am nächsten liegenden Werte von c bzw. m in nachstehende Gleichungen ein: mg Cholesterin in 100 g trockner Teigware

$$= \frac{E \quad 100 \cdot 20 \cdot c}{\text{Schichtdicke in cm} \quad m \quad 30}$$

Der Eigehalt der Teigwaren ergibt sich dann aus nachstehender Tabelle:

Tafel 12

Anzahl Ganzei bzw. Eigelb auf 1 kg Mehl	mg Cholesterin in 100 g Trockensubstanz			
	Weichweizengrieß		Hartweizengrieß	
	Ganzei	Eigelb	Ganzei	Eigelb
1	35,1	35,3	47,7	47,9
2	57,3	57,9	69,7	70,4
3	78,9	80,1	91,1	92,5
4	99,9	102,0	112,0	114,2
5	120,4	123,4	132,3	135,6
6	140,3	144,5	152,0	156,5

Über weitere Methoden zur Bestimmung der Lecithinphosphorsäure und des Cholesterins vgl. Handbuch der Lebensmittelchemie Bd. V. 7. Springer, Berlin 1938, S. 261.

Will man den Ätherextrakt der Beurteilung des Eigehaltes zugrunde legen, so bedient man sich nachstehender Tabelle:

Tafel 13

% Ätherextrakt in der Trockenm. v. Ganzeiware	2,62	3,80	4,90	5,95	6,95	7,89	8,30	9,60	10,98	11,27
% Ätherextrakt in der Trockenm. von Eigelbware	2,65	3,87	5,04	6,18	7,28	8,34	9,37	10,37	11,33	12,27
Anzahl der Eier auf 1 kg Mehl	2	4	6	8	10	12	14	16	18	20

Eine recht brauchbare Schnellmethode zur Bestimmung des Eigehaltes in Teigwaren stellt das Verfahren von R. Strohecker, R. Vaubel und O. Heuser[1]) dar: 5,0 fein gemahlenes, gesiebtes Teigwarenpulver werden in einem kleinen Erlenmeyer mit 50 ccm einer 0-1-molaren alkoholischen Lösung von Sulfosalizylsäure versetzt (25,4137 g Sulfosalizylsäure in 96%igem Alkohol zum 1 gelöst). Unter häufigem Schütteln läßt man eine halbe Stunde verstreichen, filtriert dann und titriert nunmehr

[1]) Zeitschr. f. Vorratspflege u. Lebensm.Forsch. 1, 248 (1938), vgl. auch Zeitschr. f. Unters. der Lebensm. **83**, 316 (1942); **84**, 438 (1942).

20 ccm des klaren Filtrates ohne Indikator mit einer wäßrigen 0,1 n-Natronlauge, wobei der Endpunkt der Titration allein durch das Auftreten einer ganz schwachen Opaleszenz angedeutet wird. Mit Hilfe des ermittelten Verbrauches kann aus nachstehender Tabelle der Ei- bzw. Eigelbgehalt abgelesen werden:

Tafel 14

2 Ganzei	auf	1 kg	Mehl	1,5 ccm	0,1	n-Natronlauge
4 „	„	1 „	„	1,0 „	0,1	„
6 „	„	1 „	„	0,7 „	0,1	„
2 Eigelb	„	1 „	„	2,1 „	0,1	„
4 „	„	1 „	„	1,4 „	0,1	„
6 „	„	1 „	„	0,7 „	0,1	„

Zum Nachweis von fremdem, pflanzlichem Lecithin zieht man mit Erfolg nach H. Jesser[1]) die Refraktionswerte des Ätherextraktes heran. Bei Eierteigwaren betragen diese bei 40° ermittelten Werte 60,5—62,9°, bei Lecithinteigwaren 69,2—80,5°.

Zum Nachweis von Sojamehl in Teigwaren kann sehr wahrscheinlich die auf Seite 128 beschriebene Methode zum Nachweis von Sojamehl in Mehl herangezogen werden. Das Verfahren beruht auf der Gegenwart der in Sojamehl vorliegenden Urease.

11. Gemüse, Kartoffeln, Gemüsedauerwaren, Hülsenfrüchte, Pilze

Von Bedeutung für die Untersuchung der Lebensmittel dieses Kapitels sind vor allem die Vitaminbestimmungsmethoden, die im allgemeinen Teil behandelt sind. Von sonstigen Methoden seien folgende hervorgehoben:

Bestimmung von Solanin in Kartoffeln: 200—300 g gereinigte Kartoffeln werden nach A. Bömer und H. Mattis[2]) auf eine Reibe gerieben, worauf die Reibe mit 250 ccm Wasser nachgespült wird. Nach einiger Zeit, während der man öfters umrührt, preßt man durch eine Saftpresse ab. Der Rück-

[1]) Deutsche Lebensmittelrundschau **5** (1938).
[2]) Zeitschr. f. Unters. der Lebensm. **47**, 97 (1924).

stand wird noch dreimal mit 250 ccm Wasser, dem man 0,5 ccm 90%ige Essigsäure zusetzt, eine halbe Stunde behandelt und abgepreßt. Man macht dann schwach ammoniakalisch, dampft mit 10 g Kieselgur in einer Porzellanschale zur Trockne, so daß die gesamte Masse mit Kieselgur durchsetzt ist. Der entstehende braune Rand wird laufend abgespült. Der feinpulverige Rückstand wird mit 95%igem Alkohol extrahiert, indem man 3 bis 4mal am Rückflußkühler mit je 100—125 ccm Alkohol auskocht. Aus dem alkoholischen Auszug destilliert man den Alkohol ab, löst den Rückstand in 50 bis 100 ccm mit 3 bis 5 Tropfen Essigsäure versetztem Wasser, macht ammoniakalisch und erwärmt eine halbe Stunde auf dem siedenden Wasserbad. Die ausgeschiedenen Solaninflocken werden abfiltriert, mit 2,5%igem Ammoniak gewaschen und in 25 ccm warmem Alkohol gelöst. Von der Lösung wird der Alkohol abdestilliert, der Rückstand mit 50—100 ccm essigsäurehaltigem Wasser aufgenommen, das Solanin mittels Ammoniak gefällt, bei 100 bis 105° getrocknet und gewogen.

Bei Gemüsekonserven spielt neben der Vitaminbestimmungsmethoden die Untersuchung auf Schwermetalle, in erster Linie auf Kupfer, eine Rolle.

Kupferbestimmung: 50 g Substanz werden verascht, die Asche wird angefeuchtet und mit konzentrierter, eisenfreier Salzsäure durch Erwärmen gelöst. Man filtriert in eine Porzellanschale und behandelt den Rückstand in der gleichen Weise. Die vereinigten Filtrate werden eingedampft, mit wenig Wasser und Salzsäure und danach mit heißer Ammoniaklösung im Überschuß versetzt. Der Niederschlag wird abfiltriert und nochmals in der gleichen Weise behandelt. Die vereinigten Filtrate werden in einer gewogenen Platinschale mit Salzsäure eingedampft und zur Abscheidung des Kupfers mit einem Stück reinem Zink in der Wärme versetzt. Nach 20 Minuten ist alles Kupfer abgeschieden; die Platinschale wird mit destilliertem Wasser und Alkohol abgespült, bei 100° getrocknet und gewogen.

Blausäurebestimmung in Rangoonbohnen: 25 g gemahlene Bohnen werden mit 100 ccm 1%iger Weinsäure 24 Stunden stehen gelassen. Hierauf setzt man 100 ccm destilliertes Wasser zu und destilliert im Dampfstrom etwa 200 ccm in einen Erlenmeyer ab, der 40 ccm Wasser sowie 2 ccm 10%ige Natronlauge enthält. Mann titriert dann die Vorlage mit 0,1 n-Silbernitratlösung, bis die Trübung nicht mehr verschwindet. Wurden a ccm verbraucht, so sind $a \cdot 5{,}4 \cdot 4$ mg Blausäure in 100 g Bohnen enthalten. Qualitativ prüft man auf Blausäure, indem man etwas von den gemahlenen Bohnen mit Wasser und einigen Tropfen Weinsäure in ein Reagenzglas bringt. Man verschließt mit einem Korken, indem man einen Streifen Pikrinsäurepapier einklemmt, der vorher bereits mit Sodalösung getränkt und getrocknet wurde; der Streifen muß frei im Glas hängen. Braune Färbung des Streifens (nach einigen Stunden) zeigt Blausäure an.

Reaktion der Lorchel: Zur Unterscheidung der Lorchel von der eßbaren Morchel schlägt G. Reif[1]) folgende Reaktion vor: 2,0 g kleingeschnittene, frische Lorcheln oder 0,2 g getrocknete und pulverisierte Lorcheln werden mit 15 ccm Wasser 15 Minuten auf dem Wasserbad erhitzt. Hierauf gibt man zum abgekühltem Filtrat 15 Tropfen einer Lösung von 0,5 g Seleniger Säure in 100 g konzentrierter Schwefelsäure und erhitzt wieder 15 Minuten auf dem Wasserbad. Lorcheln liefern hierbei im Gegensatz zu Morcheln eine Rotfärbung oder rote Flockung. Besser noch läßt sich die Lorchel erkennen, wenn man vom alkalischen Destillat (10 g frische Lorchel + 40 ccm Wasser + 10 ccm 10%ige NaOH + 5 g NaCl im 500-Kolben destillieren, 30 ccm Destillat auffangen) ausgeht. Weitere Reaktionen können mit Phosphorwolframsäure und Phosphormolybdänsäure sowie mit Fuchsinschwefeliger Säure ausgeführt werden. Im ersteren Falle werden 3—4 ccm des mit Schwefelsäure neutralisierten Destillats auf 10 ccm verdünnt, mit 0,5 ccm 10%iger Salzsäure sowie 1 ccm Reagens (3,00 g Natriumwolframat + 2,00 g $Na_2HPO_4 \cdot 12\,H_2O$ + 0,05 g Molybdänsäure + 25 ccm Wasser; das Gemisch wird in der Wärme in Lösung gebracht und mit Salpetersäure genau neutralisiert) versetzt, dann wird rasch bis zum beginnenden Sie-

[1]) Zeitschr. f. Unters. d. Lebensm. **69**, 585 (1935); **71**, 435 (1936); 76, 30 (1938).

den erhitzt. Bereits während des Erhitzens tritt bei der Lorchel Violettfärbung auf, im andern Falle bleibt die Lösung farblos. Zur Prüfung mit Fuchsinschwefliger Säure werden 3 ccm Destillat mit Schwefelsäure neutralisiert, mit 1, 2 oder 3 Tropfen konzentrierter Schwefelsäure versetzt, durchgeschüttelt und 0,5 ccm Fuchsinschwefelige Säure hinzugefügt. Dann wird umgeschüttelt. Im Falle der Lorchel färbt sich die Flüssigkeit nach mehreren Stunden blauviolett.

12. Obst und Obstdauerwaren

Die Wasserbestimmung in Gelees, Marmeladen, Fruchtsäften usw. wird schnell und exakt nach der Refraktionsmethode, wie sie unter Honig und Kunsthonig beschrieben ist, durchgeführt (s. S. 149). Asche und Alkalität wird nach der im allgemeinen Teil angegebenen Methode bestimmt.

Stärkesirup in Obstdauerwaren wird qualitativ nach Fiehe nachgewiesen. 10 ccm einer Lösung von 1 Teil Substanz + 2 Teilen Wasser werden mit 10 ccm Wasser und 5 Tropfen Ammoniumoxalatlösung (10%ig) zur Beseitigung von Kalktrübungen versetzt, dann nochmals mit Tierkohle aufgekocht und darauf filtriert. 2 ccm des klaren Filtrates werden nach Zusatz von zwei Tropfen rauchender Salzsäure mit 20 ccm 96%igem Alkohol versetzt. Eine weiße Trübung zeigt Stärkesirup bzw. Dextrin an. Quantitativ bestimmt man Stärkesirup in folgender Weise: 30 g Marmelade oder dgl. werden mit etwas Wasser aufgekocht und in einem 300 ccm-Kolben aufgefüllt. 80 ccm der 10%igen Grundlösung werden in einem 100 ccm-Meßkölbchen mit 5 ccm rauchender Salzsäure sowie etwas Tierkohle versetzt und 5 Minuten bei 68—70° invertiert. Hierauf wird sofort abgekühlt und auf 100 ccm aufgefüllt. Von dieser Lösung bestimmt man die Dichte bzw. das Gewichtsverhältnis bei 15°; gleichzeitig bestimmt man diesen Wert von einer Lösung, die 5 ccm rauchende Salzsäure in 100 ccm enthält. Aus beiden Werten berechnet man die Dichte der salzsäurefreien Lösung. Aus Tafel 24 des „T.S.P." II. Aufl. entnimmt man den zugehörigen Extrakt (e). Weiterhin polarisiert man die invertierte 8%ige Lösung im 100- oder 200 mm-Rohr. Der Extraktgehalt (E) der invertierten Marmelade ergibt sich dann aus nachstehender Gleichung:

$$E = \frac{e \cdot 100}{8}.$$

Bezeichnet man die abgelesene „Polarisation" im 200 mm-Rohr mit p, so beträgt die spezifische Drehung des invertierten Extraktes (P_{sp})

$$P_{sp} = \frac{p \cdot 100}{2 \cdot e}.$$

Zu diesem Wert liest man aus Tafel 33 im „T.S.P." II. Aufl. den Stärkesirupgehalt in 100 ccm Extrakt ab. Aus folgender Gleichung ergibt sich dann der Ftärkes rupgehalt in der Marmelade

$$\text{Stärkesirup } \% = \frac{P_{sp} \cdot E}{100}.$$

Einfacher ist die Bestimmung nach I. Großfeld[1]) bzw. A. Rinck[2]). Nach dieser Methode bestimmt man den Extraktgehalt der Marmelade, des Gelees oder des Saftes in % (E) und die Polarisation der Lösung 1:10 im 200 mm-Rohr nach der Inversion (P). Aus diesen beiden Werten ermittelt man nach folgender Gleichung den Gehalt an Stärkesirup (mit 18% H_2O):

$$\text{Stärkesirup } \% = 3{,}92\, P + 0{,}169\, E.$$

Will man den Gesamtzucker (Gesamtinvertzucker) bestimmen, so neutralisiert man 20 ccm der invertierten Lösung, füllt auf 200 ccm auf und bestimmt in 25 ccm das Reduktionsvermögen gegen Fehlingsche Lösung. Aus dem erhaltenen Kupferoxydwert ermittelt man nach Tafel 35 des „T.S.P." den Gesamtinvertzucker, der dann noch auf 100 g Ausgangsmaterial umzurechnen ist.

Zur Ermittlung der nicht invertierten Saccharose bedient man sich der Bestimmung der Polarisation vor und nach der Inversion. Man geht hierbei von einer 10%igen Grundlösung der Marmelade, des Gelees oder dgl. aus. 100 ccm hiervon bringt man in ein Kölbchen, das bei 100 und 110 ccm

---

[1]) Zeitschr. f. Unters. d. Lebensm. **79**, 78 (1940).
[2]) Zeitschr. f. Unters. d. Lebensm. **42**, 372 (1921).

eine Marke trägt, und füllt mit Bleiessig auf 110 ccm auf. Vom Filtrat werden 90 ccm in einem 100 ccm-Kölbchen mit festem Dinatriumphosphat oder mit gesättigter Dinatriumphosphatlösung versetzt. Nach Lösung der Kristalle wird auf die 100 ccm-Marke aufgefüllt. Man polarisiert dann nach Filtration im 200 mm-Rohr bei 20°. Durch Multiplikation der abgelesenen Drehung mit $\frac{110}{90}$ erhält man die Polarisation der 10%igen Lösung vor Inversion (*A*). 80 ccm des polarisierten Filtrates werden dann in einem 100 ccm-Meßkölbchen mit 5 ccm rauchender Salzsäure 5 Min. bei 68—70° nach der Zollvorschrift invertiert. Nach dem Auffüllen zur Marke wird in einem 200 mm-Rohr polarisiert. Durch Multiplikation der erhaltenen Kreisgerade mit dem Faktor $\frac{110}{72}$ erhält man dann die Polasation der 10%igen Lösung nach Inversion (*B*). Aus *A* und *B* ergibt sich dann der Gehalt an nicht invertiertem Rohrzucker (Rübenzucker) durch Multiplikation mit dem Faktor 5,725.

Zur Pektinbestimmung in Marmelade, Gelees und dergl. werden 10 g Substanz mit Wasser behandelt und in einem 100 ccm-Meßkölbchen aufgefüllt. 25 ccm des Filtrates werden mit 55 ccm Wasser und 20 ccm 0,5 n-Lauge versetzt. Nach 7 Stunden säuert man mit 50 ccm n-Essigsäure an und läßt 5 Minuten einwirken. Nunmehr gibt man eine molare Calciumchloridlösung (11 g krist. Calciumchlorid auf 50 ccm Wasser) zu, wodurch das von der Lauge gespaltene Pektin als Calciumpektat gefällt wird. Nach einstündigem Stehen kocht man 5 Minuten auf, filtriert durch einen gewogenen, mit Asbest beschickten Goochtiegel und wäscht bis zum Verschwinden der Chlorreaktion aus. Dann trocknet man bei 100° bis zur Gewichtskonstanz. — Von flüssigen Pektinpräparaten verwendet man 1 g, von Pektinpulver 0,1 g.

Die Wertbestimmung des Pektins durch Methoxylbestimmung wird, wie folgt, vorgenommen. Die Methode wird in ähnlicher Weise durchgeführt wie die Glyzerinbestimmung im Wein. Man läßt Jodwasserstoff auf das Pektin einwirken, wobei Isopropyljodid entsteht, das man in besonderen Apparaten (s. Abb. 37, S. 161) in Silbernitratlösung auffängt. Das ausgeschiedene Jodsilber wird gewogen und auf Methoxyl berechnet:

$$1 \text{ g AgJ} = 0{,}1321 \text{ g } CH_3O.$$

Zur Ermittlung der Gesamtsäure werden 100 ccm der 10%igen Marmelade- usw. -Lösung mit 0,1 n-Natronlauge gegen Phenolphthalein titriert. Bei Beerenfrüchten, Zitronen, Orangen rechnet man den Säureverbrauch auf Zitronensäure (1 ccm 0,1 n-NaOH = 0,0070 g Zitronensäure), bei Stein- und Kernobst auf Äpfelsäure (1 ccm 0,1 n-NaOH = 0,0067 g Äpfelsäure) um.

Asche und Alkalität der Asche wird in 100 ccm der 10%igen Grundlösung durch Eindampfen und Veraschung zweckmäßig über einem Spiritusbrenner bzw. unter Ausschaltung der Verbrennungsprodukte des Leuchtgases ermittelt. Empfehlenswert ist das Ausziehen der völlig verkohlten Substanz mit Wasser und getrennter stärkerer Veraschung des unlöslichen Rückstandes in einer Platinschale, darauffolgende Zugabe des Extraktes und anschließendes schwaches, kurzes Glühen.

Konservierungsmittel werden hier in ähnlicher Weise, wie bei Fleisch beschrieben (s. S. 101), nur in sinngemäßer Abänderung, nachgewiesen und bestimmt. Ameisensäure ermittelt man zweckmäßig nach Fincke in folgender Weise: 25 g Himbeersaft oder dergl. werden mit Wasser verrührt, in einen Langhalskolben, der bei 100 ccm eine Marke trägt, gebracht und der Wasserdampfdestillation unterworfen, indem man einen zweiten Langhalskolben, der mit 5 g Calcium carbonicum praecip. pro analysi und 100 ccm destilliertem Wasser beschickt wird, vorschaltet. An dem Kolben bringt man gleichfalls bei 100 ccm eine Marke an. Man destilliert im ganzen 1500 ccm über, wobei man darauf achtet, daß das Volumen in beiden Kolben 100 ccm bleibt. Man filtriert dann aus dem zweiten Kolben das Calciumcarbonat ab, wäscht mit heißem Wasser, spült nach, dampft das Filtrat soweit ein, daß bei Anwesenheit von 100 mg Ameisensäure das Volumen 50 bis 100 ccm, bei höheren Gehalten 100—300 ccm beträgt und versetzt nunmehr in einem Erlenmeyer-Kolben mit 2 g Natriumacetat, 2 g Natriumchlorid und 30 ccm einer wäßrigen Lösung von 100 g Quecksilberchlorid und 30 g Kochsalz auf 1 l Wasser (es soll mindestens das 15fache Gewicht der Ameisensäure an $HgCl_2$ vorhanden sein). Nach Aufsetzen eines Kühlrohres wird der Erlenmeyer 2 Stunden in ein siedendes Wasserbad gestellt, wobei bei Anwesenheit von Ameisensäure ein weißer, aus Quecksilberchlorür bestehender Niederschlag auftritt, eine Folge der reduzierenden Wirkung der Ameisensäure. Man filtriert auf einen mit Asbest beschickten Goochtiegel ab, wäscht mit warmem Wasser und spült mit Alkohol und Äther. Nach 3/4 bis 1stündigem Trocknen im Trockenschrank läßt man erkalten und wägt. 1 g Quecksilberchlorür entspricht 0,09731 g Ameisensäure. Vgl. hierzu auch J. Großfeld und P. Payser, Zeitschr. f. Unters. d. Lebensm. **78**, 1 (1939). Diese Arbeit befaßt sich zunächst mit der Vorbehandlung der Lebensmittel, mit der Anreicherung der Ameisensäure durch Perforation, mit der Benzindestillation der Ameisensäure und schließlich mit ihrer eigentlichen Bestimmung.

13. Honig und Kunsthonig

Von den Methoden zur Untersuchung des Honigs und des Kunsthonigs seien hier der Nachweis und die Bestimmung von Oxymethylfurfurol, einem charakteristischen Bestandteil des künstlichen Invertzuckers, hervorgehoben. Ferner werden mitgeteilt eine Methode zur Erfassung der diastatischen Fermente, ein Verfahren zur Bestimmung der Aminosäuren im Honig, ein solches zur Ermittlung des Albumingehaltes und des Wassergehaltes.

Zum Nachweis von Oxymethylfurfurol zieht man zweckmäßig die von M. E. Bengen[1]) vereinfachte Fiehesche Reaktion heran: 5 g Honig werden in einem kleinen Becherglas mit 10 ccm Wasser gelöst, mit wenig Wasser in einen Scheidetrichter übergeführt und mit 5 ccm Chloroform ausgeschüttelt. Das Chloroform wird dann durch ein trockenes Filter abgelassen und in einem Reagenzglas mit einigen Kriställchen Resorcin und 2 Tropfen rauchender Salzsäure

[1]) Private Mitteilung.

versetzt. Bei Anwesenheit von Oxymethylfurfurol tritt eine Rotfärbung an der Berührungsstelle von Chloroform und Salzsäure oder aber beim Umschütteln in der ganzen Mischung ein.

Zur Bestimmung von Oxymethylfurfurol knetet man nach F. Weiß[1]) 10 g Honig in einer Reibschale dreimal mit je 5 ccm Essigäther, vereinigt die Auszüge und erwärmt auf dem Wasserbad schwach bis fast zur Trockne. Nachdem man mit dem Handgebläse den Essigäther völlig vertrieben hat, verrührt man den Rückstand mit 0,5 ccm Wasser, filtriert durch ein möglichst kleines Filter und wiederholt die Behandlung mit der gleichen Menge Wasser. Unter Umschwenken setzt man dann 5 ccm einer kaltgesättigten, filtrierten Lösung von p-Nitrobenzhydrazid ($NO_2—C_6H_4—CO—NH—NH_2$) in 30%iger Essigsäure zu, indem man Schale und Filter mit einem Teil des Reagenzes nachwäscht. Bei Gegenwart von Oxymethylfurfurol kristallisieren Nädelchen einer Doppelverbindung aus ($C_{13}H_{11}N_3O_5$), die man nach einigen Stunden auf einem Filtertiegel abfiltert, mit Wasser wäscht, 2—3 Stunden bei 105° trocknet und zur Wägung bringt. Das erhaltene Gewicht, multipliziert mit 0,435, ergibt die entsprechende Menge Oxymethylfurfurol.

Die diastatischen Fermente, die für den Nachweis der Erhitzung von Bedeutung sind, werden in der Diastasezahl nach F. Gothe[2]) erfaßt. 10 g Honig werden in 25 ccm destilliertem Wasser gelöst und mit 0,05 n-NaOH gegen Phenolphthalein auf schwachrosa titriert. Dann wird auf 100 ccm aufgefüllt. 12 Reagenzgläser werden nunmehr entsprechend der angegebenen Tabelle mit bestimmten Mengen Honiglösung, Wasser, 0,02 n-Essigsäure (0,6 ccm 20%ige Essigsäure auf 100 ccm auffüllen), 0,1 n-NaCl-lösung (0,59 g in 100 ccm), Stärkelösung (1 g lösliche Stärke in 100 ccm destilliertem Wasser) versetzt.

Die entsprechend der Tafel 15 gefüllten Gläschen werden eine Stunde im Wasserbad bei 45—50° gehalten, hierauf wird in Eiswasser abgekühlt, umgeschüttelt, mit je 1 Tropfen 0,1 n-

[1]) Zeitschr. f. Unters. d. Lebensm. **58**, 320 (1929).
[2]) Zeitschr. f. Unters. d. Lebensm. **61**, 422 (1931).

Tafel 15

Glas	Honig-lösung ccm	Wasser ccm	0,02 n-Essigs. ccm	0,1 n-NaCl-lösung ccm	Stärke-lösung ccm	Gesamt-volumen ccm	Diastase-zahl
1	10	4,0	0,5	0,5	1,0	16	1,0
2	10	2,5	0,5	0,5	2,5	16	2,5
3	10	0,0	0,5	0,5	5,0	16	5,0
4	7,7	2,3	0,5	0,5	5,0	16	6,5
5	6,0	4,0	0,5	0,5	5,0	16	8,3
6	4,6	5,4	0,5	0,5	5,0	16	10,9
7	3,6	6,4	0,5	0,5	5,0	16	13,9
8	2,8	7,2	0,5	0,5	5,0	16	17,9
9	2,1	7,9	0,5	0,5	5,0	16	23,8
10	1,7	8,3	0,5	0,5	5,0	16	29,4
11	1,3	8,7	0,5	0,5	5,0	16	38,5
12	1,0	9,0	0,5	0,5	5,0	16	50,0

Jodlösung versetzt und die Farbe beobachtet. Das Gläschen, in dem zuerst ein blauer, von unveränderter Stärke herrührender Farbton auftritt, gilt als Grenze. Die dem vorhergehenden Röhrchen nach der Tabelle entsprechende Diastasezahl ist dann maßgebend. Die Diastasezahl gibt die Anzahl ccm Stärkelösung an, die durch 1 g Honig hydrolysiert werden. Ist die blaue Farbe schwer erkennbar, so setzt man dem betreffenden Reagenzglas 5 ccm Tonerdebrei zu. Der blaue Ton ist dann besser erkennbar.

J. Tillmans und J. Kiesgen[1]) erfassen die Aminosäuren des Honigs mit Hilfe der Formoltitration in der Weise, daß sie eine Lösung von 40 g Honig in 100 ccm Wasser nach Zusatz von 0,2 ccm 2%igem Phenolphthalein auf rosa titrieren und auf 200 ccm auffüllen. Je 100 ccm gibt man in zwei gleichgroße Zylinder, setzt zu dem einen Zylinder 10 ccm neutralisierte Formollösung, zu dem anderen 10 ccm Wasser. Nunmehr titriert man mit 0,1 n-NaOH den ersten Zylinder, in dem die Rosafarbe nach dem Formolzusatz wieder verschwunden ist,

[2]) Zeitschr. f. Unters. d. Lebensm. **53**, 133 (1927).

bis zur Farbgleichheit mit dem zweiten Zylinder. Während echter Honig etwa 1—2 ccm 0,1 n-NaOH verbraucht, ist der Verbrauch bei Kunsthonig gleich 0.

Die Wasserbestimmung in Honig führt man zweckmäßig refraktometrisch durch. 10 g Honig + 20 g destilliertes Wasser werden in einem Wägeglas geschüttelt, bis Lösung eingetreten ist. Dann liest man die Refraktion im Zeißschen bzw. Abbéschen Butterrefraktometer ab. Mit Hilfe des Brechungsindex entnimmt man der Tafel 34 des T.S.P. II. Aufl. den Wassergehalt der Mischung, evtl. unter Benutzung der Temperaturkorrektionstafel 35. Von dem erhaltenen Wasserwert zieht man 66,67 (da 1 + 2 verdünnt) ab, verdreifacht und erhält damit den Wassergehalt des Honigs.

Die Albumine des Honigs werden durch die Tanninfällung nach Lund erfaßt. 20 ccm einer filtrierten 10%igen Honiglösung werden in einem Lundschen Rohr mit 5 ccm einer 0,6%igen Tanninlösung und darauf mit 40 ccm destilliertem Wasser versetzt und vorsichtig gemischt. Man läßt 24 Stunden stehen. Durch Quirlen des Rohres um die Längsachse wird das Absetzen des Niederschlags gefördert. Naturhonige weisen mindestens 0,9 ccm Sediment auf.

Über die Bestimmung der Ameisensäure s. S. 145.

14. Zucker und Zuckerwaren

Die wichtigsten allgemeinen Methoden zur Bestimmung der Zucker sind im II. Teil dieses Buches behandelt. Hier seien noch einige spezielle Methoden geschildert.

Die quantitative Bestimmung der Raffinose, des sogenannnten Pluszuckers, der 1,852mal so stark wie Saccharose dreht, aber keinen süßen Geschmack besitzt, wird in folgender Weise durchgeführt. Man löst bei Verwendung des Halbschattenapparates mit Zuckerskala das halbe Normalgewicht (13,024 g) des raffinosehaltigen Zuckers in einen 100 ccm-Kölbchen mit 75 ccm Wasser und erhitzt nach Zusatz von 5 ccm rauchender Salzsäure 7½—10 Minuten auf 67—70°. Man füllt dann auf, klärt durch Knochen- oder Blutkohle, die mit Salzsäure ausgewaschen wurde, und polarisiert bei 20°. Außerdem ermittelt man die direkte Polarisation. Beide Werte werden auf das Normalgewicht in 100 ccm bezogen. Ist der Wert vor Inversion P, der Wert nach Inversion J, so ergibt sich die Saccharose (Z) aus nachfolgender Gleichung:

$$Z = \frac{0\ 5124\ P - J}{0{,}839}.$$

Der Raffinosegehalt (R) berechnet sich aus nachstehender Gleichung:

$$R = \frac{P - Z}{1{,}852}.$$

Auf das Vorzeichen der Drehung ist in jedem Fall zu achten. Unter Ausbeute, Raffinationswert oder Rendement des Zuckers versteht man die Zahl, die angibt, wieviel kristallisierbarer Zucker bei dem Raffinationsgang zu gewinnen ist. Man bestimmt das Rendement in folgender Weise: 20—30 g Rohzucker werden in Wasser gelöst, die Lösung wird filtriert und auf 200 ccm aufgefüllt. 100 ccm davon werden in flacher Platinschale verascht. Man nimmt nun an, daß der fünffache Betrag dieser Aschenmenge, in Zucker ausgedrückt, am Kristallisieren gehindert wird. Hat man also z. B. 95% Zucker gefunden, und betragen die löslichen Salze (Asche) 1,26%, so beträgt das Rendement 95 — 5 1,26 = 95 — 6,3 = 88,7%.

Bei der Untersuchung von Vanillinzucker spielt vor allem die Feststellung des Vanillengehaltes und die Unterscheidung von Vanillin, Äthylvanillin, Heliotropin und Cumarin eine Rolle. Zur Bestimmung des Vanillingehaltes werden 5 g Vanillinzucker mit 25 ccm 95%igem neutralisiertem Alkohol versetzt, umgeschüttelt und mit 0,1 n-Natronlauge gegen Phenolphthalein titriert. 1 ccm 0,1 n-NaOH entspricht 0,0152 g Vanillin bzw. 0,0166 Äthylvanillin.

Zur Unterscheidung von Heliotropin, Vanillin und Cumarin wird der Vanillinzucker ausgeäthert, die Ätherlösung filtriert und verdampft, der Rückstand mit 1—2 ccm heißem Wasser aufgenommen. Zu einer Hälfte der Lösung gibt man 1 Körnchen Resorcin und, nachdem dieses gelöst ist, 1—2 ccm konzentrierte Schwefelsäure. Vanillin liefert eine intensive karminrote Färbung, Heliotropin eine himbeerrote Farbe mit einem Stich ins Blaue. Cumarin liefert keine

Reaktion. Die zweite Hälfte der Ausgangslösung wird mit einem Tropfen Eisenchloridlösung (1:20) versetzt. Hierbei liefert Vanillin eine Blaufärbung, während Heliotropin und Cumarin nicht färben. Äthylvanillin (Bourbonal)[1]) gibt gleichfalls die Eisenchloridreaktion, hier verschwindet sie jedoch wieder bei 2 Minuten langem Erwärmen auf 60°, während die Vanillinfärbung unnverändert bleibt.

Cumarin[2]) erkennt man weiter am Schmelzpunkt (67°) und an der flockigen, erst braunen, dann dunkelgrünen Fällung der wäßrigen Lösung mittels Jodjodkaliumlösung

Von Zuckerwaren seien hier nur einige Untersuchungen über Sahne- und Milchbonbons und Marzipan angeführt.

Zur Fettbestimmung in Sahne- und Milchbonbons[3]) werden 10 g Substanz[4]) in 40 ccm heißem Wasser gelöst. Nach dem Erkalten setzt man 2,5 ccm Kupfersulfatlösung (Fehlingsche Lösung I) sowie 2,5 ccm 0,25 n-Natronlauge zu, um die Eiweißstoffe zu fällen. Nach 5 Minuten filtriert man durch ein angefeuchtetes Filter unter Nachwaschen. Trichter, Filter und Becherglas werden im Trockenschrank getrocknet. Das trockene Filter extrahiert man dann mit Äther nach Soxhlet, indem man Trichter und Becherglas mit Äther nachspült. Das extrahierte Fett wird gewogen und daraus das Gesamtfett der Bonbons berechnet. In einem zweiten Ansatz von mindestens 200 g Substanz extrahiert man das Fett in der eben geschilderten Weise, nur mit entsprechend größeren Fällungsmittelmengen. In dem so erhaltenen Fett bestimmt man Buttersäurezahl und Verseifungszahl.

Bei Marzipanwaren wird der Wassergehalt durch Trocknen der mit Sand verriebenen Masse bei 105° bestimmt. Der Fettgehalt ergibt sich nach der bei Milchbonbons beschriebenen Methode. Saccharose und Stärkesirup werden nach dem im allgemeinen Teil beschriebenen Verfahren bestimmt.

Zur Prüfung auf Mandelersatzstoffe verwen-

---

[1]) Zeitschr. f. analyt. Chemie **108**, 161 (1937); vgl. auch Chem. Weekbl. 35, 316 (1938).
[2]) Zeitschr. f. Unters. d. Lebensm. **5**, 403, 404 (1938).
[3]) Zeitschr. f. Unters. d. Lebensm. **50**, 346 (1925).
[4]) Diese Vorschrift ist etwas abgeändert.

det man das mit Petroläther extrahierte Fett. Die zu untersuchende Substanz wird zunächst mit wasserfreiem Natriumsulfat im Mörser zerrieben, nachdem man einen eventuell vorhandenen Schokoladenüberzug entfernt hat. Hierauf zieht man mit Petroläther in der Kälte aus. Nach Filtration des Auszuges wird der Petroläther vertrieben. Mit dem so gewonnenen Fett werden die folgenden Prüfungen vorgenommen. Alle Reaktionen werden unter Eiswasserkühlung durchgeführt; wenn wenig Substanz vorliegt, verwendet man die sogenannten Uhlenhuthröhrchen. a) Bellier-Reaktion: Zunächst führt man diese Reaktion in der auf Seite 118 beschriebenen Weise, nur mit relativ kleinen Substanz- und Reagenzmengen aus. Man beobachtet 25 Sekunden. Eine purpurviolette Färbung zeigt Aprikosenkernöl an. b) Kreis-Reaktion: Gleiche Teile Fett und 1%ige ätherische Phloroglucinlösung werden gemischt und gekühlt. Eine kirschrote Färbung spricht gleichfalls für Aprikosenkernöl.

Pfirsichkernöl gibt die Reaktionen nicht.

Von bitteren Mandeln herrührende Blausäure wird in der bei Rangoonbohnen beschriebenen Weise bestimmt (vgl. S. 140. Über Speiseeisuntersuchungen vgl. W. Stoldt[1]).

15. Künstliche Süßstoffe

Von künstlichen Süßstoffen spielen in der Lebensmittelchemie Saccharin, Dulcin und Glucin eine Rolle.

Saccharin. Das Orthobenzoesäuresulfinid kann auf folgendem Wege erkannt werden: a) Schwefelsäureprobe: Saccharin liefert mit Soda und Salpeter eine Schmelze, die nach dem Aufnehmen mit Wasser und nach dem Ansäuern mit Salpetersäure die Schwefelsäureaktion gibt.

b) Salicylsäureprobe: Alkalischmelze verwandelt Saccharin in Salicylat. Man geht so vor, daß man den auf Saccharin zu prüfenden Rückstand mit Natronlauge eindampft und 15 Minuten im Luftbad bei 210—220° erhitzt. Man säuert dann mit Schwefelsäure an, äthert aus und prüft den Ätherrückstand mittels Eisenchlorid.

---

[1]) Zeitschr. f. Unters. d. Lebensm. **73**, 329 (1937).

Zur quantitativen Bestimmung des Saccharins kann man die Schwefelsäureprobe heranziehen: 1 g $BaSO_4$ = 0,7857 g Saccharin. Bei Abwesenheit anderer Stickstoffverbindungen kann auch der Stickstoffgehalt zur Bestimmung des Rein-Saccharins herangezogen werden. Zur Abtrennung des Saccharins von Zucker und sonstigen Stoffen extrahiert man die zu untersuchende Substanz mit Äther, Petroläther oder einer Mischung beider. Man geht so vor, daß man die Substanz zunächst alkalisch macht und ausäthert, wobei das eventuell vorhandene Fett beseitigt wird; erst dann säuert man mit Phosphorsäure an und äthert das Saccharin aus.

Zum Nachweis von Dulcin (Paraphenetolcarbamid) wird die Substanz mit 5 ccm Wasser sowie 7—8 Tropfen neutraler Mercurinitratlösung übergossen. Dann erhitzt man 1/4 Stunde auf dem siedenden Wasserbad. Bei Gegenwart von Dulcin tritt eine schwach-violette Färbung auf, die auf Bleisuperoxydzusatz intensiver wird. Die quantitative Bestimmung kann nach G. Reif[1]) vorgenommen werden.

Neben Saccharin kann man Dulcin dadurch nachweisen, daß man 100 mg des Süßstoffgemisches mit 100 mg Resorcin und 1 ccm Schwefelsäure 2 Minuten auf 180° erhitzt, durch Eingießen in 5 ccm Wasser kühlt und dann alkalisch macht. Starke grüne Fluoreszenz deutet Saccharin an. Auf Zusatz von einigen Tropfen Jodtinktur oder Kupfersulfatlösung und von 100 ccm Wasser tritt bei Anwesenheit von Dulcin Violettfärbung auf.

Glucin, das Natriumsalz der Di- und Trisulfosäuren des aus Diamino-azobenzol und Benzaldehyd gewonnenen Triazins, ist als Süßstoff verboten. Die in verdünnter Salzsäure gelöste Substanz liefert, wenn sie unter Abkühlung mit Natriumnitritlösung und darauf mit alkalischer α-Naphthollösung versetzt wird, eine rote Färbung.

16. Bier

Für die Beurteilung eines Bieres ist die Bestimmung des Gewichtsverhältnisses 15°/15° oder 20°/20° und die Bestimmung

[1]) Zeitschr. f. Unters. d. Lebensm. **47**, 243 (1924).

des Gewichtsverhältnisses des entgeisteten Bieres von besonderer Bedeutung, da diese Bestimmungen die Ermittlung des Extrakt- und Alkoholgehaltes ermöglichen.

Das Gewichtsverhältnis $15^0/15^0$ oder $20^0/20^0$ des Bieres wird in der Weise ermittelt, daß man zunächst das Leergewicht eines reinen, trockenen 50 ccm-Pyknometers feststellt. Dann bestimmt man den Wasserwert des Pyknometers, indem man mit destilliertem Wasser füllt, auf 15^0 oder 20^0 temperiert und nach etwa 15 Minuten bei der betreffenden Temperatur auf die Marke einstellt. Nachdem das Pyknometer die Temperatur der Waage angenommen hat, wird gewogen. In gleicher Weise bestimmt man das Gewicht von 50 ccm des durch öfteres Umgießen von Kohlensäure befreiten Bieres in demselben Pyknometer bei 15^0 oder 20^0. Der Quotient aus Gewicht des Bieres und Gewicht des Wassers, abzüglich des Pyknometergewichtes, ergibt für das untersuchte Bier das Gewichtsverhältnis bei der betreffenden Temperatur.

Zur Ermittlung des Alkoholgehaltes bestimmt man zunächst das Gewichtsverhältnis des Bierdestillats in folgender Weise: 75 ccm des von Kohlensäure befreiten Bieres werden aus einem 200 ccm-Stehkölbchen nach Zusatz von etwas Tannin (Schaumverhinderung) in ein 50 ccm-Pyknometer destilliert. Sobald die Marke erreicht ist, temperiert man bei der betreffenden Temperatur, stellt auf die Marke durch Zusatz von destilliertem Wasser ein, temperiert in der Waage und wägt. Stark saure Biere sind zu neutralisieren. Aus dem gegenüber dem Wasserwert erhaltenen Gewichtsverhältnis des Destillates berechnet man aus nachfolgender Gleichung den Alkoholgehalt (A)

$$A = \frac{D \cdot a}{75 \cdot \tau_L},$$

in der D das absolute Gewicht des Destillates (z. B. 49,763 g), a die Gewichtsprozente Alkohol des Destillates (ermittelt aus der Tabelle) und τ_L das Gewichtsverhältnis des Bieres bedeuten.

Den Extraktgehalt des Bieres kann man entweder direkt oder refraktometrisch ermitteln.

Zur direkten Bestimmung werden 50 ccm Bier auf dem Wasserbad auf $^3/_4$ des Volumens eingedampft. Den Rückstand spült man mit destilliertem Wasser in ein 50 ccm-Pyknometer von bekanntem Wasserwert, füllt bei 15⁰ oder 20⁰ auf die Marke, wägt und berechnet das Gewichtsverhältnis 15⁰/15⁰, aus dem man mit Hilfe von Tafel 24 des T.S.P. II. Aufl. den Extraktgehalt erhält. Bei Zugrundelegung von 20⁰ bedient man sich der Tabelle 25 des T.S.P. II. Aufl.

Die refraktometrische Extraktbestimmung, die mit der Alkoholbestimmung verbunden wird, benötigt außer dem Refraktionswert bei 17,5⁰ nur noch das Gewichtsverhältnis des Bieres 15⁰/15⁰ entsprechend folgenden Gleichungen:

$$\text{Alkohol Gew. \%} = \frac{(R_0 - L) \quad 2}{7 \quad \text{Gewichtsverhältnis des Bieres}}$$

$$\text{Extrakt Gew.\%} = \frac{(R_0 + L) \quad 0{,}9}{7 \quad \text{Gewichtsverhältnis des Bieres} + \text{Korrektur}^{1)}}$$

R_0 = abgelesene Skalenteile — 15.
L = (Gewichtsverhältnis des Bieres 15⁰/15⁰ — 1) 1000.

Wurde z. B. bei 17,5⁰ ein Refraktionswert von 51,4⁰ und bei 20⁰ ein Gewichtsverhältnis von 1,0305 gefunden, so ist $R_0 = 51{,}4 - 15 = 36{,}4$; $L = (1{,}0305 - 1) \quad 1000 = 30{,}5$, $R_0 - L = 5{,}9$; der Nenner ist in beiden Gleichungen gleich 7 1,0305 = 7,2, die Korrektur beträgt 0,045. Danach ergibt sich:

Alkohol = 1,64 Gew.%
Extrakt = 8,41 „ %.

Aus den Gewichtsprozenten Extrakt (E) und Alkohol (A) berechnet man nach folgenden Gleichungen die Stammwürze (St), d. h. den ursprünglichen Gehalt der Würze, und den Vergärungsgrad (V):

$$St = \frac{100\ (E + 2{,}0665\ A)}{100 + 1{,}0665\ A};$$

$$V = 100\ \left(1 - \frac{E}{St}\right).$$

An Stelle der ersten Formel kann man auch folgende Näherungsformel verwenden:

$$St = E + 2\ A$$

---

[1]) Die Korrektur beträgt bei 1% Alkohol + 0,04, bei 2% + 0,05, bei 3% + 0,08, bei 4% + 0,07, bei 5% + 0,04.

Die Bestimmung des Säuregrades wird zweckmäßig wie folgt vorgenommen: 50 ccm entkohlensäuertes Bier werden 1/2 Stunde im bedeckten Becherglas auf 40° erwärmt, um die Kohlensäure restlos zu entfernen. Helles Bier titriert man dann direkt mit 0,1 n-kohlensäurefreier Natronlauge gegen Phenolphthalein, bei dunklen Bieren erst nach Verdünnen mit dem doppelten Volumen Wasser und zwar in folgender Weise: Von dem Phenolphthaleinindikator (12 Tropfen alkoholische Lösung 1 : 30 gibt man mit 0,2 ccm 0,1 n-Lauge zu 20 ccm ausgekochtem Wasser) bringt man je 1 großen Tropfen in napfförmige Vertiefungen einer weißen Porzellanplatte. Man titriert dann solange, bis auf Zusatz von 6 Tropfen der Flüssigkeit der rote Ton nicht mehr verschwindet. Das Ergebnis wird als n-Säure für 100 g oder als Milchsäure % angegeben. 1 ccm 0,1 n-Lauge = 0,009 Milchsäure. Flüchtige Säuren und Glyzerin werden wie bei Wein, Konservierungsmittel wie bei „Fleisch" beschrieben, bestimmt und nachgewiesen.

Künstliche Süßstoffe, in Sonderheit Saccharin, werden mit Äther oder Petroläther ausgezogen und nach den früher unter Süßstoffen erwähnten Methoden erkannt.

17. Wein, Obstwein

Von den vielen Methoden zur Untersuchung des Weines seien hier nur die wichtigsten angeführt.

Bestimmung des Gewichtsverhältnisses 15°/4° bzw. 20°/4° des Weines. Bei jeder Bestimmung ist zunächst die Eichung des zu verwendenden Pyknometers (gewöhnlich 50 ccm Inhalt), d. h. die Feststellung des Leergewicht- und des Wasserwertes, vorzunehmen. Das mit Dichromatschwefelsäure gereinigte, ausgespülte und mittels Durchsaugens getrocknete Pyknometer wird, nachdem es die Temperatur der Waage angenommen hat, gewogen. Das Pyknometer wird dann mit destilliertem Wasser gefüllt und nach 20 Minuten langem Stehen in einem Wasserbad von 15° oder 20° bei der betreffenden Temperatur auf die 50 ccm-Marke eingestellt. Dann wird das Pyknometer sorgfältig abgetrocknet und, nachdem es 15 Minuten in der Waage gestanden hat, gewogen. Nach Abzug des Leergewichtes von dem zuletzt erhaltenen Gewicht erhält man den Wasserwert.

Zur Bestimmung des Gewichtsverhältnisses des Weines leert man zunächst das Wasser aus, spült mehrmals mit dem zu untersuchenden Wein, füllt bis zur Marke mit Wein, stellt, wie beim Wasserwert beschrieben, bei 15° oder 20° auf die Marke ein und stellt schließlich, wie oben, das Gewicht des mit Wein gefüllten Pyknometers fest. Ist *a* das Leergewicht, *c* das Gewicht des mit Wein gefüllten, *b* das Gewicht des mit Wasser gefüllten Pyknometers, dann ergibt sich das Gewichtsverhältnis 15°/15° oder 20°/20°) zu

$$\tau_L = \frac{c - a}{b - a},$$

wobei Gewicht des Weines und Gewicht des Wassers beide bei 15° oder beide bei 20° bestimmt sind. Will man auf Wasser von 4° beziehen, also τ 15°/4° oder τ 20°/4° bestimmen, so muß man obigen Quotienten mit 0,99913 bzw. 0,99823, vgl. Tafel 63 im T.S.P. II. Aufl., multiplizieren.

Zur *Bestimmung des Alkohols* stellt man zunächst das Gewichtsverhältnis 15°/4° oder 20°/20° des Destillates des Weines in folgender Weise fest: Man entleert das soeben gewogene, mit Wein gefüllte Pyknometer in ein 200 ccm-Rundkölbchen, spült dreimal mit im ganzen 25 ccm destilliertem Wasser nach und destilliert unter Verwendung eines Schlangenkühlers in das soeben entleerte, ausgespülte Pyknometer etwa 45 ccm über, stellt, wie oben angedeutet, mit Wasser auf die Marke ein, wägt und errechnet das Gewichtsverhältnis 15°/4° oder 20°/20° wie oben. Enthält der Wein weniger als 1,2 g flüchtige Säuren (s. d.), so erhält man aus dem Gewichtsverhältnis mit Hilfe von Tafel 36 oder 38 des T.S.P. II. Aufl. den Alkoholgehalt in g. i. l, den man mit Hilfe von Tafel 37 oder 39 auf Volumenprozente umrechnet. Bei einem Gehalt von über 1,2 g/l flüchtigen Säuren titriert man das Destillat mit 0,1 n-Lauge gegen Phenolphthalein und zieht für jedes verbrauchte ccm Lauge 0,000018 von dem Gewichtsverhältnis des Destillates ab.

Zur *Extraktbestimmung* wird im allgemeinen der Destillations-Rückstand in dem 200 ccm-Kolben (s. o.) quantitativ in das vorher verwendete Pyknometer gespült, das man in der beschriebenen Weise bei 15° oder 20° einstellt und zur Wägung bringt. Man bildet wiederum das Gewichtsverhältnis $\frac{c-a}{b-a}$ und bezieht durch Multiplikation mit 0,99913 bzw. 0,99823 auf 4°. Aus Tafel 40 bzw. 41 des T.S.P. II. Aufl. erhält man den Extrakt. Bei Weinen mit über 1,2 g/l flüchtigen Säuren zieht man von dem Gesamtgehalt an flüchtigen Säuren den im Destillat (s. o.) vorliegenden Gehalt an flüchtigen Säuren (g/l) ab, multi-

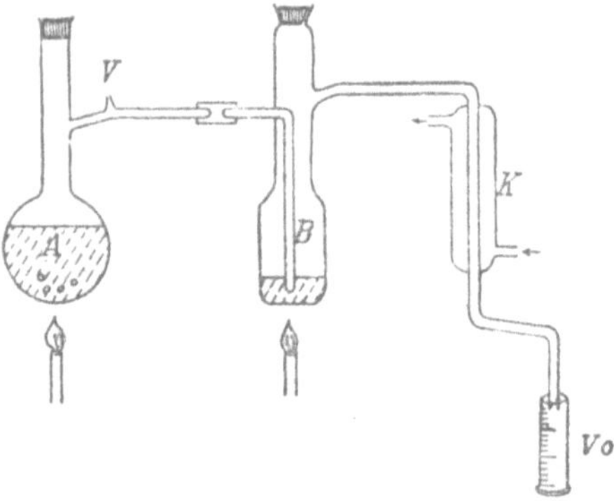

Abb. 36. Apparat für die Mikrobestimmung der flüchtigen Säuren
A = Dampfentwickler, *B* = Eigentliches Destillationsgefäß, *K* = Kühler, *Vo* = Vorlage, *V* = Dampfauslaßventil

pliziert die Differenz mit 0,00015 und zieht diesen Wert wiederum von dem für die Extraktlösung ermittelten Gewichtsverhältnis 15°/4° bzw. 20°/4° ab. Rohrzuckerhaltige Weine sind besonders zu behandeln: 50 ccm Wein werden bei 15° in einem Pyknometer abgemessen und unter Nachspülen in einen 250 ccm-Destillier-Kolben gebracht. Man neutralisiert dann durch Tüpfeln gegen Lackmuspapier mittels n-Natronlauge, ergänzt mit Wasser zu 75 ccm und dampft auf freier Flamme auf etwa 30 ccm ein. Der Rückstand wird wie bei rohrzuckerfreiem Wein weiterbehandelt.

Die Gesamtsäure, als Weinsäure berechnet, wird in folgender Weise bestimmt: 25 ccm Wein werden bis zum beginnenden Sieden erhitzt und heiß gegen Azolithminpapier mittels 0,5 n-Lauge getüpfelt. Bei *a* ccm Verbrauch an 0,5 n-

Lauge ist die Gesamtsäure (Weinsäure) = 1,5 a g, entsprechend 20 a mg-Äquivalenten. — Bei Süßweinen spült man die verwendete Pipette mit Wasser nach.

Zur Bestimmung der flüchtigen Säuren verwendet man vorstehend abgebildeten Mikrodestillier-Apparat (s. Abb. 36), der zunächst durch Dampf gereinigt wird. *A* ist der Dampfentwickler, *B* wird mit 2 ccm Wein und etwas Tannin beschickt, als Vorlage dient ein 10 ccm-Zylinder. Nach dem Verschließen beginnt man mit der Dampfentwicklung, indem man auch die Untersuchungslösung schwach beheizt. 10 ccm Destillat werden aufgefangen und nach kurzem Aufkochen gegen Phenolphthalein mittels n/60-Lauge titriert. Die Hälfte des Verbrauches in ccm gibt den Gehalt an flüchtigen Säuren (ber. als Essigsäure) in g/l an. Titriert man mit 0,1 n-Lauge, so entspricht 1 ccm 0,1 n-Alkali 0,012 g flüchtiger Säure (vgl. Tafel 40 des T.S.P.). — Zur Herstellung der n/60-Lauge werden 50,00 ccm 0,1 n-Lauge im Meßkolben auf 300 ccm aufgefüllt.

Zur Milchsäurebestimmung[1]) destilliert man aus 50 ccm Wein zunächst die flüchtigen Säuren im Dampfstrom ab. Wenn 200 ccm Destillat übergegangen sind, wird die Destillation unterbrochen. Der Destillationsrückstand wird in einer Porzellanschale nach Zusatz von einigen Tropfen Phenolphthalein mit kalt gesättigter Barytlauge auf schwach rosa titriert, mit 5 ccm 10%iger Chlorbariumlösung und weiteren 2—3 ccm Barytlauge versetzt. Man erwärmt 10 Minuten auf dem Wasserbad, wobei die rote Farbe bestehen bleiben soll. Man leitet dann 20—30 Minuten Kohlensäure ein und verdampft auf dem Wasserbad auf 10 ccm. Dann spült man in einen 100 ccm-Zylinder, bringt auf 25 ccm, setzt unter Umrühren neutralisierten 96%igen Alkohol zu, temperiert und füllt mit neutralem Alkohol auf 100 ccm auf. Während zwei Stunden wird wiederholt geschüttelt und hierauf durch ein bedecktes Faltenfilter filtriert. 25 ccm Filtrat werden nach Zusatz von 25 ccm 5%iger Natriumsulfatlösung sich selbst überlassen und nach einer Viertelstunde filtriert. 20 ccm des Filtrates werden mit Tierkohle auf 1/5 des Volumens eingedampft und

---

[1]) Vgl. J. Tillmans u. R. Weill, Zeitschr. f. Unters. d. L. **57**, 515 (1929)

in ein Kolorimeterglas (Durchmesser 2,5, Höhe 13 cm) mit Wasser gespült, bis 20 ccm erreicht sind. Nach Zusatz von etwas Phenolphthalein wird mit 0,1 n-NaOH bis zum Farbumschlag titriert. Ist die Lösung schon anfänglich rot, so neutralisiert man mit 0,1 n-Salzsäure. In ein zweites, gleich großes Kolorimeterglas gibt man 20 ccm Pufferlösung von Stufe 3,2 (s. S. 82). Zu beiden Kolorimetergläsern setzt man 0,3 ccm einer 0,01%igen alkoholischen Methylgelblösung und titriert die Versuchslösung auf Farbengleichheit mittels 0,1 n-Salzsäure. Wurden *a* ccm 0,1 n-Salzsäure verbraucht, so ergibt sich der Milchsäuregehalt zu Gramm im Liter nach folgender Gleichung:

$$x = 1{,}45\ (a - 0{,}20)\ \text{g i. l.}$$

Zur Bestimmung der Weinsäure werden 100 ccm Wein auf dem Wasserbad von Alkohol befreit und in einem Becherglas mit Wasser auf 100 ccm aufgefüllt. Hierauf setzt man 2 ccm Eisessig, 0,5 ccm 20%ige Kaliumacetatlösung und 15 g Kaliumchlorid zu. Nachdem sich dieses in der Hauptsache gelöst hat, versetzt man mit 20 ccm 96%igem Alkohol. Durch kräftiges Rühren mit dem Glasstab leitet man die Weinsteinabscheidung ein. Man läßt 15 Stunden bei 10—15° stehen, filtriert dann durch einen Goochtiegel, der mit durch Salzsäure ausgewaschenem Papierfilterstoff beschickt ist, wobei man mit 20 ccm einer Lösung von 15 g Kaliumchlorid in 20 ccm 96%igem Alkohol und 100 ccm Wasser auswäscht. Papierfilterstoff und Niederschlag werden mit heißem Wasser in das vorher benutzte Becherglas zurückgegeben und mit 0,25 n-Lauge gegen Azolithminpapier titriert. Wurden *a* ccm Lauge verbraucht, so beträgt der Weinsäuregehalt (*x*) in Gramm im Liter

$$x = 0{,}375\ (a + 0{,}6)\ \text{g/Liter.}$$

Aus Gesamtsäure (*t*), Milchsäuregehalt (*m*), Gehalt an flüchtigen Säuren (*e*) und dem Alkoholgehalt in g i. l (*g*) berechnet man nach folgender Gleichung die ursprüngliche Mostsäure (*S*), wobei die Werte *t*, *m*, *e* und *S* in mg-Äquivalenten (= ccm n-Säure) pro Liter ausgedrückt werden:

$$S = t + m + 30 - e - 0{,}17\ g.$$

Der Wert 30 berücksichtigt die bei der Gärung ausgeschiedene Weinsäure.

Zur Glyzerinbestimmung führt man das Glyzerin mittels Jodwasserstoffsäure in Isopropyljodid über, das man auf alkoholische Silbernitratlösung einwirken läßt, wobei Silberjodid entsteht. Das Silberjodid wird gewogen.

Aus 100 ccm Wein werden nach Zusatz von etwas Tannin und 2 ccm 30%iger Bariumacetatlösung 70 ccm überdestilliert. Den Destillationsrückstand füllt man auf 50 ccm, bei Süßweinen auf 100 ccm in einem Meßkölbchen auf. Über Nacht läßt man klar absetzen. 5 ccm der klar abgesetzten Lösung bringt man mit 15 ccm Jodwasserstoffsäure (Dichte 1,96) in das Kölbchen *A* des nachstehend abgebildeten Apparates (Abb. 37). Das Meßgefäß *B* beschickt man mit 5 ccm einer Aufschlämmung von rotem Phosphor in der 10fachen Menge Wasser, *D* mit 50 ccm alkoholischer Silbernitratlösung (40 g $AgNO_3$ + 100 ccm H_2O mit Alkohol aufgefüllt zum Liter). *C* und *E* regeln den Gasdurchtritt. Alsdann wird der Apparat zusammengesetzt (s. Abb. 37 unter *F*). In das Siedekölbchen (*A*) leitet man trocknes Kohlendioxyd (3 Blasen in der Sekunde), erhitzt im Phosphorsäure- oder Ölbad derart, daß der Siedering allmählich bis zur halben Höhe des Kühlrohres emporsteigt. Die Reaktion ist bei trocknen Weinen innerhalb 2½, bei Süßweinen innerhalb 4 Stunden beendet. Die Silbernitratlösung wird dann in einem 600 ccm-Becherglas nach Zusatz von 5—10 Tropfen verdünnter Salpetersäure auf etwa 500 ccm aufgefüllt. Eine halbe Stunde erhitzt man das Gemisch auf dem Wasserbad, läßt im Dunkeln erkalten und filtriert durch einen bei 130° getrockneten Goochtiegel mit Asbesteinlage. Man wäscht mit salpetersäurehaltigem Wasser bis zum Verschwinden der Silberreaktion, zum Schluß spült man mit Alkohol. Hierauf trocknet man bei 130° und

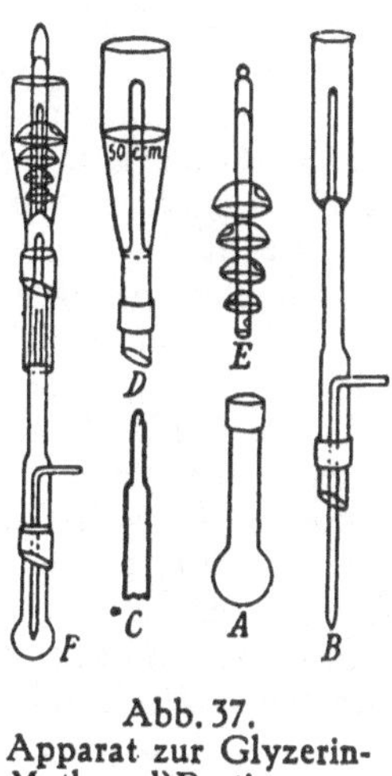

Abb. 37.
Apparat zur Glyzerin-Methoxyl)Bestimmung

wägt. Wurden *a* g Silberjodid gewogen, so ergibt sich der Glyzeringehalt aus folgender Gleichung:

bei trockenen Weinen: Glyzerin g/l = 39,21 *a*;
bei Süßwein: Glyzerin g/l = 78,42 *a*.

Die Bestimmung des direkt vorliegenden Zuckers in Wein kann maßanalytisch und gewichtsanalytisch vorgenommen werden. Hier sei nur das gewichtsanalytische Verfahren mitgeteilt. 50 ccm Wein werden neutralisiert, auf dem Wasserbad auf 1/3 des Volumens eingeengt, in ein 100 ccm-Meßkölbchen gespült, nach dem Abkühlen mit 5 ccm 3%iger Essigsäure sowie 7 ccm Bleiessig versetzt und auf die Marke aufgefüllt. 70 ccm des Filtrates werden in einem 70/77 ccm Kölbchen mit 7 ccm gesättigter Natriumphosphatlösung versetzt und nach einigem Stehen filtriert (s. auch Polarisation). Bei Weinen mit höchstens 20 g Extrakt i. l werden 50 ccm, bei Weinen mit 21—26 g Extrakt 25 ccm des Filtrates in der früher beschriebenen Weise nach Fehling behandelt. Das ausgeschiedene Kupferoxydul kann als solches oder als CuO nach dem Glühen zur Wägung gebracht werden. Mit Hilfe von Tafel 43 des T.S.P. II. Aufl. wird aus dem CuO-Wert der reduzierende Zucker (Invertzucker) ermittelt. Wurden *a* g Zukker ermittelt, so beträgt der Zuckergehalt im Wein vor Inversion bei Verwendung von 50 ccm Filtrat 44 *a* g im l.

Zur Bestimmung der Saccharose stellt man sich zunächst nochmals das obige durch Bleiessig und Phosphat geklärte Filtrat her. 50 ccm des Filtrates werden mit 25 ccm Wasser versetzt und nach der Zollvorschrift invertiert, neutralisiert, auf 100 ccm aufgefüllt, worauf in 50 ccm der Reduktionswert mit Fehlingscher Lösung bestimmt wird. Der aus dem erhaltenen CuO-Wert ermittelte Zuckerwert (*b*), mit 88 multipliziert, ergibt den Zucker nach Inversion i. l. Der Rohrzucker ergibt sich dann aus folgender Gleichung:

Rohrzucker g/l = 0,95 (Zucker nach Inversion—Zucker vor Inversion).

Zur Berechnung von Glukose und Fruktose bedient man sich folgender Gleichungen:

$$g\ \text{Fruktose} = 0{,}37211\,a - 3{,}5440\,p,$$
$$g\ \text{Glukose} = 0{,}65915\,a + 3{,}2463\,p;$$

es bedeutet darin a den Glukosewert, d. h. den als Glukose ausgedrückten, direkt reduzierenden Zucker zur Berechnung (vgl. Taf. 43 im T.S.P. II. Aufl.), *p* die Polarisation (s. w. unten). Zur Ausrechnung dieser Gleichungen dienen die Taf. 45 und 46 im T.S.P. II. Aufl.

Zur Polarisation des Weines verwendet man das früher für die Reduktionsbestimmung vor Inversion (S. 162) beschriebene Filtrat, das, sofern trübe, mit Tierkohle geklärt wird. Zur Ausschaltung der Mutarotation (s. S. 54) läßt man 24 Stunden stehen. Polarisiert man im 200 mm-Rohr, und multipliziert man den abgelesenen Wert mit 2,2 so erhält man die Polarisation des unverdünnten Weines. Der Nachweis der Konservierungsmittel wird in ähnlicher Weise wie bei Fleisch erbracht. Asche und Alkalität der Asche in ähnlicher Weise wie bei Marmeladen usw. (s. S. 51).

Von den zahlreichen sonstigen Methoden seien hier nur noch der Arsennachweis bzw. die Arsenbestimmung in Wein nach W. Diemair und J. Waibel[1]), der Nachweis von Eisencyanverbindungen und schließlich der Obstweinnachweis angeführt.

Zum Arsennachweis in Wein und Most sind folgende Reagenzien erforderlich: 25%ige arsenfreie Schwefelsäure, 10%ige Gerbsäurelösung, 96%iger Alkohol, arsenfreies, granuliertes Zink, Quecksilberbromidpapier (mit 5%iger alkoholischer Quecksilberbromidlösung getränktes, getrocknetes Filterpapier), eine frisch zu bereitende Arsenlösung mit 20 γ As/ccm, 10%ige Kupfersulfatlösung. Arbeitsweise: In einen 200 ccm-Erlenmeyer (s. Abb. 38) gibt man der Reihe nach 1 ccm des zu prüfenden Weines, 1 ccm 10%ige Gerbsäurelösung, 5 ccm 96%igen Alkohol, 50 ccm 25%ige arsenfreie Schwefelsäure, 18 ccm destilliertes Wasser und 5 Tropfen der 10%igen Kupfersulfatlösung. Dann kühlt man im fließendem Wasser auf Wassertemperatur, fügt hierauf 5 g Zink zu und verschließt nunmehr mit dem vorbereiteten Aufsatz, der zwischen zwei planparellelen Platten ein Quecksilberbromidpapier eingelegt enthält. Ein Zwischenrohr enthält mit

[1]) Zeitschr. f. Unters. d. Lebensm. **72**, 223 (1936).

Bleiessig getränkte Watte. Man läßt den Erlenmeyer 2 Stunden in fließendem Wasser und 2 Stunden bei Zimmertemperatur stehen. Dann entnimmt man den Papierstreifen und vergleicht den bei Anwesenheit von Arsen entstandenen gelben oder gelbbraunen Fleck mit einer in gleicher Weise hergestellten Vergleichsskala von 2,5 γ; 5,0 γ; 7,5 γ; 10,0 γ; 12,5 γ; 15,0 γ 17,5 γ; 20,0 γ As in je 1 ccm Flüssigkeit.

Aus dem für 1 ccm erhaltenen Arsenwert läßt sich dann der Arsengehalt i. l leicht berechnen.

Eisencyanverbindungen (Ferrocyankalium) lassen sich nach O. Reichard[1]) in folgender Weise erfassen: 10 ccm Wein (filtriert) werden mit 1 ccm eisenfreier Salzsäure (10%ig) und 2 Tropfen einer Lösung von 5 g Kaliumferrocyanid und 5 g Kaliumferricyanid in 100 ccm Wasser versetzt. Entsteht im Verlaufe von 24 Stunden ein deutlicher Niederschlag von Berlinerblau, der beim Filtrieren und Auswaschen mit wenig kaltem Wasser zurückbleibt, so sind keine gelösten Eisencyanverbindungen zugegen. Im anderen Falle gibt man zu 10 ccm des filtrierten Weines 1 ccm Salzsäure (10%) und 0,3 ccm Ferriammonsulfatlösung (1%ig), filtriert nach 24 Stunden und wäscht bei Rotwein mit kaltem Wasser. Hinterbleibt ein Niederschlag von Berlinerblau, so ist die Gegenwart von gelösten Eisen-Cyanverbindungen erwiesen.

Zum Nachweis von Obstwein in Traubenwein zieht man zweckmäßig die Methode von B. Bleyer, W. Diemair und G. Lix[2]) heran. Danach werden 100 ccm Wein oder 100 ccm des eventuell mit Hefe vergorenen Mostes mit 5 g Tierkohle (carbo medicinalis) geschüttelt, 3 Minuten zum Sieden erhitzt und filtriert, worauf das klare Filtrat bei 60 bis 70° in einem 100 ccm-Claisenkolben im Vakuum mittels Siedekapillare eingedampft wird (s. Abb. 39). Der Wein wird portionsweise durch den Trichter zugegeben. Der entstehende Sirup soll in der Kälte noch dünnflüssig sein. Man versetzt ihn dann unter Umschütteln mit wasserfreiem Methanol, wobei eine weiße, flockige Fällung entsteht. Im ganzen werden

---

[1]) Zeitschr. f. Unters. d. Lebensm. **53**, 163 (1927).

[2]) Zeitschr. f. Unters. d. Lebensm. **64**, 337 (1932); vgl. auch **68**, 364 (1934).

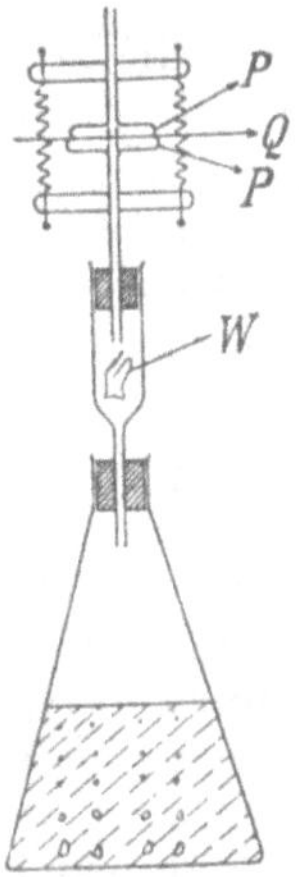

Abb. 38. *P* = Planparallele Platten,
Q = Quecksilberbromidpapier,
W = Bleiessiggetränkte Watte

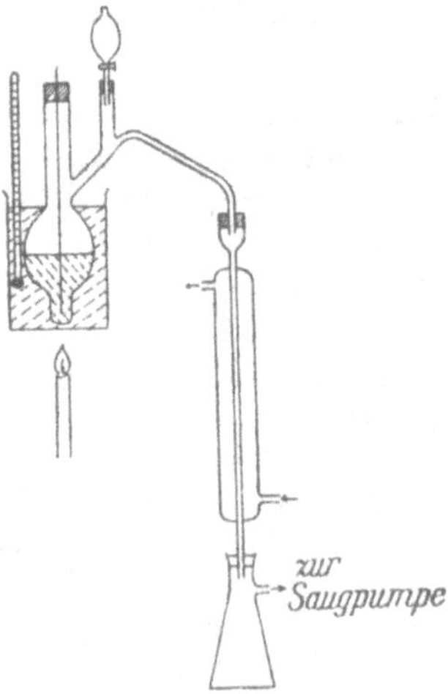

Abb. 39.
Apparat zur Sorbitbestimmung

40 ccm Methanol verwendet. Die einzelnen Fraktionen werden mit Niederschlag in einem 100 ccm-Kölbchen gesammelt, eventuell zur flockigen Abscheidung des Niederschlages erhitzt und nach einigem Ruhen im Eisschrank abfiltriert. Man filtriert wiederum in einen C l a i s e n kolben, in dem man das Filtrat wiederum im Vakuum bis zu einem kaum noch beweglichen Sirup eindampft. Man nimmt dann die Kondensation vor, indem man den Rückstand gründlich unter Verwendung eines Glasrührers mit 4 ccm Benzaldehyd und 1 ccm Schwefelsäure (1:1) mischt. Der Kolben wird einige Zeit in den Eisschrank gestellt und darauf der Inhalt mit 100 ccm Wasser gemischt. Die eventuell ausgeschiedenen Flocken sammelt man auf einem getrockneten und gewogenen Glasfrittentiegel, wobei man mit 50%igem Alkohol nachwäscht. Nach dem Trocknen wird gewogen. Von dem Rückstand kann man den Schmelzpunkt nehmen. Monobenzalsorbit schmilzt bei 169—170°, Dibenzalsorbit bei 182—184°, Tribenzalmannit bei 217°.

18. Branntwein, Brennwein, Likör

Die Alkoholbestimmung in diesen Genußmitteln bzw. Rohprodukten kann pyknometrisch in derselben Weise wie bei Wein durchgeführt werden. In Anwesenheit großer Mengen ätherischer Öle sind diese durch Aussalzen zu entfernen.

Die höheren Alkohole werden in folgender Weise bestimmt. Zunächst stellt man aus $\frac{6000}{a}$ ccm Branntwein (a = Alkohol Vol.%) ein Destillat her, indem man 200 ccm in einem Meßkolben auffängt. Die auf Marke eingestellte und gemischte Lösung ist die Ausgangslösung (A). 50 ccm von A werden in einem 200 ccm-Destillationskölbchen mit 0,5 ccm 30%iger KOH und 3,5 ccm 5%iger Silbernitratlösung ½ Stunde unter Rückfluß im siedenden Wasserbad erhitzt. In dieser Zeit sind durch Silberoxyd und Lauge Aldehyde und Terpene beseitigt. Darauf destilliert man in einem 50 ccm-Meßkölbchen bis zur Marke (Lösung B). In drei graduierte, mit Glasstöpsel versehene Reagenzgläser gibt man je 15 ccm Schwefelsäure (100 ccm konz. Schwefelsäure + 60 ccm H_2O werden vorsichtig unter Abkühlung gemischt und auf genau 150 ccm aufgefüllt) sowie 0,5 ccm einer 1%igen Lösung von Paraoxybenzaldehyd in 30%igem Alkohol. Danach kühlt man 10 Minuten auf 20°. Zu Glas I gibt man 1 ccm von B, zu Glas II 1 ccm einer Vergleichslösung (3,5 ccm der früher vom Reichsgesundheitsamt zu beziehenden Stammlösung höherer Alkohole werden im 50 ccm-Kölbchen mit 30%igem Alkohol zur Marke aufgefüllt), zu Glas III 1 ccm 30%ige Alkohollösung. Sofort nach Zugabe wird jedes Glas gemischt und mit Steigrohr genau 5 Minuten im siedenden Wasserbad erhitzt. Man läßt dann auf Zimmertemperatur abkühlen und liest genau nach 30 Minuten in 5 mm-Küvetten bei Filter S 57 im Stufenphotometer, und zwar Glas I und II gegen Glas III, ab.

Hat man bei der Untersuchungsflüssigkeit eine Lichtdurchlässigkeit von 88%, bei der Vergleichslösung, die 2,0 g höhere Alkohole auf 1 l absoluten Alkohol (c = 2,0) enthält, eine Lichtdurchlässigkeit von 80% abgelesen, so betragen die beiden Extinktionen, auf die 10 mm-Küvette bezogen, im ersten Falle $(-\lg 0{,}88)\ 2 = 0{,}111$, im zweiten Falle $(-\lg 0{,}80)\ 2 = 0{,}194$.

Nach dem Beerschen Gesetz verhalten sich die Extinktionsmoduln wie die Konzentration, es gilt also die Proportion

$$c : m = x : m_x, \text{ also ist } x = \frac{m_x \cdot c}{m} = \frac{0{,}111 \cdot 2{,}0}{0{,}194}.$$

Der Quotient ergibt 1,14 ccm höhere Alkohole auf 1 l absoluten Alkohol berechnet.

Die E s t e r werden in folgender Weise bestimmt: 100 ccm Branntwein werden mit 0,1 n-Alkali neutralisiert, mit 50 ccm 0,1 n-Lauge 3/4 Stunde am Rückflußkühler gekocht; der Alkaliüberschuß wird mit 0,1 n-Säure gegen Phenolphthalein zurücktitriert. 1 ccm 0,1 n-Lauge = 0,0088 g Essigester.

Zur F u r f u r o l b e s t i m m u n g setzt man zu 10 ccm der Lösung *A* 0,5 ccm frisch destilliertes Anilin und 2 ccm Eisessig. Nach 15 Minuten mißt man die entstandene Rotfärbung im Stufenphotometer gegen 30%igen Alkohol und Eisessig bei Filter *S* 50. Man berechnet den Extinktionsmodul, setzt ihn ebenso wie die Werte für c und m, die man der nachstehenden Tabelle entnimmt, in die Gleichung $c : x = m_x : m$ ein und erhält in x die gesuchten Milligramme Furfurol in einem Liter 30%igem Alkohol. Um auf absoluten Alkohol umzurechnen, muß der Wert noch mit 3,3 multipliziert werden.

Gute Aufschlüsse über die Herkunft eines Branntweins erhält man durch die fraktionierte Destillation am B i r e k t i f i k a t o r (s. Abb. 40). Man stellt zunächst ein Vordestillat

T a f e l 16

mg Furfurol im Liter c	Extinktions-modul	mg Furfuro im Liter c	Extinktions-modul
0,5	0,134	3,0	0,801
1,0	0,268	3,5	0,943
1,5	0,405	4,0	1,070
2,0	0,538	4,5	1,204
2,5	0,666	5,0	1,336

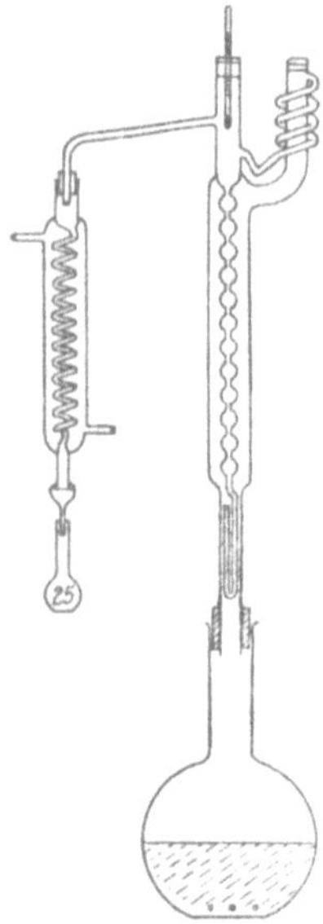

Abb. 40.
Birektifikator.

her, indem man $\frac{9600}{a}$ ccm (a = Vol. % Alkohol) destilliert und 240 ccm Destillat in einem Meßzylinder auffängt. Das Destillat, das etwa 40 Vol.% Alkohol enthalten muß, wird in einem Literkolben nach Zusatz von Bimsstein der Destillation am Birektifikator (s. Abb. 40) mit anschließendem Kühlen unterworfen, indem man 8 Fraktionen von je 25 ccm in Meßkölbchen auffängt. Nach dem Umschütteln der einzelnen Kölbchen werden je 5 ccm für die Ergiebigkeitsprüfung abgetrennt (s. unten). Zu den restlichen 20 ccm Destillat, die man in Kostgläser (ATL-Gläser) füllt, gibt man 40 ccm abgelaufenes Leitungswasser, zu den Fraktionen, die über 85—88° übergehen, gibt man nur 20 ccm Leitungswasser. Dann prüft man Geruch und Geschmack der einzelnen Fraktionen. Weinbrände und Brennweine lassen sich hier leicht an dem charakteristischen Weinaroma erkennen.

Zur Ergiebigkeitsprüfung werden die abgetrennten 5 ccm Destillat (s. o.) von den Fraktionen, die Weinaromastoffe aufweisen, in einem 100 ccm-Kölbchen mit Leitungswasser auf 100 ccm aufgefüllt. Von dieser Mischung werden je 0,1, 0,5, 1,0, 1,5 und 2,0 ccm in reine Kostgläser pipettiert und mit Leitungswasser zu 100 ccm ergänzt. Man stellt dann geschmacklich und geruchlich fest, welche Verdünnung noch eben Weinaromastoffe erkennen läßt. Als Vergleich dient Leitungswasser. Die erreichten Verdünnungsgrade in den fünf Gläsern sind folgende:

1.	0,1	ccm	auf	100	ccm Wasser	=	2080fache	Verdünnung
2.	1,5	„	„	„	„	=	416	„	„
3.	1,0	„	„	„	„	=	208	„	„
4,	1,5	„	„	„	„	=	139	„	„
5.	2,0	„	„	„	„	=	104	„	„

Als Ergiebigkeit eines Erzeugnisses bezeichnet man die

Grenze bei der noch gerade die schwerer flüchtigen Weinaromastoffe zu erkennen sind. Man gibt die Ergiebigkeit in Form eines abgerundeten Verhältnisses, z. B. 1 : 400 oder 1 : 200 an.

Methylalkohol kann nach Denigès-Kolthoff[1]) in folgender Weise erkannt werden: 5 ccm des etwa 5 Vol.% enthaltenden Destillates werden mit 5—6 Tropfen Phosphorsäure angesäuert und mit 2 ccm 3%iger Kaliumpermanganatlösung versetzt. Nach 10 Minuten gibt man 1 ccm 10%ige Oxalsäure zu. Sobald die Flüssigkeit durchsichtig braun geworden ist, fügt man 5 ccm Schwefelsäure (1 + 3) und 5 ccm Schiffs Reagenz (0,2 g Fuchsin wird in 120 ccm heißem Wasser gelöst, nach dem Erkalten setzt man 2 g wasserfreies Natriumsulfit in 20 ccm Wasser und weiterhin 2 ccm konzentrierte Salzsäure zu und füllt auf 200 ccm auf) zu. Noch bei 0,05% Methylalkohol tritt hierbei nach 10 Minuten eine deutliche Blau- oder Violettfärbung auf.

Isopropylalkohol weist man in einfacher Weise nach K. Bodendorf nach[2]): 5 ccm der zu untersuchenden Flüssigkeit werden mit 5 ccm Wasser verdünnt. Aus dieser Mischung destilliert man mit Hilfe eines Erlenmeyerkolbens von 50 ccm Inhalt und mittels eines rechtwinklig gebogenen Glasrohres (etwa 20 : 20 : 20 cm) 5 ccm ab, wobei das absteigende Rohr etwas gekühlt wird. 1—2 ccm Destillat werden mit dem doppelten Volumen Wasser verdünnt und mit 0,2 g Tierkohle 1 Min. lang geschüttelt. Man filtriert dann und unterschichtet 1—2 ccm des Filtrats mit einigen ccm einer frisch bereiteten Lösung von m-Nitrobenzaldehyd (1 g Aldehyd + 50 ccm konz. Schwefelsäure). Das verwendete Reagenzglas stellt man 1 Min. lang in heißes Wasser und beobachtet die Färbung. In Gegenwart von Isopropylalkohol erhält man an der Berührungsstelle einen intensiv leuchtend roten Ring. Noch 0,1% Isopropylalkohol sind mit Sicherheit zu erkennen.

---

1) Pharm. Weekbl. **59**, 1268 (1923).

2) Zeitschr. f. Unters. d. Lebensm. **59**, 616 (1930).

19. Essig, Essigessenz

Als wichtigste Bestimmung für die Untersuchung von Essig ist die Gehaltsbestimmung zu nennen. 10 ccm Essig oder 10 ccm der 10fach verdünnten Essigessenz werden gegen Phenolphthalein mittels Normallauge titriert. 1 ccm n-Lauge = 0,06 g Essigsäure.

Zur Prüfung auf freie Mineralsäuren werden 10 ccm Essig mit wenigen Tropfen Methylviolettlösung (0,1%) versetzt. Ein Umschlag nach Grün deutet Mineralsäuren an.

Acetylmethylcarbinol[1]), ein Bestandteil des Gärungsessigs, kann wie folgt nachgewiesen werden: Aus 50 ccm Essig werden 10 ccm abdestilliert. Das Destillat wird mit Natriumcarbonat neutralisiert und in einem Reagenzglas mit 10 ccm Fehlingscher Lösung (je 5 ccm Lösung I und II) versetzt. Nach einigen Stunden erscheint bei Gärungsessig eine schwache Kupferausscheidung. Am nächsten Tag auftretende Erscheinungen bleiben außer Betracht. Zweckmäßig ist ein Blindversuch aus Wasser mit Fehlingscher Lösung. Charakteristisch für Gärungsessig ist ferner das Verhalten gegen Kaliumpermanganat. In ein Reagenzglas gibt man 5 ccm Weinessig, 15 ccm H_2O und 1 ccm 0,1%ige Permanganatlösung. 100%iger Weinessig entfärbt nach 3 Sekunden, 40%iger nach 30 Sekunden, 20%iger nach 5 Minuten.

Eine gute Handhabe zum Nachweis von Weinessig bietet die Stufentitration von P. Hirsch und O. Delp[2]): 50 ccm Essig werden in einem Siedekölbchen mit 2 ccm 25%iger Salzsäure im Dampfstrom destilliert, bis 600 ccm Destillat übergegangen sind; das Volumen der Flüssigkeit in dem Kölbchen wird durch Regulieren der Flamme auf 50 ccm gehalten. Sobald das Destillat 600 ccm beträgt, filtriert man den Inhalt des Siedekölbchens in ein 100 ccm-Meßkölbchen und wäscht mit Wasser nach, bis 100 ccm erreicht sind. Je 50 ccm dieser Lösung gibt man in 2 zylindrische Koloriskopgefäße (3,5 cm Weite, 15,5 cm Höhe). Die eine Probe dient

---

[1]) Zeitschr. f. Unters. d. Lebensm. **48**, 433 (1924).
[2]) Zeitschr. f. Unters. d. Lebensm. **62**, 591 (1931).

zur Titration (Glas I), die andere zur Ausschaltung der Eigenfärbung (Glas II). Die Versuchslösung wird zunächst mit 2 n-Lauge und 1 Tropfen Phenolphthalein, gegen Ende mit 0,1 n-NaOH neutralisiert. Der Verbrauch wird abgelesen. Die beiden Gläser werden nun in die dem Beobachter zugekehrte Öffnung eines Koloriskops gestellt. Hinter die Versuchslösung in Glas I stellt man ein Glas mit destilliertem Wasser (Glas III), hinter das Glas II ein Glas mit Pufferlösung von Stufe 2[1]) (Glas IV); Glas III und IV müssen das gleiche Volumen aufweisen wie Glas I. Zu Glas IV und zu Glas I gibt man jetzt 0,3 ccm einer 1%igen Thymolblaulösung und titriert mit 0,25 n-Salzsäure auf Farbengleichheit in der Durchsicht. Der Säureverbrauch wird abgelesen. Die Versuchslösung wird zunächst gelb, dann rötlich. Gegen Ende der Titration sind die Volumen der Gläser II, III und IV demjenigen von I anzugleichen und zwar III und II mit Wasser, IV mit Pufferlösung. Nebenher wird ein Blindversuch ausgeführt, in dem an Stelle der Versuchslösung in Glas I 50 ccm destilliertes Wasser zugegeben werden. Man gibt 1 Tropfen Phenolphthalein sowie die gleiche Laugenmenge wie beim Hauptversuch (2 n-NaOH + 0,1 n-NaOH) und dann solange 0,25 n-Salzsäure zu, bis nur noch eine Spur Rosafärbung vorhanden ist. Durch diese Manipulation wird der Salzfehler des Indikators ausgeglichen. Nunmehr werden 0,3 ccm 1⁰/₀ige Thymolblaulösung hinzugegeben, und dann wird gegen die schon vom Hauptversuch vorhandene Vergleichslösung (Pufferlösung) mit 0,25 n-Salzsäure titriert, wobei beide Lösungen auf gleiches Volumen zu bringen sind. Der im Blindversuch gefundene Wert wird vom Hauptversuch abgezogen. Die Differenz entspricht dem Verbrauch von 25 ccm Essig. 100 ccm 100⁰/₀iger Weinessig verbrauchten 22,0—27,2 ccm HCl, 20⁰/₀iger Weinessig 4,5—5,9 ccm, Branntweinessig und Essigessenz haben keinen Verbrauch.

Die E x t r a k t b e s t i m m u n g in E s s i g wird in der Weise vorgenommen, daß man 50 ccm Substanz in einer gewogenen Platinschale eindampft, mit Wasser aufnimmt, wieder

[1]) 7,0 ccm 0,1n-HCl + 3,0 ccm Citratlösung (21,01 g Citronensäure löst man in 200 ccm n-NaOH und füllt zum 1 auf).

eindampft und dies noch zweimal wiederholt, dann 2½ Stunden im Weintrockenschrank trocknet und zur Wägung bringt.

Die Glyzerinbestimmung wird wie bei Wein vorgenommen. Über die Untersuchung von Weinessig siehe auch A. Schmidt, Zeitschr. f. Unters. d. Lebensm. **73**, 444 (1937).

20. Kaffee, Tee und Ersatzmittel

Hervorgehoben ist in diesem Kapitel die Coffeinbestimmung, die meist nach K. Lendrich und E. Nottbohm vorgenommen wird. 20 g fein gemahlener Kaffee werden in einem Becherglas mit 10 ccm 10%igem Ammoniak vermischt und bei rohem Kaffee 2 Stunden, bei gewöhnlichem Kaffee 1 Stunde sich selbst überlassen, indem man von Zeit zu Zeit umrührt. Man untermischt dann mit 20—30 g grobkörnigem Quarzpulver und extrahiert 3 Stunden in einem Extraktionsapparat mit Tetrachlorkohlenstoff. Zu den Auszügen gibt man 1 g festes Paraffin und destilliert darauf den Tetrachlorkohlenstoff ab. Den Rückstand mischt man zunächst mit 50, hierauf 3mal mit 25 ccm heißem Wasser. Man filtriert dann die auf Zimmertemperatur gekühlte Lösung durch ein angefeuchtetes Filter und versetzt sie beim Rohkaffee mit 10 ccm, bei geröstetem Kaffee mit 30 ccm 1%iger Kaliumpermanganatlösung. Nach 15 Minuten wird das Mangan mittels 3%iger Wasserstoffperoxydlösung, die 1% Essigsäure enthält, zur Abscheidung gebracht. Nach 15 Min. langem Erhitzen auf dem Wasserbad wird abfiltriert und mit heißem Wasser gewaschen. Die wäßrigen Auszüge verdampft man in einer Glasschale zur Trockne, trocknet ¼ Stunde im Dampftrockenschrank und zieht mit Chloroform aus. Die Chloroformauszüge werden filtriert, worauf das Filter mit Chloroform ausgewaschen wird, und in gewogener Schale abgedunstet. Nach dem Trocknen im Dampftrockenschrank bringt man zur Wägung. Die Reinheit des Coffeins ist durch eine Stickstoffbestimmung nach Kjeldahl zu bestätigen ($N \times 3{,}464 =$ Coffein).

Der Nachweis und die Bestimmung von Kaffeersatzmitteln führt man nach J. Tillmans und Hollatz[1]) aus. Die

[1]) Zeitschr. f. Unters. d. Lebensm. **57**, 512 (1929).

Methode beruht darauf, daß die Kaffeersatzmittel viel geringere Mengen durch Chloramin oxydierbare Stoffe enthalten als Bohnenkaffee. 5 g des Pulvers werden mit 100 ccm siedendem Wasser übergossen. Nach kräftigem Umschütteln läßt man erkalten und filtriert. Zur Vorprobe versetzt man einige ccm des Filtrates mit einigen Tropfen Eisenchloridlösung. Tritt keine direkte Rotfärbung auf, so ist Bohnenkaffee abwesend (Fehlen von Chlorogensäure). Weiterhin gibt man zu etwas verdünntem Filtrat einige Tropfen Jodlösung. Eine Blaufärbung deutet Malz- und Kornkaffee an. Einige weitere ccm Filtrat werden mit gleichen Volumen Fehlingscher Lösung versetzt. Eine starke Kupferreduktion deutet Feigen-, Zichorienkaffee u. dgl. an. Zur Bestimmung der eigentlichen „Chloraminzahl" (s. weiter unten) werden 10 ccm filtrierter Kaffeeauszug auf 100 ccm verdünnt. Je 10 ccm dieser Verdünnnung werden in 3 Erlenmeyern mit 10, 20 und 40 ccm Chloraminlösung (0,01 n = 1,2082 g Chloramin-Heyden von der Formel CH_3—C_2H_4—SO Na · NCl + 3 H_2O i. 1), sowie 3 ccm Acetatpuffer (gleiche Teile 2 n-Essigsäure und 0,1 n-Natronlauge) versetzt und 10 Min. in diffusem Licht bei 18—20° sich selbst überlassen. Darauf fügt man zu jedem Kölbchen einige ccm 20%ige Kaliumjodidlösung sowie Schwefelsäure (1 + 3) und titriert das in Freiheit gesetzte Jod mittels 0,01 n-Thiosulfat in üblicher Weise zurück. Von den drei Versuchen wählt man denjenigen aus, bei dem der Überschuß das 4—5fache des Verbrauchs beträgt. Diesen Verbrauch, ausgedrückt in ccm 0,01 n-Lösung bezeichnet man als „Chloraminzahl" (Chl.). Die in 100 ccm Kaffeeaufguß enthaltene Menge Kaffee bzw. Ersatz berechnet man aus nachstehenden Gleichungen; *Ex* bedeute die Extraktzahl (= Extrakt in g von 50 ccm Filtrat nach halbstündigem Trocknen im Trockenschrank):

g Kaffee = 0,5245 Chl — 1,3970 Ex
g Ersatz = 7,1270 Ex — 0,3794 Chl.

Bei Anwesenheit von zuckerhaltigem Kaffee gelten folgende Gleichungen:

g Kaffee = 0,587 Chl — 1,824 Ex
g Ersatz = 3,414 Ex — 0,187 Chl.

Sind beide Arten Ersatzmittel vorhanden, so nimmt man das Mittel aus beiden Gleichungen. Der Wert *Ex* wird in der Weise ermittelt, daß man 50 ccm dieses Aufgusses in einer Platinschale eindampft, 1/2 Stunde im Trockenschrank trocknet und wägt. *Ex* = Extrakt von 50 ccm Aufguß.

Zur Unterscheidung und Erkennung von Malzkaffee und Getreidekaffee ist das Verfahren von Th. Merl[1]) zu empfehlen. 50 g feingemahlener Kaffeersatz werden durch ein 0,5 mm-Sieb getrieben. 10 g hiervon werden mit 5 ccm Wasser durchfeuchtet und 1 Stunde unter öfterem Umrühren stehen gelassen. Man mischt dann mit 15 g Sand, 3 ccm Wasser und 1,5 g Tierkohle, füllt in eine Papierpatrone oder Extraktionshülse und extrahiert 4—5 Stunden mit Tetrachlorkohlenstoff. Darauf schüttelt man diese Lösung im Scheidetrichter mit einer Lösung von 3 Tropfen 10%igem Eisenchlorid und 2 ccm n-HCl in 100 ccm Wasser aus. Bei Anwesenheit von Malzkaffee bzw. Maltol, einem Bestandteil des Malzkaffees, färbt sich die wäßrige Lösung violett. Die violette Lösung wird filtriert und im Dubosq-Kolorimeter gegen eine Standardsalicylsäurelösung (0,025 g reine Salicylsäure in 500 ccm Wasser; davon werden 35 ccm = 1,75 mg Salicylsäure in einem 100 ccm-Meßkölbchen mit 4 Tropfen 4 n-Salzsäure und einem Tropfen 10%iger Eisenchloridlösung versetzt und mit Wasser aufgefüllt) gemessen. Man stellt die Vergleichslösung auf 30 mm Höhe ein und bringt die Versuchslösung bis auf Farbgleichheit. Da eine 1 mg in 10 ccm enthaltende Maltollösung bei 66 mm Höhe farbengleich mit einer 1,75 mg Salicylsäure in 100 ccm enthaltenden Lösung ist, die auf 30 mm eingestellt ist, beträgt der Gehalt einer unbekannten Maltollösung an Maltol $\frac{0{,}066}{\text{Schichthöhe (in mm)}}$ mg in 100 ccm der zu untersuchenden Lösung.

Zur Gerbstoffbestimmung in Tee wird nach G. G. Bonifazi und B. Capt[2]) 1 g Tee dreimal je 1/2 Stunde mit 50 ccm Wasser unter Rückfluß gekocht. Die filtrierten Aus-

[1]) Zeitschr. f. Unters. d. Lebensm. **60**, 216 (1930).
[2]) Mitt. Lebensm. Unters. u. Hyg. **22**, 39 (1931).

züge werden zum Sieden erhitzt. Durch zweimaligen Zusatz von genau je 10 ccm Kupferacetat (4%ig) wird der Gerbstoff ausgefällt. Man füllt dann in einem 200 ccm-Meßkolben auf, schüttelt gut um und filtriert. 100 ccm des Filtrates (entsprechend 0,5 g Tee und 10 ccm Kupferacetatlösung) werden mit 25 ccm 50%iger Essigsäure und 20 ccm 10%iger Kaliumjodidlösung versetzt. Das in Freiheit gesetzte Jod wird mit 0,1 n-Thiosulfat (Verbrauch = *b*) titriert. Nebenher wird ein Blindversuch mit 10 ccm Kupferacetatlösung (4%ig), 90 ccm Wasser und 25 ccm 50%iger Essigsäure sowie 20 ccm 10%iger Kaliumjodidlösung angestellt (Verbrauch = *a*). Der Gerbstoffgehalt ergibt sich dann aus folgender Gleichung:

$$\% \text{ Gerbstoff} = (a-b) \times 2{,}0784.$$

21. Kakao und Schokolade

Wasser, Asche, Salzsäureunlösliches und Alkalität werden nach den Methoden des allgemeinen Teiles bestimmt.

Die Fettbestimmung in Kakaopulvern wird zweckmäßig nach J. Grossfeld[1]) vorgenommen. Danach werden 10 g Kakaopulver mit genau 100 ccm Trichloräthylen im zugestopften Erlenmeyerkolben innerhalb einer halben Stunde wiederholt gut umgeschüttelt. Unter Vermeidung von Verdunstungsverlusten wird filtriert. 25 ccm des klaren Filtrates werden in ein gewogenes Becherglas pipettiert. Durch Einhängen in ein siedendes Wasserbad wird das Trichloräthylen verdunstet. Dann trocknet man ½ Stunde im Trockenschrank und bringt zur Wägung. Mit Hilfe von Tafel 56 des T.S.P. II. Aufl. ermittelt man für eine Fettdichte von 0,91 den Fettgehalt.

Zur Fettbestimmung in Schokoladen verfährt man in derselben Weise, nur daß man vor der Filtration 5 bis 10 Minuten am Rückflußkühler kocht.

Für die Prüfung des Kakaofettes auf Reinheit verwendet man das mit Äther bzw. Petroläther extrahierte und vom Lösungsmittel wieder befreite Fett. In diesem Fett bestimmt man Buttersäurezahl, Verseifungszahl usw.

[1]) Zeitschr. f. Unters. d. Lebensm. **49**, 287 (1925).

Über Saccharosebestimmung in Schokoladen, sofern weder Milchzucker noch andere reduzierende Zucker vorliegen, vgl. Erläuterungen zu Tafel 31 des T.S.P. II. Aufl. Die Milchzuckerbestimmung und die Saccharosebestimmung in Milchschokoladen führt man zweckmäßig gleichfalls nach H. Fincke[1]) durch (vgl. Erläuterungen zu Tafel 32 des T.S.P. II. Auflage). Bei Milchschokoladen werden gewöhnlich Gesamtfett, Milchfett, Saccharose, Wasser, Lactose und Milchkasein bestimmt. Den Gehalt an fettfreier Milchtrockensubstanz (f. Tr.) berechnet man aus der analytisch bestimmten Lactosemenge bzw. Lactosehydratmenge durch Multiplikation mit dem Faktor 2,0 bzw. 1,9. Der Gehalt an Milchtrockensubstanz ist dann = f. Tr. + Fettgehalt. Der Gehalt an Milchpulver (bezogen auf Substanz mit 5% Wassergehalt) ist dann $= \frac{\text{f. Tr.} + \text{Fett}}{0{,}95}$. Das Milcheiweiß ($E$) kann nach J. Großfeld mit Hilfe folgender Gleichungen aus dem Kalkgehalt der Asche (A) und dem Gehalt an Stickstoff (N) berechnet werden.

$$E = 21{,}4 \times \text{CaO} - 1{,}35 \times N \text{ oder}$$
$$E = 26{,}1 \times \text{CaO} - 1{,}16 \times A.$$

Bei milchfreier Schokolade ergibt sich der Gehalt an Kakaobestandteilen (fettfreie Kakaomasse + Kakaofett) durch Subtraktion des Zuckerprozentgehaltes von 100. Die fettfreie Kakaomasse ist dann = 100 — Zucker — Fett. Die Kakaomasse ergibt sich aus dem Quotienten $\frac{100 - (\text{Fett} + \text{Zucker})}{0{,}45}$. Bei Milchschokoladen erhält man die fettfreie Kakaomasse aus der Gleichung:

fettfreie Kakaomasse = 100 — (Gesamtfett + Saccharose + fettfreie Milchtrockensubstanz + Wasser).

Den Nachweis von Verdickungsmitteln erbringt man in folgender Weise: Zum Nachweis von Dextrin versetzt man die wäßrige, filtrierte Ausschüttelung des entfetteten Kakaos

[1]) H. Fincke, Handb. d. Kakaoerzeugnisse, J. Springer, Berlin 1936.

mit der 4fachen Menge 96%igem Alkohol, dem man eine Spur Salzsäure zusetzt. Eine Fällung deutet Dextrine an.

Gelatine weist man in der Form nach, daß man 10 g entfettete Schokolade mit 100 ccm heißem Wasser behandelt und darauf mit 5—10 ccm Kalilauge (10%) und 10 ccm Bleicetatlösung (10%) versetzt. Man filtriert die Mischung, neutralisiert die Lösung und gibt zu ihr einige Tropfen wäßriger Pikrinsäurelösung. Ein gelber Niederschlag deutet Gelatine an.

Zum Nachweis von Tragant werden 10—20 g entfettete Schokolade mit Wasser verrieben; nach 24 Stunden wird vom Bodensatz dekantiert und der Rückstand mit der Lupe durchsucht. Tragant gibt sich in Form farbloser Kügelchen, die an der Luft zu Schüppchen eintrocknen, zu erkennnen. Jodjodkaliumlösung läßt die kleinen Stärkekörner des Tragants erkennen.

Über den Nachweis von Tylosen vgl. S. 67.

22. Gewürze, Kochsalz

Abgesehen von der mikroskopischen Prüfung spielt bei den Gewürzen die Bestimmung der Asche, des Sandes und der ätherischen Öle eine Rolle. Nach C. Griebel[1]) werden die ätherischen Öle in folgender Weise bestimmt: 10 g des gemahlenen Gewürzes (bei sehr gehaltreichen Gewürzen, wie Nelken, nur 5 g) werden in einem 1 l-Rundkolben mit 300 ccm destilliertem Wasser versetzt und nach Zusatz von Siedesteinchen durch einen absteigenden, senkrechten Kühler destilliert. Als Vorlage verwendet man einen Erlenmeyer, an dem man bei 150 und 200 ccm je eine Marke anbringt. Sobald 150 ccm abgezogen sind, schüttelt man, ohne Lösung der Verschlüsse, den Kolben um, damit das Pulver gleichmäßig verteilt wird. Man destilliert dann weiter, bis die 200 ccm-Marke im Erlenmeyer erreicht ist. Von ätherischen Ölen herrührende Trübungen im Kühler müssen durch vorübergehendes Abstellen des Kühlerwassers beseitigt werden. Das erhaltene Destillat (200 ccm) wird in einem Scheide-

[1]) Zeitschr. f. Unters. d. Lebensm. **51**, 321 (1926); vgl. auch C. Zäch, Mitt. Lebensm. u. Hyp. **22**, 89 (1931) u. **23**, 156 (1932).

trichter nach Zusatz von 60 g Kochsalz dreimal mit je 20 ccm Pentan ausgeschüttelt. Die vereinigten Pentanauszüge werden in einem Erlenmeyerkolben gesammelt. Die letzten Reste an mitgerissener Salzlösung haben sich nach einigen Minuten abgesetzt. Man gibt dann die Pentanlösung in ein kleines Becherglas und verdunstet das Pentan auf einem mäßig beheizten Wasserbad; die letzten Reste Pentan werden durch Einblasen getrockneter Luft entfernt. Im Exsikkator läßt man 30 Minuten abkühlen und wägt dann. Der Gehalt an ätherischen Ölen (x) berechnet sich aus folgender Gleichung:

$$x = \frac{\text{Wägung} \cdot 100}{\text{angew. Substanz}}.$$

Über die Untersuchungen von Vanillinpulver, Vanillinzucker vgl. S. 150. Einen gut orientierenden Einblick in die Beschaffenheit der Gewürze liefert die Chloroformprobe. 2 g der Gewürzprobe werden mit 20 ccm Chloroform geschüttelt. Mineralische Bestandteile sinken dabei zu Boden, können abgetrennt und untersucht werden.

Bei der Untersuchung von Kochsalz ist die Bestimmung des Wassergehaltes, der Nebensalze und die Bestimmung des Jodes in jodierten Salzen hervorzuheben.

Die Bestimmung des Wassergehaltes wird zweckmäßig nach einem Destillationsverfahren (s. S. 46) vorgenommen. Die Nebensalze, in der Hauptsache Kalk- und Magnesiasalze, werden nach den üblichen qualitativen Methoden erfaßt.

Zur quantitativen Bestimmung des Jodes in Kochsalz verfährt man wie folgt: In einen gewöhnlichen Glastrichter (30 ccm Inhalt) gibt man einen angefeuchteten Wattebausch. Auf die Watte gibt man 10 g des zu untersuchenden Salzes, setzt in kleinen Anteilen 100 ccm Wasser zu, so daß das Salz gelöst wird. Die Verunreinigungen bleiben zurück. Man bringt dann die Lösung auf 200 ccm. Zu der klaren Flüssigkeit gibt man 1 ccm n-Salzsäure und 1 ccm frisches Chlorwasser. Nach Zusatz von Bimssteinpulver hält man 10 Minuten im Sieden, wobei das ursprüngliche Volumen auf $^2/_3$ zurückgehen soll. Um Mangan zu beseitigen, setzt man noch heiß 1 Tropfen 5%ige Oxalsäurelösung und 5 ccm 25%ige

Phosphorsäurelösung sowie 0,1 g reines jodatfreies Kaliumjodid zu. Nach 15 Minuten titriert man das aus dem bei dem vorherigen Kochen entstandenen Kaliumjodat unter Mitwirkung des Jodids gebildete Jod mittels 0,002 n-Thiosulfatlösung. 1 ccm 0,002 n-Thiosulfatlösung entspricht 0,05534 Kaliumjodid.

Zur Prüfung auf Vergällungsstoffe verfährt man am besten nach J. Prescher[1]). Für die Vergällung kommen in Frage Calciumsulfat, Soda, Kristallponceau R_6, Darmlake, Lablake, Seife, Alaun oder Petroleum, ferner Eisenoxyd oder Seifenpulver.

23. Trinkwasser

Die Untersuchung eines Trinkwassers kann sich sowohl auf die Beurteilung der hygienischen Beschaffenheit als auch auf die Feststellung technischer Mängel erstrecken. Empfehlenswert ist in jedem Falle eine Ortsbesichtigung der in Frage kommenden Wasserversorgungsanlage. Am Orte ist nicht nur die Temperatur, der Geruch, der Geschmack, die Farbe und die Durchsichtigkeit festzustellen, sondern auch die Ergiebigkeit, die Lage der Brunnen- oder Quellenlage und das Einflußgebiet des Wassers zu begutachten. Zweckmäßig bestimmt man auch an Ort und Stelle den Gehalt an freier Kohlensäure, den p_H-Wert, den Sauerstoffgehalt und den Eisengehalt. Auch den Schwefelwasserstoffgehalt bestimmt man am Orte oder fixiert ihn am Orte zum mindesten mittels Cadmiumsulfat.

Von den zahlreichen Methoden, die bei der Trinkwasseranalyse Verwendung finden, sei hier eine Reihe angeführt:

p_H-Wert-Bestimmung: In einfacher Weise kann diese Bestimmung an Ort und Stelle mittels des Merckschen Universal-Indikatorpapiers mit einer Genauigkeit von 0,2 Stufen durchgeführt werden. Man taucht den Papierstreifen 15 Sekunden lang in das zu prüfende Wasser und vergleicht dann mit der mitgelieferten Farbenskala. In ähnlicher Weise arbeiten das Lyphan- und andere Indikatorpapiere. Exaktere Werte liefert die elektrische oder die optische Bathmometrie (s. S. 35).

Annähernd berechnen läßt sich der p_H-Wert eines Wassers nach J. Tillmans aus folgender Gleichung:

---

[1]) Pharm. Zentralhalle **76**, 157 (1935).

$$p_H = 6{,}51 + \log \text{freie Kohlensäure (mg i. l)} - \log 2 \times \text{geb. Kohlensäure (mg i. l)}.$$

B e s t i m m u n g d e r f r e i e n K o h l e n s ä u r e : 200 ccm Wasser werden unter Vermeidung des Perlens (möglichst mit Heber) in einem besonderen Meßkolben (s. Abb. 41) gebracht, mit 1 ccm Phenolphthaleinlösung (0,35 g i. l) versetzt und mit 0,1 n-Natronlauge unter jeweiligem Umschütteln titriert, bis eine 3 Minuten bestehenbleibende Rosafärbung entsteht. Um ein Entweichen von Kohlendioxyd zu vermeiden, mißt man das Wasser zweckmäßig mittels Heber ab und verschließt den Kolben mit einem Gummistopfen. 1 ccm 0,1 n-Natronlauge = 4,4 mg freie Kohlensäure.

Abb. 41. Titrationskölbchen für die Bestimmung der freien Kohlensäure

G e b u n d e n e K o h l e n s ä u r e : Unter gebundener Kohlensäure versteht man die Hälfte der Bicarbonatkohlensäure. Man bestimmt die gebundene Kohlensäure durch Titration von 100 ccm Wasser mittels 0,1 n-Salzsäure nach Zusatz von einem Tropfen Methylorange (1‰). 1 ccm 0,1 n-Salzsäure = 2,2 mg gebundene Kohlensäure = 4,4 mg Bicarbonatkohlensäure. Bei Anwendung von 100 ccm Wasser entspricht 1 ccm 0,1 n-Salzsäure 2,8° Deutscher Carbonathärte. Über die Bestimmung der Angriffslust aus p_H-Wert und gebundener Kohlensäure und über die Bestimmung der aggressiven Kohlensäure vgl. T.S.P. II. Aufl. S. 51 bzw. Tafel 15.

Als Indikatoren für Verschmutzung durch Oberflächenwässer spielen Ammoniak, Salpetrige Säure, sowie hoher Chloridgehalt und Salpetergehalt neben einer hohen Oxydierbarkeit eine große Rolle.

A m m o n i a k. Zum Nachweis von Ammoniak werden 10 ccm Wasser mit 2 Tropfen Seignettesalzlösung (50 g Seignettesalz + 100 ccm warmes Wasser; die filtrierte Lauge wird mit 5 ccm Neßlers Reagenz konserviert) und mit 3 Tropfen Neßler-Reagenz (alkal. Kaliummercurijodidlösung, käufl.) versetzt. Eine Braun- bis Gelbfärbung zeigt mehr oder weniger große Mengen Ammoniak an. Hierbei ist auf jede geringste Gelbfärbung zu achten.

Salpetrige Säure: Gibt man zu 10 ccm Wasser 1 ccm Jodzinkstärkelösung und etwas verd. Schwefelsäure, so zeigt eine innerhalb 3 Minuten auftretende Blaufärbung salpetrigsaure Salze an. Bestehen Zweifel, so geht man wie folgt vor: 100 ccm Wasser werden mit 1—2 ccm Schwefelsäure (1 + 3) angesäuert und mit 1 ccm einer farblosen schwefelsauren Metaphenylendiaminlösung (1,3 g reines Metaphenylendiamin gel. in Wasser und verd. Schwefelsäure, aufgefüllt auf 300 ccm, wenn nötig, über Tierkohle filtriert) versetzt. Bei Anwesenheit von salpetrigsauren Salzen bzw. Salpetriger Säure entsteht eine gelbe bis braune Farbe. Im Liter sind auf diesem Wege noch 0,05 mg Salpetrige Säure nachweisbar. Zur quantitativen Bestimmung kann man beide angeführten Reaktionen verwenden. Man stellt sich zunächst eine Nitritstammlösung her (0,1816 g $NaNO_2$ i. l), von der 1 ccm 0,1 mg N_2O_3 entspricht. Mit dieser Lösung fertigt man eine Vergleichsskala an, indem man 0,1 bis 1,0 ccm Stammlösung in 100 ccm hineingibt. Zu dem zu untersuchenden Wasser, wie auch zu den einzelnen Wässern der Vergleichsskala gibt man je 1 ccm Schwefelsäure und je 1 ccm Jodzinkstärkelösung bzw. Metaphenylendiaminlösung (s. oben). Die Vergleichslösung, die in der Farbe dem Wasser am nächsten kommt, wird mit dem zu untersuchenden Wasser in einen Hehnerzylinder gebracht und das Wasser der stärkeren Lösung abgelassen, bis Farbengleichheit entsteht.

Chloride: 100 ccm des Wassers werden nach Zusatz von 1 ccm Kaliumchromatlösung (10%ig) mit 0,1 oder 0,2 n-Silbernitratlösung auf den Farbumschlag von gelb nach gelbbraun titriert. 1 ccm 0,02-Silbernitratlösung = 0,7092 mg Chlor. 1 ccm 0,1 n. Silbernitratlösung = 3,546 mg Chlor. 35,46 mg Chlor = 1 Millival.

Salpetersäure: Die salpetersauren Salze werden verhältnismäßig schnell und einfach durch Brucinschwefelsäure erfaßt. Salpetrige Säure stört allerdings. Zur Bestimmung gibt man 10 ccm des Wassers, die nicht mehr als 0,5 mg N_2O_5 enthalten sollen, in ein etwa 100 ccm fassendes Porzellanschälchen. Bei größeren Salpetergehalten wird in entsprechender Weise verdünnt. In ein zweites Schälchen gibt man 1—5 ccm einer Kaliumnitratlösung (0,1872 g KNO_3 i. l, 1 ccm = 0,1 mg N_2O_5)

und füllt mit dest. Wasser gleichfalls auf 10 ccm auf. Zu beiden Schälchen gibt man gleichzeitig 20 ccm Brucinschwefelsäure (ein 200 ccm-Meßzylinder wird mit dest. Wasser ausgeschwenkt; in den noch feuchten Zylinder gibt man 0,5 g Brucin und füllt mit konz. Schwefelsäure auf die Marke auf) und rührt 15 Sekunden mit einem Glasstab um. Man gießt dann zu den beiden Schälchen je 73 ccm dest. Wasser, füllt beide Lösungen in zwei gleiche Hehnerzylinder und kolorimetriert, indem man die stärker gefärbte Lösung abläßt.

Berechnung: Wurden 10 ccm Wasser und 2 ccm Vergleichslösung (0,2 mg N_2O_5) angewendet und wurde die Wassermischung auf 80 ccm abgelassen, dann enthalten $\frac{10 \times 80}{100} = 8$ ccm Wasser 0,2 mg N_2O_5. 1 Liter enthält also 25 mg N_2O_5 i. l.

Oxydierbarkeit (Kaliumpermanganatverbrauch): Die Oxydierbarkeit ist der Ausdruck für den Gehalt an organischen Stoffen in dem zu untersuchenden Wasser. Man bestimmt sie, indem man in einem reinen 200 ccm-Erlenmeyer 100 ccm Wasser (trübe Wässer läßt man absitzen und hebert ab) nach Zusatz von 5 ccm Schwefelsäure (1 + 3) und 10 ccm 0,01 n-Permanganatlösung (die durch Verdünnen einer 0,1 n-Lösung, die 3,16 g $KMnO_4$ i. l enthält, erhalten ist) genau 10 Minuten im Sieden hält. Nach dem Kochen gibt man sofort 10 ccm 0,01 n-Oxalsäurelösung (gleichfalls aus einer 0,1 n-Lösung hergestellt) zu. Dann läßt man wieder Permanganatlösung bis zur schwachen Rosafärbung zulaufen. Der Verbrauch wird festgestellt. Zur Titerstellung gibt man in die soeben titrierte Lösung 10 ccm 0,01 n-Oxalsäurelösung und titriert nunmehr mit 0,01 n-Permanganat zu Ende. Hat man anfänglich 10 ccm Permanganatlösung zugesetzt und weiterhin bis zur Rosafärbung 2 ccm titriert, so beträgt der Gesamtverbrauch 12 ccm. Von diesem Verbrauch ist der Verbrauch für die zugesetzte Oxalsäure abzuziehen. Diese ergibt sich aus dem Titer. Wurden z. B. für 10 ccm Oxalsäure 9,8 ccm Permanganatlösung verbraucht, so beträgt der Titer 9,8 ccm. Man braucht diesen Titer und den Gesamtverbrauch nur in die nachfolgende Gleichung einzusetzen, um die Oxydierbarkeit zu errechnen:

$$\underset{\text{(mg Permanganat)}}{\text{Oxydierbarkeit}} = \frac{3{,}16 \times 10}{\text{Titer}} \times \text{(ges. Permanganatverbrauch—Titer).}$$

Die Tabelle 13 im T.S.P. II. Aufl., erleichtert die Errechnung.

Chlorzahl: Unter Chlorzahl versteht man die Anzahl mg Chlor, die an 1 Liter Wasser bei bestimmter Arbeitsweise gebunden werden.

100 ccm Wasser werden in einem 300 ccm-Stehkolben mit 20 ccm Hypochloritlösung (käufliches Eau de Javelle wird soweit verdünnt und mit Alkali versetzt, daß 20 ccm davon 20 ccm 0,02 n-Thiosulfat und 20 ccm 0,1 n-Salzsäure entsprechen) derart gekocht, daß die Flüssigkeit nach 5—5½ Minuten zu sieden beginnt. Genau 15 Minuten nach Beginn des Siedens wird vom Drahtnetz genommen, abgekühlt, danach mit 10 ccm 10%iger Salzsäure versetzt und das in Freiheit gesetzte Jod mit 0,02 n-Thiosulfatlösung titriert. Entsprechen 20 ccm Hypochloritlösung *a* ccm 0,02 n-Thiosulfatlösung und wurden *b* ccm 0,02 n-Thiosulfat beim Versuch titriert, so berechnet sich die Chlorzahl nach folgender Gleichung:

$$(a-b) \times 7{,}09 = \text{mg Cl i. l.}$$

Eisen. Zur quantitativen Bestimmung des Eisens (Ferroeisen bzw. Gesamteisen) im Laboratorium verfährt man in folgender Weise: In eine Reihe von 100 ccm-Zylindern gibt man 0,2, 0,3, 0,5, 0,7, 1,0 ccm einer Eisenstandardlösung (100 mg Klavierdraht werden auf dem Wasserbad in eisenfreier Salzsäure gelöst und mit destilliertem Wasser auf 1 l aufgefüllt, 1 ccm = 1 mg Fe) und füllt mit destilliertem Wasser auf 100 ccm auf. In einen weiteren 100 ccm-Zylinder gibt man 100 ccm des zu untersuchenden Wassers und säuert dieses mit eisenfreier Salzsäure an. Zu allen Zylindern setzt man hierauf je 10 Tropfen Wasserstoffperoxydlösung und mischt gründlich. Nunmehr setzt man je Zylinder 10 ccm 10%ige Rhodankaliumlösung zu, mischt wieder und kolorimetriert.

An Ort und Stelle kann man den Eisengehalt wie folgt bestimmen: In einen langen Glaszylinder (mit eingeschliffenem

Stopfen) von 42 cm Länge, 2 cm lichter Weite und einer Marke bei 25, 50, 100 sowie 110 ccm gibt man 100 ccm Wasser, Salzsäure, Wasserstoffperoxyd und Rhodankalium in derselben Weise wie oben (Gesamtvolumen 110 ccm). Man vergleicht dann die entstandene Gelbrotfärbung in der Längsdurchsicht mit 5 Vergleichslösungen, die man zu wiederholter Benutzung in nebenstehend abgebildete Kolorimeterfäßchen (s. Abb. 42) eingefüllt hat. In der Durchsicht entspricht die Farbe der Fäßchen bei vorstehender Versuchsanordnung 0,1, 0,2, 0,3, 0,4 und 0,5 mg Fe i. l Wasser. Die Eisenfarbe wird in den Fäßchen mittels Platinchlorid- und Kobaltchlorürlösungen, die man gegen die entsprechenden Eisenfärbungen eicht, hergestellt. Übersteigt der Eisengehalt des Wassers 0,5 mg/l, so wendet man 25 oder 50 ccm an und ergänzt mit destilliertem Wasser zu 100 ccm. Vorhandenes Ferrieisen kann in gleicher Weise, nur ohne Wasserstoffperoxydzusatz, bestimmt werden.

Abb. 42. Kolorimeterfäßchen für die Bestimmung von Eisen.

M a n g a n. Zum qualitativen Nachweis werden 10 ccm Wasser in einem Reagenzrohr mit einigen Tropfen verdünnter Schwefelsäure (1 + 3) und 1—2 Tropfen 5%iger Silbernitratlösung versetzt. Hierauf fügt man eine Messerspitze Kaliumpersulfat zu, schüttelt um und erwärmt im Wasserbad auf 60—70°. Noch bei Anwesenheit von 0,1 mg/l Mn tritt Rosafärbung auf.

Zur quantitativen Bestimmung werden 100 ccm Wasser mit 1 ccm 0,02 n-Silbernitratlösung zum Sieden erhitzt und mit 10 ccm 10%iger Ammoniumpersulfatlösung versetzt. Man läßt 10 Minuten kochen, kühlt rasch ab, bringt in einen H e h n e r - zylinder, füllt auf 100 ccm auf und gibt in einen zweiten H e h - n e r zylinder 100 ccm destilliertes, aufgekochtes und wieder abgekühltes, mit 10 ccm 25%iger Salpetersäure angesäuertes Wasser, in das man solange 0,01 n-Kaliumpermanganat zutropfen läßt, bis Farbengleichheit mit dem zu untersuchenden Wasser besteht. 1 ccm 0,01 n-Permanganatlösung = 0,1 mg/l Mn.

S a u e r s t o f f : Störend wirken bei der Sauerstoffbestimmung Eisenverbindungen, Nitrite, Sulfide und organische Stoffe. Eisenverbindungen sind vorher zu bestimmen und in Rechnung zu stellen. Nitrite sind durch Zusatz von 1 ccm 5%iger Natriumazidlösung zu zerstören, auch Sulfide sind zu bestimmen und bei der Rechnung zu berücksichtigen. Organische Stoffe, die nur in größeren Mengen stören, können durch Umwandeln des Manganhydroxydniederschlages in Mangancarbonat unschädlich gemacht und durch Waschen dieses Niederschlages beseitigt werden (s. unten).

Eine etwa 300 ccm fassende, mit eingeschliffenem Glasstopfen versehene, genau auf Inhalt geeichte Flasche (z. B. 287,5 ccm) wird bis zum Überlaufen mit dem zu prüfenden Wasser gefüllt. Sofort nach Entnahme gibt man 3 ccm Manganchlorürlösung (40%ig, eisenfrei), sowie 3 ccm Natronlauge (33%ig) zu, verschließt (ohne Luftblase!) und schüttelt um. Man kann dann an Ort und Stelle, oder aber erst im Laboratorium titrieren. Hierzu gibt man 5 ccm eisenfreie Salzsäure (25%ig), bei Anwesenheit von Ferrieisen an Stelle der Salzsäure 5 ccm Phosphorsäure, 1,0 g Kaliumjodid, bei Anwesenheit von Nitriten 0,5 ccm Natriumazidlösung zu, läßt verschlossen 10 Minuten stehen und titriert das ausgeschiedene Jod mittels 0,01 n-Thiosulfatlösung in üblicher Weise. Sind viel organische Stoffe vorhanden, so gibt man nach dem Manganchlorür- und dem Laugenzusatz 5 g Natriumbicarbonat zu und löst durch Umschütteln. Der entstandene aus Mangano- oder Manganicarbonat bestehende sandige Niederschlag ist unempfindlich gegen Sauerstoff. Er wird zur Entfernung der organischen Stoffe auf dem Papierfilter ausgewaschen. Man titriert dann in derselben Weise wie oben beschrieben nach Zusatz von Salzsäure. 1,0 ccm 0,01 n-Natriumthiosulfatlsösung = 0,05 mg Sauerstoff. Die Sauerstoffgehalte berechnen sich nach folgender Gleichung:

$$\text{mg i. l Sauerstoff} = \frac{\text{ccm } 0{,}01 \text{ Thiosulfat} \times 0{,}08 \times 1000}{\text{Inhalt der Flasche (ccm)} - 6 \text{ ccm.}}$$

1 Millival = 16 mg O. Die 6 ccm im Nenner erklären sich aus den Reagenzzusätzen.

S c h w e f e l w a s s e r s t o f f : Da Schwefelwasserstoff an der Luft sehr leicht oxydiert wird, ist seine Bestimmung, zumindesten seine Fixierung, an Ort und Stelle notwendig. Zu seiner Bestimmung versetzt man das in einer 300 ccm-Flasche von genauem Inhalt befindliche Wasser (s. Sauerstoff) mit 10 ccm Cadmiumacetatlösung (5 g Cadmiumacetat + 30 ccm Eisessig in 100 ccm Wasser) oder mit festem Cadmiumsulfat. Nach dieser Behandlung kann man die weitere Titration des Schwefelwasserstoffs im Laboratorium vornehmen. Nach 12stündigem Stehen filtriert man durch einen Asbestgoochtiegel ab, bringt den Asbest samt Niederschlag in einen Jodzahlkolben, setzt 50 ccm 0,01 n-Jodlösung sowie 10 ccm Salzsäure zu und läßt 15—20 Minuten verschlossen stehen. Darauf wird der Jodüberschuß zurücktitriert. 1 ccm verbrauchte Jodlösung entspricht 0,17 mg Schwefelwasserstoff. Der Schwefelwasserstoffgehalt ergibt sich aus nachstehender Gleichung:

$$\text{mg i. l. } H_2S = \frac{\text{ccm 0,01 n-Jodlösung} \times 0{,}17 \times 1000}{\text{Inhalt der Flasche (ccm)} - 10 \text{ ccm}}.$$

Die Bestimmung von Kieselsäure, Eisenoxyd + Tonerde, Kalk und Magnesia wird zweckmäßig in der angegebenen Reihenfolge durchgeführt. Man geht gewöhnlich von 1/2 Liter Wasser aus. Man dampft dann nach Salzsäurezugabe in einer Platinschale zur Trockne, gibt wieder 3—5 ccm Salzsäure zu, dampft wieder zur Trockne, um die Kieselsäure abzuscheiden, und wiederholt das Abdampfen und den Säurezusatz noch zweimal. Hierauf trocknet man den Rückstand 3 Stunden bei 100° im Trockenschrank. Man gibt einige ccm Salzsäure und 50 ccm Wasser zu, kocht auf und filtriert durch ein quantitatives Filter. Nach dem Auswaschen wird das Filter samt Rückstand verascht und als Kieselsäure (SiO_2) zur Wägung gebracht. Zur Sicherheit, ob der Rückstand auch aus Kieselsäure (Siliciumdioxyd) besteht, versetzt man ihn in der Platinschale mit Flußsäure, raucht ab und glüht dann schwach. Die Differenz zwischen der vorhergehenden Wägung und dieser Wägung gibt den Reingehalt an Kieselsäure an, da SiO_2 als Siliciumfluorid entweicht.

Das Filtrat von der Kieselsäureabscheidung wird mit Salpetersäure kurze Zeit aufgekocht, mit einigen ccm Ammoniumchloridlösung versetzt und heiß mit Ammoniak gefällt. Der aus Eisenhydroxyd und Aluminiumhydroxyd bestehende Rückstand wird abfiltriert, gewaschen und verascht und als

Eisenoxyd und Tonerde gewogen. Das Filtrat der Eisen- und Tonerdefällung wird unter Zusatz von etwas Salzsäure auf etwa 150 ccm eingedampft. Dann setzt man Ammoniak und Ammoniumchloridlösung zu und erhitzt zum Sieden, um in der Siedehitze durch tropfenweise Zugaben von Ammoniumoxalatlösung (4%ig) den Kalk zu fällen. Man filtriert ab und wägt nach dem Glühen, zuletzt über dem Gebläse, als CaO.

Das Filtrat der Kalkfällung wird zur Magnesiabestimmung verwendet. Man engt zunächst auf 150—200 ccm ein und gibt zu der erkalteten Lösung einen Ammoniaküberschuß, ferner Ammoniumchloridlösung (100 g NH_4Cl + 800 ccm H_2O), sowie Ammoniumphosphatlösung (10%ig). Man rührt kräftig um, läßt 24 Stunden stehen und bestimmt als Magnesiumpyrophosphat in üblicher Weise. Für die Kieselsäurebestimmung sind auch stufenphotometrische Messungen, für die Calciumbestimmung maßanalytische Methoden empfohlen worden. Auf die zitierte Literatur sei hier verwiesen[1]).

Die Härte eines Wassers wird mit großer Genauigkeit aus Kalk- (a) und Magnesiumgehalt (b) mittels folgender Gleichung errechnet:

Gesamthärte = $(0{,}1 \times a) + (b \times 0{,}14)$ Grade Deutscher Härte. Die Berechnung der Carbonathsäure wurde S. 180 angegeben.

Als Schnellmethode mit befriedigenden Ergebnissen kann die Härtebestimmung nach Blacher empfohlen werden. 100 ccm Wasser werden mit 0,1 -n-Salzsäure gegen 1 Tropfen Methylorange (1‰) auf deutlich rot titriert. Die Lösung wird mehrere Minuten aufgekocht, wodurch alle Kalk- und Magnesiasalze in Mineralsäurehärte überführt werden. Nach dem Abkühlen gibt man 2 Tropfen Phenolphthaleinlösung (1%) zu und titriert mittels 0,1 n-Natronlauge und Phenolphthalein auf rosa. Diese Farbe wird mit Salzsäure eben wieder beseitigt. Nunmehr läßt man 0,1 n-Kaliumpalmitatlösung (1 ccm = 2,8 Deutsche Härtegrade) zufließen, bis eine schwache

---

[1]) Zeitschr. f. anal. Chemie **103**, 1 (1935) bzw. J. Tillmans: D. chem. Unters. von Wasser u. Abwasser S. 44 (1932), W. Knapp, Halle.

Rosafärbung entsteht, die sich schnell verstärkt. Man titriert auf eine kräftige Rotfärbung. Auf Zusatz von 0,3 ccm 0,1 n-Salzsäure muß die Rotfärbung verschwinden, andernfalls ist der Mehrverbrauch an 0,1 n-Salzsäure von der zur Titration verbrauchten Menge Kaliumpalmitatlösung abzuziehen. Ein Grad Härte entspricht 0,36 Millival Härtebildner.

Zur Bestimmung des Gesamt-Abdampfrückstandes werden im allgemeinen 250 ccm der umgeschüttelten, unfiltrierten Probe in einer gewogenen Platinschale auf dem Wasserbad verdampft, bis zur Gewichtskonstanz bei 105° im Trockenschrank getrocknet und nach dem Erkalten im Exsikkator gewogen. Der Abdampfrückstand wird in gleicher Weise nur im filtrierten Wasser ermittelt. Der gewogene Abdampfrückstand wird dann bei dunkler Rotglut (600—700°) verascht, wenn nötig mit einigen Tropfen Ammoniumnitratlösung, und dann zur Wägung gebracht. Die Differenz der Gewichte des getrockneten und des geglühten Rückstandes liefert den Glühverlust.

Sulfate: Zur Sulfatbestimmung werden 200—500 ccm Wasser nach Zusatz von 1 ccm Salzsäure auf 100 ccm eingedampft. Zur siedenden Lösung setzt man tropfenweise einen Bariumchloridüberschuß zu, ohne daß die Flüssigkeit aus dem Sieden kommt. Man läßt bei kleiner Flamme eine halbe Stunde weiter sieden und bringt dann den Bariumsulfatniederschlag in üblicher Weise zur Wägung. Gewicht des Niederschlags $\times$ 0,411 = SO_4-Menge.

Zum Nachweis und zur Bestimmung durch Wasser gelöster Metalle verfährt man nach J. Schwaibold, B. Bleyer und G. Nagel[1]) wie folgt: 100 ccm des annähernd neutralen Wassers werden nach Zusatz von 5 ccm 10%iger Schwefelsäure solange mit kleinen Mengen Dithizonlösung (6 mg Dithizon in 100 ccm CCl_4) ausgeschüttelt, bis die grüne Farbe der Lösung beim erneuten Ausschütteln nicht mehr verändert wird. Die vereinigten Auszüge werden auf 30 ccm aufgefüllt, mit 10 ccm Wasser und anschließend mehrmals mit je 10 ccm dünner Ammoniaklösung

[1]) Biochem. Zeitschr. 297, 325 (1938).

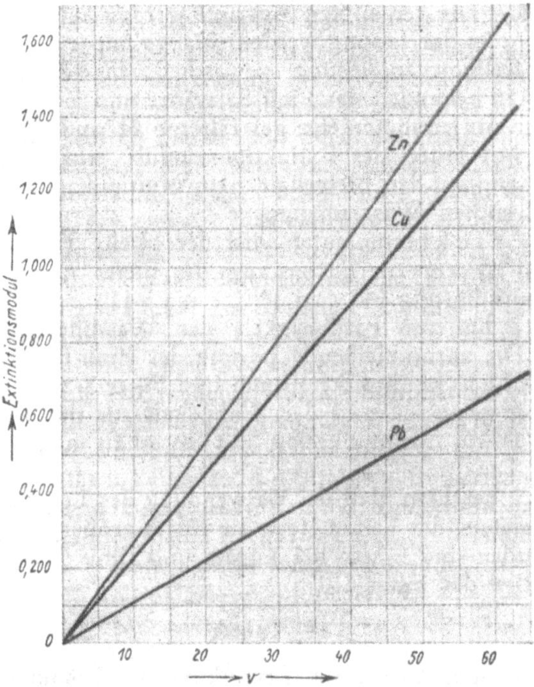

Abb. 43. Auswertungskurven für Kupfer, Blei und Zink.

(1 : 1000) gewaschen, bis die Amoniaklösung nicht mehr gefärbt wird. Man schüttelt dann mit 1%iger Schwefelsäure und mißt die Lösung bei Filter S 53 (Küvette 10 mm) im Stufenphotometer. Man rechnet den Extinktionsmodul aus und ermittelt aus nebenstehender Kurve (s. Abb. 43) den Kupfergehalt in der angewandten Wassermenge.

Zur Bleibestimmung wird die nach Abtrennung des Kupfers verbliebene Flüssigkeit mit 3 ccm gereinigter 20%iger Seignettesalzlösung (s. u.) und 9—10 ccm 5%iger Ammoniaklösung bis zum Umschlag von Thymolblaupapier nach Blau versetzt. Man schüttelt dann solange mit Dithizonlösung

(12 mg in 100 ccm CCl_4) aus, bis diese farblos oder schwach grün bleibt. Die vereinigten Auszüge werden auf 60 ccm aufgefüllt. 30 ccm der Lösung werden solange mit je 10 ccm einer 1%igen Kaliumcyanidlösung gewaschen, bis diese farblos bleibt. Man behandelt dann mit Salzsäure und mißt die grüne Lösung im Stufenphotometer bei Filter S 61 und Schichtdicke 10 mm. Mit Hilfe des Extinktionsmoduls erhält man aus obiger Abbildung den Bleigehalt, nach Multiplikation mit 2, in der angewandten Wassermenge.

Bei der Zinkbestimmung wird der zweite Teil der oben erhaltenen 60 ccm zur Entfernung des Bleies mit je 10 ccm Natriumsulfidlösung (40 ccm 1%ige Na_2S-Lösung zum Liter aufgefüllt) bis zur Farblosigkeit der Waschflüssigkeit gewaschen. Die zurückbleibende Lösung des Zink-Dithizonkomplexes wird bei Schichtdicke 10 mm und Filter S 53 im Stufenphotometer gemessen und der Zinkgehalt aus der Kurve abgelesen. Durch Multiplikation mit 10 erhält man die Zinkmenge in 1 l.

Es ist zu beachten, daß bei Verwendung des Leitzschen Stufenphotometers, des Leifometers, die 10fach größeren Lichtfilter zu verwenden sind. Also bei Kupfer und Zink das Filter 530 und bei Blei das Filter 610.

24. Tabak

Von den Methoden zur Untersuchung des Tabaks seien die Nikotinbestimmung im Tabak und diejenige im Rauch hervorgehoben. Nach B. Pfyl und O. Schmidt[1]) werden 10 g Tabak mit 150 ccm Wasser in einem 500 ccm-Kolben von 14 cm Halslänge und 2,5 cm innerem Halsdurchmesser durch Schütteln gut durchfeuchtet. Nach Zugabe von 50 g Natriumchlorid wiederholt man in kurzen Abständen das Schütteln während einer halben Stunde. Dann setzt man 2 g mit Wasser angetriebenes Magnesiumoxyd und soviel Wasser zu, daß im ganzen 200 ccm zugegeben werden. Nunmehr destilliert man im Dampfstrom; das zum Kühler führende Rohr ist unten zugeschmolzen, besitzt jedoch seitlich 2 Öffnungen. Der Kolben wird während der Destillation in einem Babo-Trichter erhitzt[1]). Als Vorlage

---

[1]) Zeitschr. f. Unters. d. Lebensm. **54**, 60 (1927).

dient ein 300 ccm-Meßkolben. Man destilliert solange, bis die Marke des Kolbens erreicht ist. 100 ccm des Filtrats werden gegen Methylrot mittels 0,1 n-Säure neutralisiert, mit 50 ccm 0,05-molarer Pikrinsäurelösung versetzt und 2 Stunden mit Wasser gekühlt. Ein entstandener Niederschlag an Nikotindipikrat wird mittels Platinkonus durch ein Filter von höchstens 5,5 cm Durchmesser abgesaugt, zweimal mit zehnfach verdünnter Pikrinsäurelösung (etwa 4 ccm) und zweimal mit Wasser (etwa 4 ccm) gewaschen. Das Filter bringt man dann in ein 100 ccm-Kölbchen mit eingeschliffenem Stopfen, gibt 10 ccm Wasser, sowie 4 Tropfen Phenolphthalein (1 : 100) hinzu und titriert mit 0,1 n-Lauge auf bleibende Rötung. Nach Zusatz von 25 ccm Toluol wird zu Ende titriert. Die Pikratzahl ergibt sich durch Multiplikation des Verbrauchs an 0,1 n-Lauge mit 3, der prozentuale Nikotingehalt durch Multiplikation der Pikratzahl mit 0,081. Wird die für nikotinfreie Erzeugnisse gezogene Grenze überschritten, so ergänzt man die titrierte Flüssigkeit zu 20 ccm, setzt 0,1 n-Lauge zu und filtriert nach dem Umschütteln durch Watte in einen Scheidetrichter, drückt die Watte mit einem Glasstab aus und trennt die wäßrige Schicht ab. Die zurückbleibende Toluolschicht wird mit 1—1,5 g wasserfreiem Natriumsulfat getrocknet und filtriert. 20 ccm des Filtrates werden nach Zusatz von 20 ccm Wasser, 20 ccm Äther und 2 Tropfen 0,2%iger Jodeosinlösung bis zur Farblosigkeit der wäßrigen Schicht und bis zur rötlichen Färbung der Toluolschicht titriert. Die Jodeosinzahl ergibt sich durch Multiplikation des Verbrauches (0,1 n-Lauge) mit 4,62. Nikotingehalt = Jodeosinzahl $\times$ 0,162. Zur Bestimmung von Nikotin im Tabakrauch verraucht man die Zigarre oder Zigarette in einem mit Asbest beschickten Allihnrohr durch intermittierendes Saugen mittels Wasserstrahlpumpe (z. B. 2 Sekunden Zug, 20 Sekunden Pause, bei 40 ccm Saugvolumen), indem man den Rauch durch 3 Glasfilter-Waschflaschen (Modell 83 G I, von Schott und Gen, s. Abb. 44) leitet, die erste (von rechts) ist mit 30 ccm Chloroform und 30 ccm 0,1 n-Schwefelsäure, die beiden anderen mit 0,1 n-Salzsäure beschickt. Nach dem Abrauchen

[1]) Vgl. auch Ind. Engin. Chem. analytical edition **11**, 505 (1939) (Neue Technik d. Dampfdestillation).

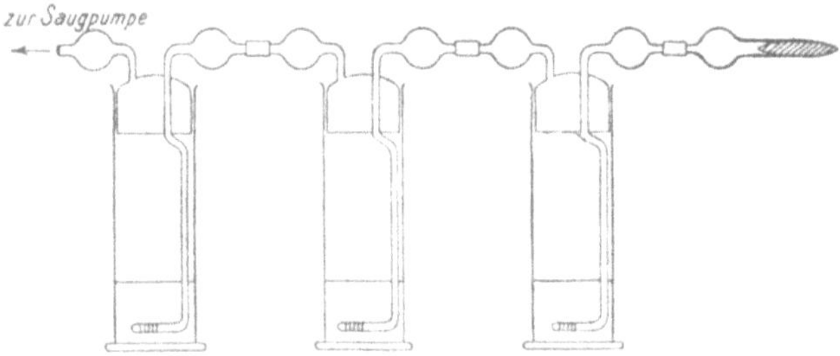

Abb. 44. Apparat zur Nikotinbestimmung im Tabakrauch

wird der Inhalt der ersten Waschflasche unter Nachspülen mit etwa 20 ccm Chloroform und 20—30 ccm Wasser, der Inhalt der zweiten Flasche ohne Nachspülen in einen 200 ccm-Scheidetrichter gebracht. Nach gutem Durchschütteln läßt man das Chloroform ab. Die wäßrige Schicht bringt man dann in den bei der Nikotinbestimmung von Tabak beschriebenen Destillationskolben. Man leitet 10 Minuten lang Wasserdampf durch, neutralisiert dann nach dem Abkühlen die Flüssigkeit gegen Methylrot, versetzt mit 1 g Magnesia und 50 g Natriumchlorid und leitet solange Wasserdampf hindurch, bis man 51—150 ccm Destillat erhalten hat. Aus dem Destillat wird dann das Nikotin in der oben beschriebenen Weise als Dipikrat ausgefällt und titriert.

25. Bedarfsgegenstände

a) Eß-, Trink-, Kochgeschirr, Flüssigkeitsmaße, Konservendosen

Die wichtigste Bestimmung in diesem Kapitel ist die Feststellung des Bleigehaltes in der Verzinnung. Zur eigentlichen Bestimmung schabt oder feilt man von der Oberfläche des Gegenstandes 0,1—0,2 g ab und bringt sie in ein Becherglas (150 ccm). Man setzt dann 1 ccm rauchende Salpetersäure (1,53) und 3 ccm rauchende Salzsäure (1,19), beide Flüssigkeiten in kleinen Meßzylindern abgemessen, zu. Tritt keine Reaktion ein, so gibt man noch einen oder einige Tropfen Wasser zu. Sobald die Reaktion im Gange ist, stellt man auf ein Wasserbad, bis alles, abgesehen von ausgeschiedenem Bleichlorid, gelöst ist. Man fügt dann die 10—15-fache Menge der Flüssigkeit an 96%igem Alkohol zu, läßt über Nacht stehen und bringt das ausgeschiedene Bleichlorid nach Trocknung bei 120° zur Wägung.

Zur qualitativen Prüfung auf Blei betupft man eine blanke Stelle des Metallgegenstandes mit einem Tropfen nachstehenden Reagenzes (3 g KJ + 30 ccm H_2O + 15 ccm Eisessig). Nach einer halben Minute spült man mit Wasser ab. Ein gelber, von Bleijodid herrührender Fleck zeigt Blei an.

Von Bedeutung ist auch eine qualitative Feststellung des Zink- und Cadmiumgehaltes in Blechen oder sonstigen Gegenständen. Im ersten Falle betupft man das auf Zink zu prüfende Blech mit Silbernitratlösung, wobei verzinntes Blech unverändert bleibt, während zinkhaltiges Blech schwarz wird. Zum Cadmiumnachweis legt man den Gegenstand in 0,5—2,5%ige Essigsäure und prüft die essigsaure Lösung in der üblichen Weise auf Cadmium.

In Weißblech kann man Zinn in der Weise bestimmen, daß man 5 g Substanz mit 50 ccm Wasser und 75 ccm konz. Salzsäure unter Verwendung eines Göckelaufsatzes (s. Abb. 45), der mit Natriumbicarbonatlösung beschickt ist, bis zur Lösung erwärmt, kurz aufkocht und dann abkühlt. Man setzt dann 20 ccm konz. Salzsäure zu und titriert sofort mit 1/10 n-Jodlösung. 1 ccm 0,1 n-Jodlösung entspricht 0,593 mg Zinn.

b) Untersuchung von Lagermetall

Schnell und zuverlässig arbeitet folgende für die Analyse von Lagermetallen bestimmte Schnellmethode. Zur Antimonbestimmung werden 0,5 g des Materials im Erlenmeyer mit 15 ccm konz. Schwefelsäure lebhaft gekocht, bis keine schwarzen Metallteilchen mehr zu erkennen sind. Nach dem Erkalten gibt man vorsichtig 200 ccm Wasser und 30 ccm konz. Salzsäure zu (Dichte 1,19). Man vertreibt einige Minuten die gebildete Schweflige Säure, kühlt ab und titriert das Antimon, ohne daß man auf das vorhandene Bleisulfat

Rücksicht nimmt, mit 0,1 n-Kaliumbromatlösung gegen einige Tropfen Methylorange. 1 ccm 0,1 n-Kaliumbromatlösung entspricht 6,088 mg Sb. Zur Zinnbestimmung gibt man 20 g Kochsalz und 10 g Bleigranalien zu der titrierten Antimonlösung und reduziert nunmehr eine halbe Stunde lang in der Hitze. Man läßt unter Kohlensäure abkühlen, wobei man zweckmäßig einen Göckelaufsatz verwendet (s. Abb. 45), und titriert dann mit 0,1 n-Jodlösung (1 ccm = 5,935 mg Sn). Zur Kupferbestimmung werden 2 g des Metalls in einem 500 ccm-Erlenmeyerkolben mit 40—50 ccm gesättigter Weinsäure übergossen und mit 10 ccm konz. Salpetersäure versetzt. Dann kocht man, bis alles gelöst ist. Zu einem eventuellen Rückstand gibt man 1 ccm konz. Salzsäure, verdünnt mit 100 ccm Wasser, läßt 25 ccm Schwefelsäure (1 : 1) zufließen und beginnt abzurauchen. Sobald die Stickoxyddämpfe beseitigt sind, nimmt man von der Flamme, verdünnt mit 100 ccm Wasser vorsichtig, kocht einmal auf, läßt abkühlen sowie absitzen und bringt das ausgeschiedene Bleisulfat in üblicher Weise zur Wägung. In einem aliquoten Teil des Filtrates leitet man Schwefelwasserstoff ein, wobei Kupfer, Zinn, Antimon als Sulfide gefällt werden. Entsprechend dem Zinngehalt des Materials trennt man Zinn und Antimon vom Kupfer mittels Schwefelnatrium und bestimmt das Kupfer als Oxyd oder elektrolytisch. Im Filtrat der Sulfide bestimmt man Zink durch Ausfällen mit Schwefelwasserstoff in essigsaurer Lösung. Der Zinksulfidniederschlag wird abfiltriert, verascht, geglüht und als ZnO gewogen.

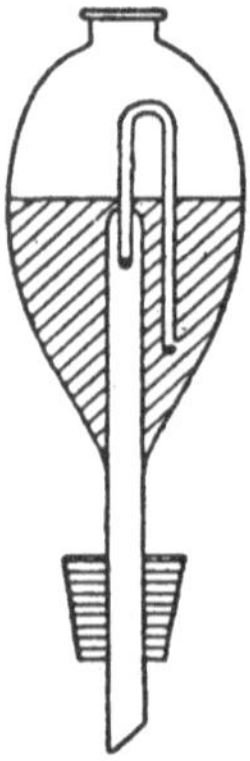

Abb. 45. Göckelaufsatz

c) Porzellan-, Ton- und Emaillegefäße

Zur Prüfung auf Blei spült man die Gefäße zunächst mit kaltem Wasser aus, gibt dann 100 ccm 4%ige Essigsäure hinein und erhitzt unter Ersatz des verdunsteten Wassers zum Sieden. Dann füllt man auf 100 ccm auf und filtriert, wenn nötig. In 20 ccm des Filtrates leitet man Schwefelwasserstoff ein. Ein schwarzer Niederschlag deutet an, daß die untersuchte Flüssigkeit mehr als 2 mg Blei i. l. enthält.

d) Gegenstände aus Kautschuk

Hier spielt gleichfalls die Prüfung auf Blei eine Rolle. Man schmilzt 3—4 g eines Gemisches gleicher Teile Soda und Salpeter und trägt in die Schmelze nach und nach 2 g feingeschnittene Substanz ein. Nach dem Erkalten behandelt man die Schmelze mit heißem Wasser und filtriert nach ihrer Lösung ab. Der aus unlöslichen Carbonaten bestehende Rückstand wird in 10 ccm 10%iger Essigsäure gelöst und die Lösung auf 200 ccm aufgefüllt. Darauf leitet man Schwefelwasserstoff ein. Ein schwarzer Niederschlag deutet Blei, ein weißer Niederschlag Zink, ein orangeroter Niederschlag Antimon an. Zur Bestimmung von Blei wird der Carbonatniederschlag in Salzsäure gelöst und das Blei als Sulfat gefällt und gewogen. Das Zink wird in der vom Bleisulfatniederschlag abfiltrierten Lösung als Zinksulfid gefällt und nach dem Veraschen als Zinkoxyd gewogen.

e) Gebrauchsgegenstände aus Papier

Bei diesen Stoffen spielt ebenfalls der Nachweis von Blei eine Rolle. Das gilt vor allem bei Bilderbögen (Abziehbilder), Bilderbüchern und Kartons. Bei Tapeten, künstlichen Blumen usw ist auf Arsen zu prüfen. Die Untersuchung auf Blei kann durch Betupfen mit einer Natriumsulfidlösung oder, nach Zerstörung der organischen Substanz mittels Salpeter-Schwefelsäure, durch Einleiten von Schwefelwasserstoff vorgenommen werden. Arsen wird nach Zerstörung mit Salpeter-Schwefelsäure in der bei Wein (s. S. 165) beschriebenen Weise nachgewiesen und bestimmt. Qualitativ läßt sich Arsen in Abziehbildern usw. sehr leicht wie folgt nach Gutzeit nachweisen. In ein breites Reagenzglas gibt man eine kleine Menge des zu prüfenden Papieres, hinzu gibt man 1—3 Körner arsenfreies Zink und übergießt mit Salpeter-Schwefelsäure. In den Hals des Reagenzglases gibt man einen Wattebausch. Über seine Öffnung legt man ein umgebogenes Filter, auf das man einen Silbernitratkristall auflegt. Ist Arsen anwesend, dann färbt sich der weiße Silbernitratkristall zitronengelb; nach einiger Zeit, besonders aber nach dem Befeuchten mit Wasser, wird er schwarz.

Zur Unterscheidung des echten Pergamentpapiers von seinen Ersatzmaterialien wendet man mit Erfolg nach E. Bohm[1]) die Laugen-, die Amyloid- und die Schwefelsäureprobe an. α) Laugenprobe: 2 qcm des zu prüfenden Papieres werden 10 Minuten mit 10 ccm 0,5 n-Natronlauge im siedenden Wasserbad erhitzt. Nach dem Abkühlen verschließt man das Reagenzglas mit einem Gummistopfen und schüttelt 5 Minuten in der Längsrichtung. Die Ersatzpapiere liefern hierbei einen Faserbrei, während echtes Pergamentpapier unverändert bleibt. β) Amyloidprobe: Man taucht das zu untersuchende, wenn nötig entfettete Papier 1/2—1 Minute in Jodzinkchloridlösung (1 Teil Jodlösung [5 g Jod + 7,5 g KJ in 1 l Wasser] + 1 Teil Zinkchloridlösung [50 g $ZnCl_2$ in 50 ccm Wasser]). Pergamentpapier wird hierbei tiefblauviolett bis blau, Ersatz hellbräunlich bis hellrotviolett. γ) Schwefelsäureprobe: 2 qcm Papier werden mit 5 ccm konzentrierter Schwefelsäure übergossen. Pergamentersatz wird dabei rasch tiefbraun und geht mit tiefrotbrauner Farbe innerhalb 15 Minuten in Lösung. Festes Pergament wird hellgelblich bis hellbräunlich und geht mit gleicher Farbe in Lösung.

f) Kosmetische Artikel, Seife, Waschmittel, Salben, Haarfärbemittel

1. Eine gewisse Bedeutung kommt der Bleibestimmung in Zahnpasten zu. Da Zahnpasten gewöhnlich in Bleituben verpackt werden, die Überzüge tragen sollen, so ist bei nicht ordnungsmäßiger Herstellung ein Übergang von Blei in die Paste unter Umständen möglich. 13—15 g Paste werden mit Salpetersäure-Schwefelsäure zerstört, das Bleisulfat aus dem entstandenen Niederschlag in der bei Mal- und Anstrichfarben beschriebenen Weise herausgelöst, das Blei als Sulfid zur Fällung gebracht und schließlich das Bleisufat gewogen. 1 mg $PbSO_4$ = 0,6833 mg Pb (log: 0,83458—1).

2. Bei der Untersuchung von Seifen- und Seifenpulver kann man folgenden Gang einhalten: Man bestimmt zunächst das Alkohollösliche (Seife), ermittelt darin

[1]) Zeitschr. f. Unters. d. Lebensm. **76**, 362 (1938).

die Gesamtfettsäuren, löst das Alkohollösliche in Wasser und bestimmt im wasserlöslichen Anteil den Gehalt an Soda, freiem Alkali oder Natron. Daneben prüft man qualitativ und quantitativ auf aktiven Sauerstoff, freies Chlor, freies Alkali und Kieselsäure (Wasserglas).

α) Alkohollösliches: 2 g Seife (man schneidet ein keilförmiges Stück aus der Probe, um einen Durchschnittsanteil an äußeren und inneren Partien zu erhalten) oder 3 g Seifenpulver werden in einem 200 ccm Becherglas mit kleinen Mengen 96%igem Alkohol in der Wärme behandelt. Die heiße Lösung filtriert man durch ein quantitatives Filter in ein gewogenes 150 ccm-Becherglas. Man wäscht wiederholt mit kleinen Mengen heißem Alkohol nach, bis etwa 80 ccm Filtrat erreicht sind. Der verbleibende Rückstand kann aus Soda, Wasserglas, Ton und dergleichen bestehen, er wird, wie weiter unten angegeben, weiterverarbeitet. Das alkoholische Filtrat, das sowohl die eigentliche Seife wie auch die Mersolseife enthält, wird auf dem Wasserbad eingedunstet; dann trocknet man bis zur annähernden Konstanz im Trockenschrank.

β) Gesamtfettsäuren: Das Alkohollösliche wird in wenig heißem Wasser gelöst, mit einem Tropfen Methylorange und tropfenweise mit verdünnter Salzsäure bis zur bleibenden Rotfärbung versetzt. Man erwärmt dann auf dem Wasserbad, bis sich die Fettsäuren abgeschieden haben, filtriert durch ein angefeuchtetes (!) Kieselgurfilter und wäscht mit heißem Wasser aus, wobei die flüssigen Fettsäuren nicht in die Filterspitze kommen dürfen, da sie sonst durchfiltrieren. Schließlich wäscht man mit kaltem Wasser, wobei die Fettsäuren erstarren. Man läßt nunmehr das Wasser restlos abtropfen. Danach stellt man das vorherbenutzte 150 ccm-Becherglas, das noch Reste von Fettsäuren enthält, unter den Trichter, durchfeuchtet das Filter mit etwa 3 ccm heißem Alkohol, läßt in das Becherglas tropfen und behandelt das Filter dann mit Äther. Auf diese Weise gelangen die Fettsäuren quantitativ in das Becherglas. Man verdunstet Äther und Alkohol auf dem Wasserbad, trocknet bei nicht zu hohen Temperaturen im Trockenschrank etwa 1/2 Stunde, bis alle noch etwa vorhandenen Wassertröpfchen verdunstet sind, und bringt zur Wägung. In Gegenwart niedrigmolekularer Fettsäure können beim Trocknen Verluste entstehen.

γ) Behandlung des Alkoholunlöslichen: Der vom Alkohollöslichen abfiltrierte Rückstand wird zunächst in kaltem und dann in warmem Wasser gelöst, indem man den früher verwendeten Trichter mit Filter auf einen 200 ccm-Meßkolben aufsetzt. Sollte ein unlöslicher Rückstand verbleiben, so ist die Kieselsäurebestimmung durchzuführen (s. u.). Man füllt die wäßrige Lösung dann auf die 200 ccm-Marke auf und titriert 50 ccm davon nach Zusatz von 0,25 ccm Phenolphthaleinlösung (0,35 g i. l) mittels 0,5 n-Schwefelsäure bis zum restlosen Verschwinden der Rosafärbung. Der Verbrauch (a) wird abgelesen. Alsdann gibt man einen Tropfen Methylorange zu und titriert weiter mit 0,5 n-Schwefelsäure bis zum Umschlag (Gesamtverbrauch $= b$). Ist $b = 2a$, so liegt reine Sodalösung vor. Der Ausdruck $b \cdot 0{,}053 \cdot 0{,}5 = 0{,}0265 \cdot b$ gibt dann die Menge (g) Na_2CO_3 in 50 ccm der Lösung an. Ist $b > 2a$ dann ergibt sich der Sodagehalt in 50 ccm zu $2a \cdot 0{,}0265$; ist $b < 2a$, so liegen $2b \cdot 0{,}0265$ g Soda vor. Im ersten Fall ist weder Natron noch freies Alkali vorhanden, im zweiten Falle liegt neben Soda noch Natron vor, im dritten Fall ist neben Soda freies Alkali zugegen, das auch von der Hydrolyse des Wasserglas herrühren kann. Freies Alkali

$$(Na_2O) = (a-b) \cdot 0{,}031.$$

d) Aktiver Sauerstoff: Qualitativ prüft man in der Weise, daß man 2 g Substanz mit 20 ccm Wasser anschüttelt, mit verdünnter Schwefelsäure und 1 ccm Chloroform versetzt und wieder schüttelt. 10 ccm der sauren, wäßrigen Flüssigkeit überschichtet man mit 2—3 ccm Äther und gibt einige Tropfen verdünnter Kaliumbichromatlösung zu. Bei Gegenwart von Peroxyden mit Ausnahme von Persulfaten tritt hierbei eine vorübergehende Blaufärbung auf. Persulfate erkennt man mit Hilfe der Jodreaktion, indem man die saure Flüssigkeit mit Zinkjodidstärke versetzt. Freies Chlor gibt gleichfalls dieselbe Reaktion.

Zur quantitativen Erfassung des aktiven Sauerstoffs werden 2 g Substanz in wäßriger Lösung mit 10 ccm Schwefelsäure (2%ig) und 5 ccm Tetrachlorkohlenstoff im Scheidetrichter geschüttelt. Die wäßrige, saure Lösung wird mit Zinkjodidstärke und etwas Jodkalium versetzt und nach einer halben Stunde mit 0,1 n-Thiosulfat titriert. 1 ccm 0,1 n-Thiosulfat = 0,8 mg Sauerstoff = 7,704 mg Natriumperborat = 3,9 g Natriumperoxyd.

e) Freies Alkali: Qualitativ prüft man auf freies Alkali, indem man die Substanz in neutralem 96%igem Alkohol löst und das Filtrat mit einem Tropfen Phenolphthalein versetzt. Eine auffallende Rötung, die auf Zusatz von Chlorbarium nicht verschwindet, deutet freies Alkali an.

Zur quantitativen Bestimmung werden 5—10 g Seife (stark wasserhaltige Seifen werden besonders behandelt) in etwa 100 ccm neutralem 96%igem Alkohol unter Erwärmen (Steigrohr!) gelöst. Nach dem Abkühlen, bei dem ein Gelatinieren nicht eintreten soll, titriert man nach Zusatz von 3 bis 4 Tropfen Phenolphthalein mit 0,1 n-Salzsäure. 1 ccm 0,1 n-HCl = 0,004 g NaOH oder 0,0056 KOH. Bei wasserhaltigen Seifen werden 5 g unter Erwärmen am Steigrohr in 150 ccm neutralem 5%igem Alkohol gelöst, heiß mit 25 ccm Bariumchloridlösung versetzt und in der Kälte mit 0,1 n-Salzsäure gegen Phenolphthalein tiriert.

Kieselsäure-(Wasserglas-)Bestimmung: Die Kieselsäure kann man in dem Rückstand, der bei der Bestimmung des Alkohollöslichen anfällt, durch wiederholtes Abrauchen mit konzentrierter Salzsäure und schließlich Trocknen im Trockenschrank (2 Stunden) bestimmen. Die ausgeschiedene Kieselsäure (SiO_2) wird auf $Na_2Si_4O_9$ berechnet.

Harzsäure: Man prüft auf Harzsäuren, indem man eine kleine Menge der gewogenen Fettsäuren mit 1 ccm Essigsäureanhydrid schüttelt und nach dem Abkühlen 1 Tropfen Schwefelsäure von der Dichte 1,53 zusetzt. Eine vorübergehende rotviolette Farbe, die in braungelb bis grünlich fluoreszierend übergeht, deutet auf Harzsäuren.

3. Zur Prüfung der Salben, Pomaden und dergl. auf Quecksilber wird ein Teil der Substanz in einer Porzellanschale mit Wasser angerührt und mit Schwefelsäure angesäuert. In diese Mischung legt man blankes Kupfergeld

ein, das bei Anwesenheit von Quecksilber einen silberweißen Belag zeigt.

4. Zur Prüfung der Haarfärbemittel auf p-Phenylendiamin verfährt man wie folgt: Die salzsaure Lösung wird bis fast zur Trockne eingedampft. Den Rückstand verreibt man mit einem Überschuß von kalzinierter Soda und extrahiert die in Freiheit gesetzte p-Phenylendiaminbase durch Kochen mit Benzol. Nach dem Abdestillieren des Benzols reinigt man die Rückstände durch Sublimation. Die p-Phenylendiaminkristalle schmelzen bei etwa 140°. Mit ihnen stellt man folgende Reaktionen an: 1. Die salzsaure Lösung des Kristalls, mit einem Überschuß von Natriumhypochlorit gekocht, liefert einen weißen, flockigen Niederschlag, der nach dem Umkristallisieren aus Alkohol bei 124° schmilzt (Chinondichlor-di-imid). 2. Gelindes Erwärmen mit Schwefelwasserstoffwasser und Eisenchlorid erzeugt Lauthsches Violett. 3. Eine verdünnte, schwachsaure Lösung von p-Phenylendamin und Anilin gibt mit Eisenchlorid eine blaue Färbung (Indaminreaktion). 4. Eine mit Essigsäure versetzte Lösung von p-Phenylendiamin gibt, auf Zeitungspapier ausgestrichen, eine rote Färbung. Zum Nachweis von Resorzin in Haarfarben und Haarwaschmitteln kann man mit Äther ausschütteln und vom Rückstand den Schmelzpunkt bestimmen. Resorzin schmilzt bei 118°. Beim Schmelzen des Rückstandes mit Phthalsäure tritt Fluoresceinbildung auf.

g) Mal- und Anstrichfarben

Auch hier kommt es vielfach darauf an, festzustellen, ob Bleifarben vorliegen. Mitunter ist auf Arsen, Quecksilber u. a. Metalle, sowie auf Farbstoffe, wie Gummigutti, Pikrinsäure und Korallin, zu prüfen. Angeführt sei hier nur die Prüfung auf Blei in Ölfarbe. 2 g Farbe werden mit 45 ccm konzentrierter Schwefelsäure verbrannt, dann mit Wasser zweimal abgeraucht, wieder mit Wasser aufgenommen und filtriert. Der Rückstand, der aus unlöslichen Sulfaten besteht, wird in der Wärme mit 75 ccm Ammoniumacetatlösung (300 ccm Ammoniak, Dichte 0,91, + 250 ccm 80%ige Essigsäure + 200 ccm H_2O) behandelt, wobei Bleisulfat in Lösung geht. Das Filtrat wird nunmehr mit Salzsäure angesäuert und dann Schwefelwasserstoff eingeleitet. Ein entstehender Bleisulfidniederschlag wird in Bleisulfat übergeführt und als solches zur Wägung gebracht.

SACHREGISTER

SCHRIFTTUM

1. Abc des Molkereilaboratoriums, Paul Funcke, Berlin 1936.
2. A. Beythien, Laboratoriumsbuch für den Lebensmittelchemiker, Th. Steinkopf, Dresden 1947, 5. Auflage.
3. Handbuch der Lebensmittelchemie Bd. I—IX, 1933—1942, Julius Springer, Berlin.
4. Einheitliche Methoden für die Fett- und Wachsindustrie, Wissenschaftliche Verlagsgesellschaft, Stuttgart 1930.
5. Einheitsverfahren der Wasseruntersuchung, herausgegeben von der Fachgruppe Wasserchemie im Verein Deutscher Chemiker, Verlag Chemie, Berlin 1936.
6. H. Fincke, Handbuch det Kakaoerzeugnisse, Julius Springer, Berlin 1936.
7. W. Grimmer, H. Weigmann, und W. Winkler, Handbuch der Milchwirtschaft, Julius Springet, Berlin 1935.
8. J. Großfeld, Anleitung zur Untersuchung der Lebensmittel, Julius Springer, Berlin 1927.
9. F. Gstirner, Chemische Vitamin-Bestimmungsmethoden für das chemische, physiologische und klinische Laboratorium, Ferd. Encke, Stuttgart 1940, 2. Auflage.
10. H. Klut-Olzewski, Untersuchung des Wassers an Ort und Stelle. Julius Springer, Berlin 1945, 9. Aufl.
11. F. Pawlowski und A. Doemens, Die brautechnischen Untersuchungsmethoden, R. Oldenbourg, München und Berlin 1932.
12. P. Pelshenke, Brotgetreide und Brot, Paul Parey, Berlin 1943.
13. H. Röttger, E. Späth und A. Grohmann, Lehrbuch der Nahrungsmittelchemie, Joh. Ambrosius Barth, Leipzig 1926.
14. Schweizerisches Lebensmittelbuch, 4. Ausgabe, Zimmermann A.-G. Bern 1937.
15. J. Tillmans, Die Chemische Untersuchung von Wasser und Abwasser, 2. Auflage, W Knapp, Halle 1932.
16. A. Behre, Taschenbuch f. d. Fischwarenkontrolle, Hans A. Keune-Verlag, Hamburg 1948.

FSC
www.fsc.org
MIX
Papier | Fördert gute Waldnutzung
FSC® C083411

Zeitfracht Medien GmbH
Ferdinand-Jühlke-Straße 7
99095 Erfurt, Deutschland
produktsicherheit@kolibri360.de